C. Richter

Optimierungsverfahren und BASIC-Programme

Optimierungsverfahren und BASIC-Programme

von Claus Richter

Mit 15 Abbildungen und 27 Programmen

Akademie-Verlag Berlin
1988

Verfasser:

Prof. Dr. sc. nat. Claus Richter
Ingenieurhochschule Köthen

ISBN 3-05-500232-6

Erschienen im Akademie-Verlag Berlin, DDR - 1086 Berlin, Leipziger Str. 3—4

Lizenznummer: 202 · 100/400/87
Printed in the German Democratic Republic
Gesamtherstellung: VEB Druckhaus „Maxim Gorki", 7400 Altenburg
Lektor: Dr. Reinhard Höppner
LSV 1084
Bestellnummer: 763 663 9 (6999)
02500

Vorwort

Auf dem Gebiet der linearen und der nichtlinearen Optimierung gibt es seit Jahren eine Vielzahl von Büchern. Warum noch eins?

Die Behandlung mathematisch-naturwissenschaftlicher, technischer und ökonomischer Fragestellungen erfordert in wachsendem Umfang die Lösung linearer oder nichtlinearer Optimierungsaufgaben. Mit der Bereitstellung leistungsfähiger Klein- und Kleinstcomputer sind die technischen Voraussetzungen dafür geschaffen. Seit den Arbeiten von Kantorowitsch und Dantzig in den 30er und 40er Jahren hat auch die Entwicklung effektiver numerischer Verfahren der Optimierung eine stürmische Entwicklung genommen. Ihre theoretische Begründung und sachgerechte Implementierung stellt inzwischen einen eigenständigen Problemkreis dar, welcher als Numerik der Optimierung (in englischer Sprache als „Computational Mathematical Programming", in russischer Sprache als „Vyčislitelnye Metody lineĭnogo i nelineĭnogo programmirovanija") bezeichnet wird.

Die Aneignung der auf diesem Gebiet bereitgestellten Erkenntnisse, noch mehr aber das Erleben des Zusammenhangs von beschriebenem Algorithmus und umgesetztem Programm werden zum Bedürfnis des an der Optimierung interessierten Praktikers.

Gegenstand des Buches sind deshalb in erster Linie nicht theoretische Grundlagen, sondern Fragen der praktischen Realisierung der Verfahren mit modernen rechentechnischen Mitteln, insbesondere mit Mikrorechnern (programmierbare Taschenrechner, Heimcomputer, tragbare Computer, Personalcomputer, Arbeitsplatzcomputer, Bürocomputer usw.).

Die Anwendung der Optimierung führt zu unmittelbar spürbaren volkswirtschaftlichen Effekten. Das begann mit der Entwicklung von zentraler Großrechentechnik und hat durch die Nutzung von Mikrorechnersystemen einen starken Schub erfahren. Software, insbesondere für die lineare Optimierung, wurde aus solchen Gründen in der letzten Zeit zu einem begehrten Handelsobjekt.

In den Rechenzentren sind in der Regel kommerziell erwerbbare Programmpakete vorhanden, die der Anwender nutzen kann, um seine Probleme zu lösen. Aber inzwischen stehen immer mehr Mikrorechnersysteme zur Verfügung, die der Einzelne für die Lösung seiner Probleme direkt oder im Dialog mit zentralisierter Rechentechnik nutzen kann. Darum werden in diesem Buch Fragen der numerischen Umsetzung und der Implementierung auf Mikrorechnern behandelt. Wer einige Verfahren auf seinem (Personal-) Computer realisiert, lernt gleichzeitig besser mit kommerzieller Software umzugehen, deren Innenleben er in der Regel nicht kennt (Urheberrechte) und nicht kennen muß. In diesem Sinne ist dieses Buch nicht nur ein Lehrbuch für die Umsetzung von Optimierungsverfahren auf Mikrorechnern, sondern führt auch an die Benutzung kommerzieller Programmpakete, insbesondere der linearen Optimierung, heran. Das Buch richtet sich vorrangig an Ingenieure, Mathematiker, Naturwissenschaftler und Ökonomen, die es während der Ausbildung, zur Weiterbildung und zur effektiveren Arbeit mit informationsverarbeitenden Mitteln der vierten Rechnergeneration benutzen können.

Es soll einen Einstieg in die Behandlung von Optimierungsaufgaben auf Kleinrechnern ermöglichen.

Für die Unterstützung beim Zustandekommen des Buches bin ich zahlreichen Kollegen zu Dank verpflichtet, insbesondere Prof. ELSTER, Prof. GÖPFERT und Prof. HARTMANN für Hinweise und Kritiken sowie Prof. GRAUER, Dr. KLEINMICHEL und Dr. SCHÖNEFELD für die Zuarbeit zu einzelnen Kapiteln. Bei der Implementierung und dem Testen der Programme waren vor allem Herr BEICHE, Frau Dipl.-Math. PAWLAK und Herr Dr. POLLMER behilflich. Ihnen sei ebenso gedankt wie Frau S. HOFFMANN und Frau B. SCHMIDT für das Schreiben des Manuskripts.

Dem Akademie-Verlag und besonders Herrn Dr. HÖPPNER danke ich sehr für die kameradschaftliche und sachkundige Zusammenarbeit, welche auch über schwierige Phasen der Entstehung des Buches hinweggeholfen hat.

Schließlich möchte ich meiner Familie für das Verständnis danken, mit welcher sie die Belastung mitgetragen hat, welche dem Autor nun einmal aus dem Schreiben eines Buches erwächst.

Die Publikation von Algorithmen und Programmen schließt zu erwartende Kritiken und Hinweise von vornherein ein. Sie werden mir Anregung sein, an der Aufbereitung von Optimierungsverfahren für Microcomputer weiterzuarbeiten.

CLAUS RICHTER

Inhaltsverzeichnis

Symbolverzeichnis

$\mathbb{R}$	Menge der reellen Zahlen
$\mathbb{R}^n$	n-dimensionaler Euklidischer Raum
$\mathbb{R}_+{}^n$	nichtnegativer Orthand des n-dimensionalen Euklidischen Raumes
$\|\boldsymbol{x}\|$	Euklidische Norm: $\|\boldsymbol{x}\| = (\boldsymbol{x}^\mathsf{T}\boldsymbol{x})^{1/2}$
$\boldsymbol{x}^\mathsf{T} = (x_1, \ldots, x_n)$	transponierter Vektor
$\mathbf{0}$	Nullvektor
$\boldsymbol{e} = (1, \ldots, 1)^\mathsf{T}$	Vektor, dessen Komponenten alle gleich Eins sind
$\boldsymbol{e}_i$	i-ter Einheitsvektor: $\boldsymbol{e}_i = (0, \ldots, 0, 1, \ldots, 0)^\mathsf{T}$
$\nabla f(\boldsymbol{x})$	Gradient der Funktion $f(\boldsymbol{x})$: $\nabla f(\boldsymbol{x}) = (\partial f/\partial x_1, \ldots, \partial f/\partial x_n)^\mathsf{T}$
$\nabla^2 f(\boldsymbol{x})$	Hesse-Matrix der zweiten Ableitungen der Funktion $f(\boldsymbol{x})$: $\left(\nabla^2 f(\boldsymbol{x})\right)_{i,j} = \frac{\partial^2 f}{\partial x_i\, \partial x_j}$
$L_{xx}(\boldsymbol{x}, \boldsymbol{u})$	Hesse-Matrix der zweiten Ableitungen der Lagrange-Funktion $L(\boldsymbol{x}, \boldsymbol{u})$: $\left(L_{xx}(\boldsymbol{x}, \boldsymbol{u})\right)_{i,j} = \frac{\partial L}{\partial x_i\, \partial x_j}$
diag $(\boldsymbol{d})$	Diagonalmatrix, deren i-tes Diagonalelement gleich der i-ten Komponente des Vektors $\boldsymbol{d}$ ist
$\forall\, x$:	Für alle Elemente x gilt:
$\exists\, x$:	Es existiert ein Element x, für das gilt:
$\boldsymbol{a}_j$	Vektor, der aus der j-ten Spalte der Matrix $\boldsymbol{A}$ besteht
$(\boldsymbol{h})_j$	j-te Komponente des Vektors $\boldsymbol{h}$
$(\boldsymbol{A})_{i,j}$	(i, j)-tes Element der Matrix $\boldsymbol{A}$

1. Optimierung und rechentechnische Realisierung (Implementierung)

Die Optimierung — besonders die lineare Optimierung — hat durch die Möglichkeiten der Rechentechnik seit den 50er Jahren viele Anwendungen und Weiterentwicklungen erfahren. Einen qualitativ neuen Schritt können wir jetzt beobachten, da die Datenverarbeitungsressourcen zentral und dezentral zur Verfügung stehen. Das hat natürlich Rückwirkungen auf die Optimierung selbst, besonders auf Verfahren für nichtlineare Probleme. Im ersten Abschnitt dieses Kapitels werden die Problemstellungen formuliert, für die dann in den Kapiteln 2 bis 5 Lösungsverfahren vorgestellt werden. Weiterhin werden einleitende Bemerkungen zu den BASIC-Implementierungen gemacht.

Im zweiten Abschnitt sollen einige Tendenzen der Entwicklung der Rechentechnik (die Hardwareseite) im Überblick dargestellt werden, um dann im dritten Abschnitt, die sich daraus ergebenden Möglichkeiten der Umsetzung von Optimierungsverfahren auf Rechnern mit Hilfe von Programmiersprachen und die sich ergebenden numerischen Fragen (die Softwareseite) behandeln zu können.

1.1. Formulierung der Aufgabenstellung

Mit der vorliegenden Beschreibung von Verfahren der Optimierung und ihrer Implementierung auf einem Mikrorechner soll dem Leser ein Hilfsmittel in die Hand gegeben werden, effektive numerische Methoden mit geringem Aufwand in die Bibliothek der von ihm verwendeten Software aufzunehmen. Damit ergibt sich, insbesondere für den mit der CAE-Problematik beschäftigten Ingenieur, die Möglichkeit, leistungsfähige Verfahren zur Lösung der in seinem Arbeitsbereich auftretenden Optimierungsprobleme einzusetzen.

Der Sammlung liegen Verfahren zugrunde, denen in den vergangenen Jahren in der Literatur große Aufmerksamkeit geschenkt wurde und die sich auch nach den Erfahrungen der Autoren bei der Lösung von technischen und technologischen Problemen besonders bewährt haben.

Im einzelnen werden folgende Problemklassen behandelt.

Lineare Optimierung: Gegeben ist die Aufgabe

$$z = \boldsymbol{c}^{\mathrm{T}}\boldsymbol{x} = \min!$$

bei

$$\boldsymbol{A}\boldsymbol{x} - \boldsymbol{b} \leqq 0, \quad \boldsymbol{x} \geqq 0.$$

Als Lösungsverfahren werden bereitgestellt

- das Simplexverfahren,
- das revidierte Simplexverfahren
- aus der Klasse der Iterationsverfahren: das Ellipsoidverfahren und das Projektionsverfahren.

Eindimensionale Minimumsuche: Gegeben ist die Funktion $f(x)$ einer reellen Veränderlichen x. Gesucht ist der Punkt x^*, für welchen gilt:

$$f(x^*) < f(x) \qquad \forall x \in U(x^*),$$

wobei $U(x^*)$ eine Umgebung von x^* ist.
Als Lösungsverfahren werden bereitgestellt:

- das Fibonacci-Verfahren,
- das Verfahren des Goldenen Schnitts,
- die quadratische Interpolation und
- die kubische Interpolation.

Unbeschränkte nichtlineare Optimierung: Gegeben ist die Funktion $f(\boldsymbol{x})$ von n Veränderlichen. Gesucht ist das Minimum der Funktion $f(\boldsymbol{x})$ im $\mathbb{R}^n$:

$$f(\boldsymbol{x}) = \min! \qquad \text{bei } \boldsymbol{x} \in \mathbb{R}^n.$$

Für die Lösung werden Verfahren der direkten Suche und ableitungsbehaftete Verfahren bereitgestellt:

- die stochastische Suche,
- das Verfahren der koordinatenweisen Suche,
- das Polytopverfahren,
- das Verfahren des steilsten Abstiegs,
- das Verfahren der konjugierten Gradienten,
- das Newton-Verfahren
- das Newton-Verfahren mit konsistenter Approximation der Hesse-Matrix und
- das Verfahren der variablen Metrik.

Quadratische Optimierung: Für dieses spezifische Problem mit nichtlinearer (quadratischer) Zielfunktion und linearen Nebenbedingungen werden Lösungsverfahren bereitgestellt. Es wird die Aufgabe

$$z = \boldsymbol{x}^{\mathsf{T}}\boldsymbol{C}\boldsymbol{x} + \boldsymbol{p}^{\mathsf{T}}\boldsymbol{x} = \min!$$

bei

$$\boldsymbol{A}\boldsymbol{x} - \boldsymbol{b} \leqq \boldsymbol{0}$$

mit positiv definiter Matrix $\boldsymbol{C}$ behandelt.

Beschränkte nichtlineare Optimierung: Es wird von der Aufgabe

$$f(\boldsymbol{x}) = \min!, \qquad \boldsymbol{x} \in \mathbb{R}^n,$$

bei

$$g_i(\boldsymbol{x}) \leqq 0, \qquad i = 1, \ldots, m,$$

ausgegangen. Als Lösungsverfahren werden bereitgestellt:

- das Verfahren der adaptiven Zufallssuche,
- das erweiterte Polytopverfahren,
- das Schnittebenenverfahren,
- das Verfahren der sequentiellen quadratischen Approximation,
- ein erweitertes Newton-Verfahren
- das Verfahren der verallgemeinerten reduzierten Gradienten
- ein Verfahren mit Straffunktion.

Die Vorstellung der einzelnen Lösungsverfahren erfolgt entsprechend der Gliederung:

- Grundlagen des Verfahrens,
- Aufbau des Algorithmus,
- Programm und Testbeispiel und
- weiterführende Bemerkungen.

Damit werden die Idee des jeweiligen Verfahrens, theoretische Grundlagen und die prinzipiellen Schritte des Algorithmus angegeben. Das BASIC-Programm ist entsprechend den angegebenen Schritten strukturiert und seine Benutzung wird an einem Testbeispiel aufgezeigt. Die weiterführenden Bemerkungen dienen der Charakterisierung wissenschaftlicher Arbeiten, die für das jeweilige Verfahren von Interesse sind, und der Heranführung an die Nutzung kommerziell verfügbarer Software.

Es seien einige einleitende Bemerkungen über das verwendete BASIC hier gemacht: Mit der verwendeten Programmiersprache wurde versucht, einen möglichst großen Durchschnitt vieler BASIC-Versionen zu erreichen. Auf typische Möglichkeiten, die vom jeweiligen Mikrocomputer abhängen, wurde ganz verzichtet, wie z. B.: Ton, Farbe und Grafik. Ebenso nicht benutzt wurde die Zuordnungsanweisung LET. Als logische Operation wurde die IF....THEN GOTO-Anweisung verwendet. Verzichtet wurde auf IF...THEN...ELSE- oder REPEAT....UNTIL....-Möglichkeiten, da diese nicht auf allen Rechnern vorhanden sind. Es wird weiterhin davon ausgegangen, daß der Indexwert von Feldern bei Null beginnt.

In der beigefügten Sammlung von BASIC-Programmen wurde versucht, im Rahmen der vorgegebenen Einschränkung ein breites Spektrum an Implementierungsmöglichkeiten aufzuzeigen. Neben den in den meisten Programmen enthaltenen Eingaben von problembeschreibenden Daten und von Parametern zur Verfahrenssteuerung über INPUT-Anweisungen wurden verschiedentlich auch READ-Anweisungen verwendet.

Die Auswahl zwischen diesen beiden Varianten sollte vor allen Dingen dadurch beeinflußt werden, ob der Nutzer des BASIC-Programms das implementierte Verfahren als Unterprogramm verwenden will oder im Dialog ein spezielles Problem zu behandeln hat. Bei den zu lösenden Aufgaben treten neben Datenmengen auch Funktionen auf, die z. B. nichtlineare Gleichungen beschreiben oder Nebenbedingungen ohne Optimierungsaufgabe charakterisieren. Diese Funktionen wurden in Unterprogrammen zusammengefaßt.

Durch Kommentare in den einzelnen BASIC-Programmen sind diese Stellen besonders hervorgehoben, wobei als Beispiele für implementierte Anweisungen die Funktionen verwendet wurden, welche in den Testbeispielen auftreten.

Die im Aufbau der Algorithmen besonders ausgewiesenen Schritte wurden in den Programmen weitgehend durch Kommentare charakterisiert.

In der Literatur findet sich insbesondere bei Iterationsverfahren eine ganze Sammlung von möglichen Kriterien für den Abbruch der Rechnung.
Mögliche Abbruchursachen können sein:

- Der Abstand zweier aufeinanderfolgender Iterierter ist kleiner als eine vorgegebene Schranke:

  $$\|x^k - x^{k-1}\| \leqq \varepsilon(1 + \|x^k\|).$$

- Die Differenz der Funktionswerte zweier aufeinanderfolgender Iterierter ist kleiner als eine vorgegebene Schranke:

  $$|f(x^k) - f(x^{k-1})| \leqq \varepsilon(1 + \|x^k\|).$$

- Die maximale Anzahl von Iterationsschritten ist erreicht:

  $$\text{IT} = \text{ITMAX}.$$

Der Leser wird feststellen, daß von verschiedenen dieser Kriterien in den Programmen Gebrauch gemacht worden ist. Dabei dürfte es nicht schwerfallen, durch geringfügige Abänderung der einzelnen Routinen eine Abbruchursache durch eine andere zu ersetzen. Die Ausgabe der Zwischenergebnisse der Rechnung und der Abschlußergebnisse geschieht weitgehend einheitlich.

Neben der Anzahl der durchgeführten Iterationsschritte und dem Wert der einzelnen Iterierten wird bei Minimierungsaufgaben der Wert der zu minimierenden Funktion im letzten Iterationspunkt sowie die Abbruchursache ausgegeben.

In den Abschlußinformationen für die Lösung eines nichtlinearen Gleichungssystems treten neben dem Wert der letzten Iterierten die Werte für die das Gleichungssystem beschreibenden Funktionen auf. Bei nichtlinearen Optimierungsaufgaben erhält man zum Abschluß der Rechnung neben letzter Iterierter und Zielfunktionswert auch eine Information über den Wert der Nebenbedingungen.

In einer Reihe von Programmen zur Lösung nichtlinearer Gleichungssysteme und nichtlinearer Optimierungsaufgaben werden Unterprogramme zur Lösung linearer Gleichungssysteme und linearer Optimierungsaufgaben verwendet. Während hierzu im ersten Fall der QR-Modul genutzt wurde, welcher auch als selbständiges Programm in der Sammlung enthalten ist, fand bei der linearen Optimierung eine komprimierte Form des Simplexverfahrens Verwendung, die ein unnötiges Aufblähen der entsprechenden BASIC-Programme verhindern half.

Die in den Beispielen angegebenen Resultate haben weitgehend die Aufgabe, das sachgemäße Funktionieren der einzelnen Routinen zu demonstrieren. Die Aufnahme aller beim Austesten der Vorfahren erzielten numerischen Ergebnisse oder gar ein wertender Vergleich hätten den Umfang des Buches weit gesprengt.

Die angegebenen numerischen Ergebnisse hängen natürlich auch von der Zahl, der im jeweiligen Rechner verwendeten signifikanten Ziffern ab. Deshalb sind die hier im Buch angegebenen numerischen Lösungen und die eigenen Ergebnisse in diesem Licht zu werten.

Die Sammlung von Programmen wird durch Betrachtungen über effektive numerische Methoden und durch Ausführungen zu spezifischen Problemen der linearen Algebra (Anhang) ergänzt.
Die vorgestellte Programmsammlung geht von standardisierten Aufgabenstellungen aus. Sie bietet in gewissem Umfang die Möglichkeit der Arbeit im Dialog und verwendet

für gleichartige Teilprobleme gleiche Lösungsvorschriften. Damit werden unter der Nebenbedingung begrenzter Speicherkapazität die Anforderungen an eine Sammlung aufeinander abgestimmter Einzelprogramme für einen rechnergestützten Arbeitsplatz erfüllt.

1.2. Optimierungsaufgaben in technischen und technologischen Fragestellungen

Anhand von Beispielen aus verschiedenen praktischen Bereichen soll verdeutlicht werden, wie die Formulierung von Optimierungsaufgaben aus zugrundeliegenden technischen und technologischen Fragestellungen abgeleitet werden kann.

Von einem sachkundigen Vorgehen in dieser Phase der Problembearbeitung — der Modellierung — hängt es oft in entscheidendem Maße ab, ob die darauffolgende Anwendung eines Optimierungsverfahrens befriedigende Ergebnisse liefert. Den in diesem Zusammenhang auftretenden Fragen sollte deshalb, u. U. durch die Zusammenarbeit von Ingenieuren und Mathematikern, besondere Aufmerksamkeit gewidmet werden.

1.2.1. Optimierung der Abmessungen eines Stahlträgers

Eine große Rolle in der Technik spielt die Ermittlung minimaler Abmessungen von Konstruktionen bei Einhaltung vorgegebener technischer Parameter. Als Beispiel wird der Querschnitt eines Stahlträgers betrachtet (Abb. 1).

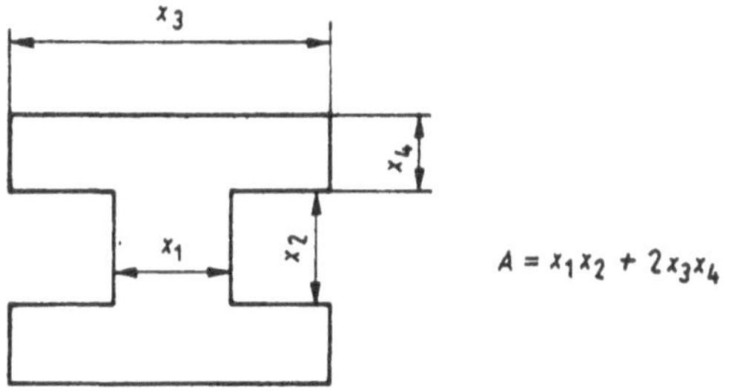

Abb. 1. Querschnitt eines Stahlträgers

Gegeben sind das maximale Biegemoment p_1 und die maximale Querkraft p_2, welche eine konkrete Belastungssituation charakterisieren. Für eine bestimmte Stahlsorte ist die zulässige Biegespannung p_3 bekannt. Diese hängt mit der Schubspannung über die Beziehung

$$\tau_{zul} \leqq 0.6 p_3$$

zusammen. Folgende Forderungen werden außerdem noch gestellt:

1. Die Stegdicke x_1 soll nicht kleiner als 8 mm sein.
2. Die Steghöhe x_2 darf 850 mm nicht überschreiten.
3. Das Verhältnis Gurtbreite x_3 zu Gurtdicke x_4 soll den Wert 20 nicht überschreiten.

Hieraus ergibt sich durch folgende Überlegungen eine nichtlineare Optimierungsaufgabe:

Die Biegespannung σ_b im Trägerquerschnitt berechnet sich zu

$$\sigma_b = \frac{p_1}{w} \leqq p_3,$$

oder umgeformt

$$-p_3 w + p_1 \leqq 0. \tag{1}$$

Das Widerstandsmoment w ist dabei mit Hilfe des Trägheitsmoments J

$$J = \frac{x_1 x_2^3}{12} + 2\left[\frac{x_3 x_4}{12} + x_3 x_4 \left(\frac{x_2 + x_4}{2}\right)^2\right] \tag{2}$$

durch

$$w = \frac{J}{x_2/2 + x_4} \tag{3}$$

erklärt. Die Beziehungen (2) und (3) werden in (1) eingesetzt und führen auf die Nebenbedingung

$$f_1(\boldsymbol{x},\boldsymbol{p}) = -p_3 \frac{\left[\frac{x_1 x_2^3}{6} + \frac{x_3 x_4^3}{3} + x_3 x_4 \frac{(x_2 + x_4)^2}{2}\right]}{} + p_1 \leqq 0.$$

Die Querkraft p_2 verursacht im Querschnitt die Schubspannung

$$\tau = \frac{p_2 \cdot S}{J \cdot x_1} \leqq 0.6 p_3$$

oder umgeformt

$$-0.6 p_3 J x_1 + p_2 S \leqq 0.$$

Das statische Moment S beträgt

$$S = x_3 x_4 \frac{x_2 + x_4}{2} + \frac{x_2^2 x_1}{8},$$

woraus sich

$$f_2(\boldsymbol{x},\boldsymbol{p}) = -0.6 p_3 x_1 \left(\frac{x_3 x_4}{2}(x_2 + x_4)^2 + \frac{x_3 x_4^3}{6} + \frac{x_1 x_2^3}{12}\right) + p_2 \left(\frac{x_3 x_4}{2}(x_2 + x_4) + \frac{x_1 x_2^2}{8}\right) \leqq 0$$

ergibt.

Aus weiteren in der Problemstellung auftretenden Bedingungen können folgende Restriktionen formuliert werden:

$$\left.\begin{aligned} f_3(\boldsymbol{x}) &= -x_1 + 0.8 \leqq 0,\\ f_4(\boldsymbol{x}) &= x_2 - 85.0 \leqq 0,\\ f_5(\boldsymbol{x}) &= 6x_4 - x_3 \leqq 0,\\ f_6(\boldsymbol{x}) &= x_3 - 20x_4 \leqq 0. \end{aligned}\right\} \tag{4}$$

Die zu minimierende Zielfunktion ist gegeben durch

$$z(\boldsymbol{x}) = A = x_1 \cdot x_2 + 2x_3 \cdot x_4 .$$

Zur Stahlsorte St37 gehören die Parameter

$$p_1 = 560\,\text{kNcm}, \qquad p_2 = 4.8\,\text{kN}, \qquad p_3 = 0.15\,\text{kN/cm}^2,$$

mit welchen die Aufgabe (4) die Lösung

$$\begin{aligned} x_1^* &= 0.80377, \\ x_2^* &= 74.99245, \\ x_3^* &= 29.95175, \\ x_4^* &= 1.49761 \end{aligned}$$

mit dem Zielfunktionswert $z(\boldsymbol{x}) = 149.98876$ besitzt. Erwähnt sei, daß eine ganze Schar zu unterschiedlichen Belastungssituationen und Stahlsorten gehörender Optimierungsprobleme mit einer sogenannten ***diskreten Einbettungstechnik*** effektiv behandelt werden konnte. Der Lösungspunkt einer Aufgabe wurde als Startpunkt für die Behandlung eines zu benachbarten Parametern gehörenden Problems gewählt.

1.2.2. Der Williams-Otto-Prozeß

Eine typische Aufgabe der nichtlinearen Optimierung in der chemischen Verfahrenstechnik ergibt sich aus der Forderung nach rascher Amortisation installierter Anlagen durch eine geeignete Produktionssteuerung. Dieses Problem wurde am Beispiel des Williams-Otto-Prozesses betrachtet, welcher viele für chemische Technologien charakteristische Merkmale aufweist. Ausgehend von bestimmten Rohstoffen A und B wird über einen Reaktor, eine Destillationskolonne, einen Abscheider und eine Spaltanlage ein Produkt P hergestellt. Neben nutzbarem Dampf D ergeben sich Zwischenprodukte C und E sowie ein Schweröl G, welches abgesondert wird. Die chemischen Reaktionen zur Herstellung von P sind irreversible Reaktionen 2. Ordnung, deren Mechanismus bekannt ist und deren Kinetik durch die Gleichungen

$A + B \rightarrow C$	Reaktionskoeffizient	k_1,
$C + B \rightarrow P + E$	„	k_2,
$P + C \rightarrow C$	„	k_3

beschrieben ist. Die Koeffizienten k_i sind temperaturabhängig und ergeben sich aus der Arrhenius-Gleichung

$$k_i = b_i = b_i\, e^{(-a_i/T)} \quad (i = 1, 2, 3).$$

Sie haben für das betrachtete Beispiel die folgende Gestalt:

$$\begin{aligned} k_1 &= 5.9755 \cdot 10^9 \cdot e^{(-12000/T)}, \\ k_2 &= 2.5962 \cdot 10^{12} \cdot e^{(-15000/T)}, \\ k_3 &= 9.6283 \cdot 10^{15} \cdot e^{(-20000/T)}. \end{aligned}$$

Zwischen den an der Reaktion beteiligten Komponenten bestehen nun gewisse Gleichgewichtsbedingungen, in welchen auch deren Anteile im Rückstrom (im folgenden mit dem Index R gekennzeichnet) eine Rolle spielen. Sie haben die Gestalt

$$\begin{aligned}
F_{RE} &= 10(F_{RP} - F_P),\\
F_{RA} &= F_{RC}/(10k_1F_{RB})\,(10k_2F_{RB} + 5k_3F_{RB} + k_2F_{RB}F_{RC}/\alpha),\\
F_G &= 1.5k_3F_{RC}F_{RP}\beta,\\
F_D &= 0.2\alpha\beta k_2F_{RB}F_{RC}/\gamma,\\
F_A &= k_1R_{RA}R_{RB}\beta + F_DF_{RA}/\alpha,
\end{aligned}$$

wobei α, β und γ durch

$$\begin{aligned}
\gamma &= F_{RP} - F_P,\\
\alpha &= F_{RA} + F_{RB} + F_{RC} + 11,\\
\beta &= \frac{F_P}{0.8k_2F_{RB}F_{RC} - 0.5k_3F_{RC}F_{RP}}
\end{aligned}$$

erklärt sind. Außerdem kommt noch folgende Bedingung aus der Gesamtbilanz des Williams-Otto-Prozesses hinzu:

$$F_P + F_G + F_D = F_A + F_B.$$

Die Zielfunktion wird nun unter Verwendung der Größen

$$F_R = \alpha + F_G + F_P$$

und

$$V = \beta F_R{}^2/50$$

erklärt und stellt die Amortisationsrate der chemischen Anlage dar:

$$F_{QS} = (84F_A - 201.96F_D - 336F_G + 19.52F_P - 2.22F_R - 3000V)/(300V).$$

In der hier behandelten Aufgabe wird davon ausgegangen, daß die rückfließenden Mengen der Produkte P, C, B sowie die Menge des Produktes B und die Temperatur T als Variable angesehen werden, deren Werte innerhalb der Schranken

$$\begin{aligned}
7500 &\leqq F_{RP} \leqq 20500,\\
5000 &\leqq F_{RC} \leqq 9000,\\
50000 &\leqq F_{RB} \leqq 150000,\\
25000 &\leqq F_B \leqq 35000,\\
580 &\leqq T \leqq 680
\end{aligned}$$

liegen können. Mit vorgegebenen Werten für diese Variablen und für F_P werden die Größen F_{RE}, F_{RA}, F_G, F_D, F_A, α, β und γ berechnet. Anschließend überprüft man, ob der sich aus der Gesamtbilanz ergebende Wert von F_P mit seinem Eingangswert übereinstimmt. Ist dies nicht der Fall, werden F_P und die davon abhängigen Größen schrittweise an die Gleichgewichtssituation herangeführt. Anschließend erfolgt die Berechnung des Zielfunktionswertes. Die geschilderte Vorgehensweise erfordert für die Bereitstellung eines Zielfunktionswertes die Durchführung eines Iterationsprozesses. Ableitungen für die Zielfunktion stehen nicht zur Verfügung. Dafür sind die zu berücksichtigenden Restriktionen sehr einfach: obere und untere Schranken für die Variablen $x_1 = F_{RP}$, $x_2 = F_{RC}$, $x_3 = F_{RB}$, $x_4 = F_B$ und $x_5 = T$. Eine andere Interpretation der Aufgabe macht die iterative Bestimmung von F_P in jedem Schritt überflüssig. Man faßt die definierenden Gleichungen als Gleichheitsrestriktionen auf und hat damit eine Aufgabe mit 22 Variablen, 17 nichtlinearen Gleichheitsnebenbedingungen und 5 unteren und oberen Schranken.

1.2.3. Ermittlung der optimalen täglichen Betriebsweise einer Wasserpumpe in einem Verbrauchernetz mit Hochbehälter

Gegeben ist ein Wasserversorgungssystem, in welchem ein Verbraucher durch eine Quelle vermittels einer Pumpe versorgt werden soll. Als Reservoir steht ein Hochbehälter zur Verfügung. Der Betrieb der Pumpe soll nun so erfolgen, daß zum einen über den Weg Quelle-Verbraucher bzw. Quelle-Hochbehälter-Verbraucher der aktuelle Bedarf gedeckt wird und zum anderen der Betrieb der Pumpe möglichst kostenminimal ist.

Bei der Formulierung der Optimierungsaufgabe wird von folgenden Voraussetzungen ausgegangen (vgl. Abb. 2):

a) Der Tag wird in eine Anzahl p von Zeitintervallen eingeteilt. Kontinuierliche zeitabhängige Vorgänge $w(t)$ werden durch eine Treppenfunktion $W(t)$ angenähert mit $W(t_1) = W(t_2)$ für t_1, t_2 aus demselben Zeitintervall. Dies gilt insbesondere für den Wasserverbrauch $v(t)$, dargestellt durch die Konstanten v_i $(i = 1, \ldots, p)$.

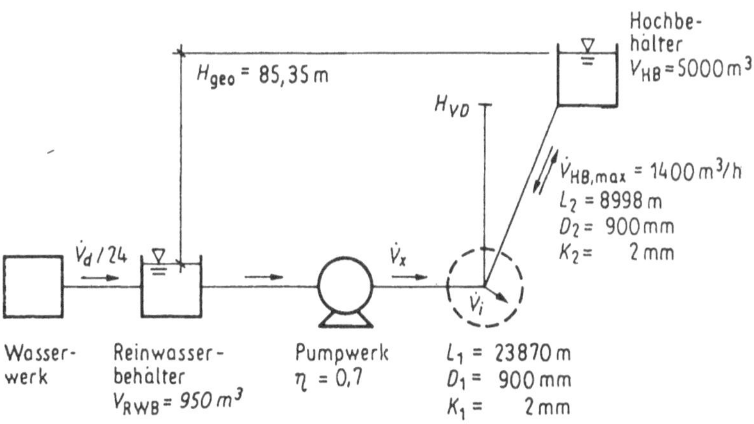

Abb. 2. Schema eines Wasserversorgungssystems

b) In verschiedenen Zeitintervallen können verschiedene Energietarife e_i auftreten.

c) Die Rohrnetzdaten (wie Längen, Durchmesser, Wirkungsgrad, geodätische Höhe, Reibungszeitwert) sind konstant vorgegeben.

d) In den Behälter wird ständig eine konstante Wassermenge eingespeist (siehe unten).

e) Den Füllungszustand (Wasserinhalt) der Behälter A und B zu einem festen Zeitpunkt des Tages (= Beginn eines Zeitintervalls) führt man als zusätzliche Veränderliche ein, die jedoch nur in den Nebenbedingungen auftreten.

Für die weiteren Betrachtungen vereinbaren wir folgende Bezeichnungen:

V = Gesamtwasserverbrauch eines Tages,
p = Anzahl der Zeitintervalle, in die ein Tag geteilt wird,
v_i = Wasserverbrauch pro Stunde im i-ten Zeitintervall,
x_i = Wasserförderung pro Stunde im i-ten Zeitintervall,
t_i = Anzahl der Stunden des i-ten Zeitintervalls,
e_i = Energietarif im i-ten Zeitintervall,
s_i = Einspeisemenge pro Stunde in den Behälter A im i-ten Zeitintervall, $s_i = s_j = V/24 = \text{const}$,
A_0, B_0 = Wasserinhalte der Behälter A und B zu Beginn des ersten Zeitintervalls (eines ausgezeichneten Intervalls),
$\boldsymbol{x}$ = Vektor mit den $x_1, \ldots, x_p$,
$K_E(\boldsymbol{x})$ = Energiekosten pro Tag,
H_{geo} = geodätische Höhe,
D_1, D_2; e_1; e_2; K_{M_1}, K_{M_2}: Nennweiten, Längen, Reibungsbeiwerte der Rohre 1 und 2,
A_{max}, B_{max} = Fassungsvermögen der Behälter A und B,
η = Wirkungsgrad.

Die Zielfunktion hat mit diesen Bezeichnungen nun folgendes Aussehen:

$$K_E(\boldsymbol{x}) = \frac{1}{367.2\eta} \left(\sum_{i=1}^{p} e_i t_i x_i H(x_i) \right),$$

wobei

$$H(x_i) = H_{geo} + (10.29 \cdot 10^{10}/3.6^2) \left(\frac{e_1 x_i^2}{K_{M_1}^2 D_1^m} - \frac{(v_i - x_i)(v_i - x_i)/e_2}{K_{M_2}^2 D_2^m} \right)$$

mit $m = 5.333333$, $i = 1, \ldots, p$. In der Funktion $H(x_i)$ wirken sich, sichtbar durch das Vorzeichen von $(v_i - x_i)$, die Fälle $v_i > x_i$ und $v_i < x_i$ aus. Der Fall $v_i > x_i$ bedeutet, daß im i-ten Zeitintervall der Verbrauch größer als die Förderung ist, d. h., zur Abdeckung des Verbrauchs wird Wasser aus dem Hochbehälter B in das Netz eingespeist. Liegt dagegen der Fall $v_i < x_i$ vor, erfolgt eine Füllung des Hochbehälters B mit dem überschüssigen Wasser. Die Minimierung der Funktion $K_E(X)$ erfolgt nun unter einer Reihe von Nebenbedingungen, die sich u. a. aus den beschränkten Behälterkapazitäten ergeben:

$$x_i \geqq 0, \quad i = 1, \ldots, p, \quad A_0 \geqq 0, \quad B_0 \geqq 0,$$

$$\sum_{i=1}^{k} t_i(x_i - v_i) + A_0 - A_{max} \leqq 0,$$

$$\sum_{i=1}^{k} t_i(v_i - x_i) - A_0 \leqq 0,$$

$$\sum_{i=1}^{k} t_i(s_i - x_i) + B_0 - B_{max} \leqq 0, \qquad k = 1, \ldots, p-1,$$

$$\sum_{i=1}^{k} t_i(x_i - s_i) - B_0 \leqq 0,$$

$$\sum_{i=1}^{p} t_i(x_i - v_i) = 0.$$

1.3. Optimierung und Programmierung (Softwarebasis)

Nachdem im vorhergehenden Abschnitt Fragen der hardwaremäßigen Voraussetzungen der Informationsverarbeitung dargestellt wurden, dient dieser Abschnitt der Beschreibung der Softwarebasis für die Implementierung von Optimierungsverfahren. Im ersten Teil wird ein Überblick zu Programmiersprachen gegeben, danach steht im zweiten Teil die Sprache BASIC im Mittelpunkt, so wie sie für die Umsetzung von Optimierungsverfahren in Programme für Mikrorechner hier im Buch benutzt wird.

Im Teil 3 und 4 dieses Abschnitts werden einerseits Lösungsschritte von Optimierungsproblemen charakterisiert und andererseits wünschenswerte numerische Eigenschaften von Programmen beschrieben.

1.3.1. Übersicht zu Programmiersprachen

Höhere Programmiersprachen sind entstanden, um dem Nutzer die Formulierung von Programmen in einer ihm gemäßen Form zu ermöglichen. Sie charakterisieren eine Entwicklungsstufe zwischen der anfänglichen Notwendigkeit, in Maschinensprache zu arbeiten, und dem Ziel der V. Rechnergeneration, der Eingabe von Anweisungen an den Rechner in menschlicher Sprache. Damit wird auch der Entwicklungstrend von Hardware und Software in Richtung verbesserter Nutzerfreundlichkeit zum Ausdruck gebracht.

Einige der Sprachen, die auf Mikrocomputern, Mini- oder Großrechnern verwendet werden, seien hier kurz aufgelistet:

ADA, ALGOL 60, ALGOL 68, APL, Assembler, BASIC, BCPL, C, COBOL, COMAL, CORAL, DIBOL, ELAN, EUCLID, FORTH, FORTRAN, LISP, LOGO, MODULA-2, MUMPS, PASCAL, PEARL, PILOT, PL/1, PL/M, PROLOG, PROSA, RPG II, SIMULA 67, SMALLTALK, SNOBOL, STOIC.

Die Auswahl einer dieser Sprachen hängt von der Art des Problems, aber auch von den Denkgewohnheiten des Programmierers ab. Weiterhin spielen auch die Eigenschaften der Umgebung, in der eine Sprache verwendet wird, eine wichtige Rolle. Einige Sprachen jedoch eignen sich besonders für die Verwendung auf Mikrocomputern und leisten dort mehr als andere. Überhaupt gibt es kaum eine wichtige Sprache, die nicht für Mikrocomputer verfügbar wäre. Das gilt sowohl für 8-bit-Mikroprozessoren als auch für Rechner mit 16-bit- und mehr Verarbeitungsbreite.

Für Mikrocomputer ist die am weitesten verbreitete Sprache BASIC, weil sie sehr einfach zu handhaben (erlernen) ist und der Interpreter sehr wenig Speicherplatz benötigt. Interpreter für vereinfachte Versionen von BASIC finden bereits auf einem 4K-Speicher (4096 Bytes) Platz.

Deshalb konzentrieren auch wir uns im nächsten Teil dieses Abschnittes auf BASIC. Einige andere wichtige Sprachen für Mikrocomputer seien hier nur kurz erwähnt.

C

Als Werkzeug zur Entwicklung von UNIX kreiert, profitiert diese Sprache von der wachsenden Bedeutung dieses Betriebssystems. Oberflächlich betrachtet sieht ein C-Programm aus wie ein PASCAL-Programm, und man kann strukturiert programmieren[1]). Es gibt nur wenige Datentypen, dafür aber ein reichhaltiges Angebot an Operatoren zur Manipulation von Werten. C hat vieles mit Assembler gemein, ist also sehr „maschinennah". Die Sprache ist sehr flexibel und erlaubt elegantes, knappes Programmieren. Eine der größten Stärken der Sprache ist die Verarbeitung von Adreßwerten (Pointern). Damit kann man sämtliche Daten organisieren. C hat als Sprache einen geringen Umfang und enthält zum Beispiel keinerlei Ein- und Ausgabebefehle. Solche Aufgaben übernehmen Standardfunktionen, die zum Compiler gehören. Obwohl es keinen offiziellen Standard für C gibt, sind die verschiedenen Compiler überraschend einheitlich.

FORTH

Die Sprache FORTH wurde von einem Computeranwender für die Steuerung einer Sternwarte entwickelt. Sie gilt als eine der Standardsprachen für die Programmierung von Robotern und zeichnet sich dadurch aus, daß sie eigentlich erst durch die Fähigkeit des Benutzers zu einer Sprache wird.

Ausgegangen wird von einer Sammlung grundlegender Befehle, wie sie auch in anderen Sprachen zu finden sind. Durch Kombination dieser Befehle kann man nun weitere Elemente bestimmen, die sich dann so verhalten, als seien sie schon immer Bestandteil der Sprache gewesen.

FORTH arbeitet in einer interaktiven Umgebung, ist also flexibel in der Anwendung. Dabei werden kurze Programmlaufzeiten erreicht, weil das System den Inhalt aller neu definierten Wörter in eine Form umsetzt, die zwischen reinem Programmtext und echtem Maschinencode liegt.

Daß der Umfang von FORTH so klein ist, hat dazu geführt, daß die Sprache sehr bald ür Microcomputer zur Verfügung stand.

FORTRAN

FORTRAN ist eine mathematisch und naturwissenschaftlich orientierte Sprache (Formular Translator), die schon Anfang der 50er Jahre entstand. Das vorgeschriebene Eingabeformat leitet sich von der wohlbekannten Lochkarte her. Es gibt zwei genormte Versionen, FORTRAN IV aus dem Jahr 1966 und FORTRAN 77, das 1978 standardisiert wurde.

---

[1]) Strukturierte Programmierung ist eine Methode zur Erstellung von Software. Der Begriff selbst wurde 1971 erstmals von dem niederländischen Informatiker DIJKSTRA verwendet. Die Formalistik der Strukturierten Programmierung beruht auf einer hierarchischen Gliederung der Rechneranweisungen. Das Programm wird in mehrere Ebenen zerlegt, innerhalb derer es von oben nach unten (top-down approach) entwickelt werden kann. Ein Gesamtproblem wird so in einzelne Strukturblöcke aufgegliedert, die ihrerseits funktional abgegrenzte Teilprobleme repräsentieren. Programmtechnisch kommt diesen Strukturblöcken eine relativ große Selbständigkeit zu; sie haben nur einen Eingang und einen Ausgang, die Brücke zur nächstfolgenden Ebene der Programmhierarchie ist eindeutig gekennzeichnet. Solche Programme besitzen die Qualitätsmerkmale für Software wie korrekt, benutzerfreundlich, wartbar, portabel und effizient.

Die Sprache wurde vorrangig von Ingenieuren und Wissenschaftlern auf Großrechnern benutzt, und es entstanden ganze Bibliotheken von Standardprogrammen in FORTRAN, so auch zur linearen und nichtlinearen Optimierung. Mit dem Übergang zur dezentralen Rechentechnik werden auch FORTRAN-77-Compiler auf Personalcomputern angeboten.

FORTRAN-Programme werden vor allem für numerische Probleme erstellt, die Sprache hat nur begrenzte Fähigkeiten zur Verwaltung von Daten auf Massenspeichern und zur Manipulation von Zeichenketten. Diese Nachteile wurden mit der 77er Variante und neueren Versionen teilweise überwunden.

In manchen Einzelheiten hat FORTRAN Ähnlichkeit mit BASIC, denn BASIC ist ein FORTRAN-Abkömmling. Beiden Sprachen ist auch die unstrukturierte Form gemeinsam. Aus diesen Gemeinsamkeiten heraus wird die vorrangige Beschäftigung mit BASIC im vorliegenden Buch auch als Einstieg in FORTRAN-Programme verstanden.

FORTRAN besitzt nicht sehr viele Sprachelemente, so daß die auf Mikrocomputern laufenden Compiler jeweils annähernd den gesamten Sprachumfang bieten. Von praktischer Bedeutung ist die computergerechte Programmstruktur, die die Verbindung zwischen FORTRAN- und Assemblerprogrammen erleichtert.

LOGO

Diese Sprache ist eine Abart von LISP. Sie hat aber einen geringeren Speicherbedarf und ist damit besonders für den Heimcomputer geeignet. In erster Linie wurde sie für Kinder zur Einführung in die Denkweise von Computern entwickelt.

Bekannt an LOGO ist vor allem die sogenannte Schildkrötengrafik (Turtle Graphics), bei der eine am Monitor vorhandene Schildkröte die Zeichnungen anfertigt. Die Programmierung erfolgt ähnlich wie in FORTH: Man hat eine Grundausstattung an Elementen zur Verfügung, die durch selbstprogrammierte Funktionen beliebig erweitert werden kann. Ebenso wie FORTH und LISP ist LOGO interpretativ.

PASCAL

Diese Sprache kann als Beispiel für strukturiertes Programmieren bezeichnet werden. Alle Elemente, die das Wesen einer strukturierten Computersprache ausmachen, sind in ihr in Reinkultur enthalten. Gleichzeitig ist der Umfang von PASCAL klein und übersichtlich, so daß keine überladenen Programme möglich sind.

In PASCAL zielt alles auf geistige Disziplin beim Programmieren ab. Interessant ist etwa die Möglichkeit, neue Datentypen zu definieren. Bereits mit diesem Schritt lassen sich viele Probleme gedanklich in die Programmform umsetzen.

Im Jahre 1972 zum ersten Mal beschrieben, ist PASCAL eine der ersten modernen Sprachen, die sich wegen ihres geringen Umfanges für die Entwicklung von Compilern für Mikrocomputer anboten. Deshalb fand sie schnell weite Verbreitung bei diesen Rechnern. Doch bald stellte sich heraus, daß die Sprachelemente für praktische Programmierarbeit nicht ausreichten. So wurden zusätzliche Elemente etwa für Datenverwaltung und Manipulation von Texten eingeführt. Durch solche Erweiterungen ging jedoch die Einheitlichkeit der Sprache verloren. Trotz der Einführung eines neuen Standards ist eine Vielzahl von PASCAL-Versionen vorhanden, die die Bedeutung der Sprache minderten.

Neben den ausführlich beschriebenen Sprachen sind für Mikrocomputer weiterhin von Bedeutung: APL, Assembler, COBOL, LISP, PILOT und PL/1.

Im Zusammenhang mit den Projekten zur Entwicklung einer neuen Computergeneration haben (für die Wissensverarbeitung) auf dem Gebiet der künstlichen Intelligenz die Sprachen LISP und PROLOG große Bedeutung gewonnen. Mitte der 80er Jahre setzen die Leistungsgrenzen von Mikrocomputersystemen den Anwendungsmöglichkeiten dieser Sprache jedoch enge Grenzen.

1.3.2. Die Programmiersprache BASIC

Die Sprache BASIC (**B**eginners **A**ll-Purpose **S**ymbolic **I**nstruction **C**ode) wurde in einer sehr einfachen Version schon Anfang der 60er Jahre für Lehrzwecke entwickelt, d. h. lange vor dem Erscheinen der Mikrocomputer. Da man zu dieser Zeit andere Vorstellungen über eine leicht zu erlernende Sprache hatte als heute, ist BASIC nicht strukturiert. Man arbeitet darin mit einem Stil ähnlich der normalen Sprache und Ausdrücken der Mathematik.

Der ursprüngliche Leistungsumfang von BASIC läßt kaum effektive Programmierung zu, deshalb arbeitet heute selbst der kleinste Rechner mit einer erweiterten Version. Allerdings, und das ist der eigentliche Nachteil der Sprache, sind diese Erweiterungen nicht genormt. So existieren nahezu soviel BASIC-Versionen wie Mikrocomputertypen.

BASIC ist somit eine Bezeichnung für eine ganze Gruppe mehr oder weniger verwandter Sprachen. Darunter gibt es strukturierte und nichtstrukturierte Versionen mit oder ohne Datenverwaltung, Interpreter und Compiler und so weiter. Das ist der Grund, daß damit durchaus auch professionelle Softwareentwicklungen betrieben werden können, und ein großer Teil der Standardprogramme für Mikrocomputer ist in BASIC geschrieben.

Im weiteren soll eine kurze Übersicht zu den hier im Buch verwendeten wichtigsten Ausdrücken von BASIC gegeben werden. Dabei wird auf Dinge, die vom Typ des Mikrocomputers abhängen, wie Ton, Graphik und auch Zeichenkettenoperationen verzichtet. Mit den angeführten wichtigsten Ausdrücken, den Programmbeispielen der Optimierungsverfahren und der Erläuterung des Sprachumfanges des dem Leser zur Verfügung stehenden Mikrocomputers anhand seines Bedienerhandbuches sollte die Nutzung der Optimierungsprogramme möglich sein.

In BASIC werden folgende *Standardfunktionen* verwendet:

ABS:	Absolutbetrag einer Zahl.
ASC:	Setzt ein Zeichen in die entsprechende ASCII-Codzahl um. Die inverse Funktion ist CHR.
COS, SIN, TAN:	Ermitteln den Wert der jeweiligen trigonometrischen Funktion. Die Umkehrfunktionen sind: ACS, ASN und ATN.
EXP:	Stellt die Exponentialfunktion e^x dar.
LOG, LN:	Die Funktionen ermitteln den dekadischen und den natürlichen Logarithmus der jeweiligen Variablen.
INT:	Verwandelt eine positive Dezimalzahl in eine ganze Zahl, indem alle Ziffern rechts vom Komma (Dezimalpunkt) weggelassen werden.
RND:	Ermittlung einer Zufallszahl aus einem vereinbarten Intervall, z. B. [0, 1].
SQR:	Berechnung der Quadratwurzel einer Zahl.

In BASIC kann die Abarbeitung der Programmschritte durch die IF...THEN...-*Anweisung* gesteuert werden. Um eine Entscheidung als richtig oder falsch einzustufen, werden die logischen Operationen der Konjunktion (AND), der Disjunktion (OR) oder der Negation (NOT) verwendet. Weiterhin kann die Abarbeitung eines Programms auch von einem Vergleich abhängig gemacht werden. Zu den Vergleichen gehören: $=$ gleich, $<$ kleiner als, $>$ größer als, $< \, =$ kleiner oder gleich, $> \, =$ größer oder gleich und $< \, >$ verschieden von. Ist ein logischer Ausdruck richtig oder fällt ein Vergleich positiv aus, so wird die Anweisung abgearbeitet, die mit THEN gegeben ist. Andernfalls wird die nächste Programmzeile ausgeführt.
Weitere wichtige *Anweisungen* in BASIC sind:

CLS: Löscht den Inhalt des Bildschirmes, ohne daß am Speicherinhalt etwas geändert wird.

DIM: Damit wird die Größe und die Dimension des benötigten Speicherplatzes für eine induzierte Variable vereinbart.

END: Teilt dem Computer das Programmende mit.

FOR...NEXT: Mit FOR beginnt eine Schleife, durch die ein Teil des Programms mehrmals abgearbeitet wird. Nach FOR muß eine Variable folgen (Anzahl der Durchrechnungen) und für diese Variable muß ein Anfangs- und Endwert angegeben werden (z. B. FOR I = 1 TO 10 ...). Das Ende einer Schleife wird durch NEXT bestimmt. Dadurch wird der Wert der Variablen jeweils um 1 erhöht, bis die angegebene obere Grenze erreicht wird.

GOSUB: Mit dieser Anweisung wird das Hauptprogramm veranlaßt, ein Unterprogramm (**go** to **sub**routine) abzuarbeiten. Auf GOSUB muß die Nummer der ersten Zeile des Unterprogramms folgen. Das Unterprogramm wird durch den Befehl RETURN beendet und die Abarbeitung an das Hauptprogramm zurückgegeben.

GOTO: Ist eine unbedingte Anweisung, die den Computer veranlaßt, zu der Programmzeile zu springen, die nach GOTO angegeben ist. Alle dazwischen liegenden Programmzeilen werden ignoriert.

INPUT: Eingabeanweisung, mit der der Dialog mit dem Nutzer gestaltet wird. So können auf diese Weise die Koeffizienten einer linearen Zielfunktion eingegeben werden (s. Kapitel 2.1).

PRINT: Der Befehl veranlaßt die Ausgabe von Daten auf dem Bildschirm.

REM: REM-Zeilen dienen der inhaltlichen Kennzeichnung von Programmen. Sie werden bei der Programmabarbeitung ignoriert.

STOP: Damit wird die Programmabarbeitung an der definierten Zeile angehalten.

Wichtige *Steuerbefehle* in BASIC sind:

LIST: Das Programm wird auf dem Bildschirm ausgegeben.

NEW: Löscht das Programm aus dem Speicher des Computers.

RUN: Bewirkt die Abarbeitung eines Programms.

Für denjenigen, der Erfahrungen mit ALGOL oder FORTRAN hat, ist zu beachten, daß in der Regel in BASIC keine lokal definierten Variablen möglich sind. Das bedeutet z. B., daß der Wert einer Variablen sowohl im Unterprogramm als auch im Hauptprogramm zu Verfügung steht. Dadurch ist man bei der Verwendung von Variablennamen eingeschränkt. Sie dürfen sich nicht doppeln.

Die vorgestellten Elemente der Sprache BASIC seien im weiteren an einem einfachen Programm zur Darstellung in sich verschachtelter Polygone angewendet (s. Abb. 3, 4).

Nach Eingabe der Eckpunktkoordinaten werden Polygone gezeichnet. Die neuen Eckpunkte werden jeweils so berechnet, daß sie auf der Geraden durch die zwei benachbarten Eckpunkte liegen. Ihr Abstand wird durch die Folge bestimmt: $F = 1/A + (1/2 - 1/A) * \exp\big(A/(z+1) - 1\big)$ für $z = 1, 2, \ldots$ Diese Folge strebt für $A \leqq 2$ gegen 1/2. In dem abgebildeten Programm sind die Zeilen 740 und 780 entsprechend den konkret vorhandenen Grafikmöglichkeiten zu modifizieren. Die Verwendung von Grafik hier sei als Anregung verstanden, da im weiteren nur noch numerische Probleme behandelt werden.

```
100 REM ********************
120 REM  *GEDREHTE POLYGONE*
140 REM ********************
160 INPUT "ANZAHL DER ECKEN";N
180 DIM X(N+1):DIM Y(N+1)
200 DIM Q(N+1):DIM P(N+1)
220 Z=0
240 INPUT "TEILUNG?";A
260 FOR I=1 TO N
280 PRINT "X(";I;")"
300 INPUT X(I)
320 PRINT "Y(";I;")"
340 INPUT Y(I)
360 NEXT I
380 FOR I=1 TO N
400 A1=INT (X(I)+.5):A2=INT (Y(I)+.5)
420 NEXT I
440 GOSUB 720
460 IF SQR ((X(1)-X(3))↑2+(Y(1)-Y(3))↑2)
    <20 THEN END
480 Z=Z+1
500 F=1/A+(1/2-1/A)*EXP (A/(Z+4)-1)
520 X(N+1)=X(1):Y(N+1)=Y(1)
540 FOR I=1 TO N
560 Q(I)=X(I):P(I)=Y(I)
580 X(I)=X(I)+F*(X(I+1)-X(I))
600 Y(I)=Y(I)+F*(Y(I+1)-Y(I))
620 NEXT I
640 Q(N+1)=Q(1):P(N+1)=P(1)
660 X(N+1)=X(1):Y(N+1)=Y(1)
680 GOSUB 720
700 GOTO 460
720 FOR I=1 TO N-1
740 LINE (X(I),Y(I))-(X(I+1),Y(I+1))
760 NEXT I
780 LINE (X(N),Y(N))-(X(1),Y(1))
800 RETURN
```

Abb. 3. Demonstration von Grafikmöglichkeiten mit einem einfachen BASIC-Programm

Nachdem die Möglichkeiten der Implementierung von Optimierungsverfahren auf Mikrocomputern mit Hilfe der Programmiersprache BASIC erläutert wurden, soll im nächsten Abschnitt eine Übersicht zu den behandelten Optimierungsverfahren gegeben werden.

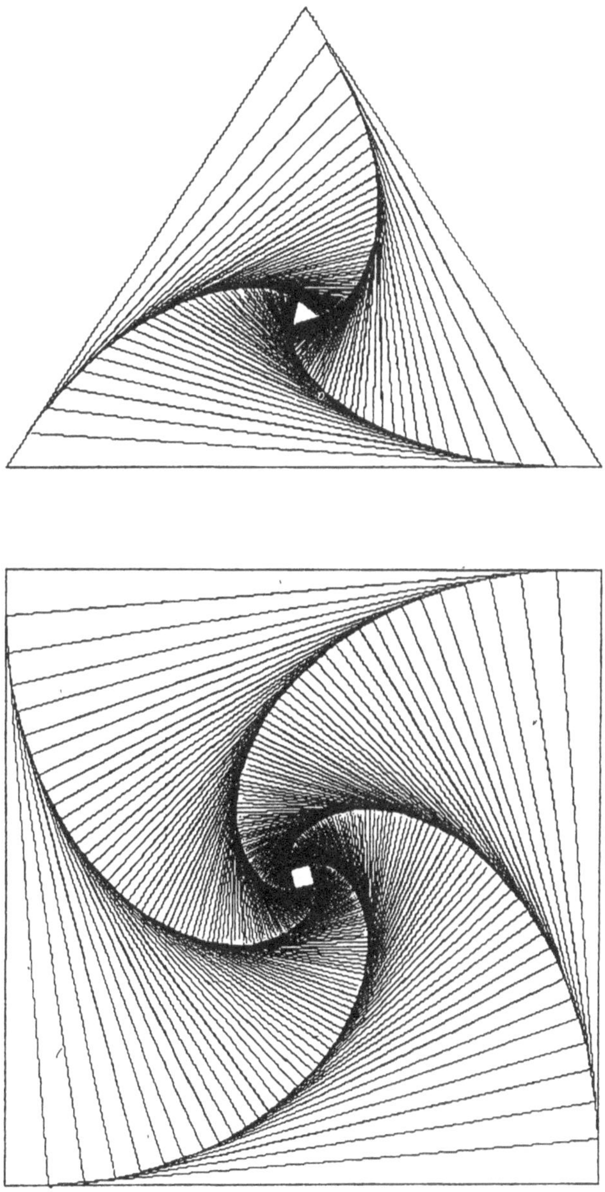

Abb. 4

1.3.3. Optimierungsverfahren und numerische Eigenschaften

Unter der numerischen Lösung einer Optimierungsaufgabe versteht man die Bestimmung eines Optimalpunktes $\boldsymbol{x}^*$ bzw. eines Kuhn-Tucker-Punktes $\boldsymbol{z}^* = (\boldsymbol{x}^*, \boldsymbol{u}^*)^T$, d. h. eines Paares von Vektoren $\boldsymbol{x}^*$ und $\boldsymbol{u}^*$, die folgendermaßen miteinander verknüpft sind: Ist $\boldsymbol{x}^*$ die Lösung des Optimierungsproblems

$$f(\boldsymbol{x}) = \min! \quad \text{bei} \quad \boldsymbol{x} \in \mathbb{R}^n, \quad g_i(\boldsymbol{x}) \leqq 0, \quad i = 1, 2, \ldots, m, \tag{1}$$

so existiert ein $\boldsymbol{u}^* \in \mathbb{R}^m$ derart, daß unter gewissen Regularitätsbedingungen die sogenannten Kuhn-Tucker-Bedingungen

(i) $L_x(\boldsymbol{x}^*, \boldsymbol{u}^*) = \nabla f(\boldsymbol{x}^*) + \sum_{i=1}^{m} u_i^* \nabla g_i(\boldsymbol{x}^*) = \boldsymbol{0}$,

(ii) $g_i(\boldsymbol{x}^*) \leqq 0, \qquad i = 1, \ldots, m$,

(iii) $u_i^* g_i(\boldsymbol{x}^*) = 0, \qquad i = 1, \ldots, m$,

(iv) $u_i^* \geqq 0, \qquad i = 1, \ldots, m$,

erfüllt sind.

- Regularitätsbedingungen sind Bedingungen an die Optimierungsaufgabe (1), welche eine stetige Änderung der Menge der Optimallösungen gegenüber kleinen Störungen der Aufgabe sichert. Ein Beispiel hierfür ist die Slater-Bedingung, welche durch (1) erfüllt ist, falls die Funktionen $g_i(\boldsymbol{x})$ konvex sind und $G^0 = \{\boldsymbol{x}: g_i(\boldsymbol{x}) < 0\} \neq \emptyset$ ist.

Zur näherungsweisen Bestimmung eines Kuhn-Tucker-Punktes $\boldsymbol{z}^*$ — dieser Fall wird exemplarisch im weiteren betrachtet — wird, ausgehend von l vorzugebenden Startelementen $\boldsymbol{z}^0, \ldots, \boldsymbol{z}^{-l+1}$ durch eine Iterationsvorschrift eine Folge $\{\boldsymbol{z}^k\}$ erzeugt, deren Elemente möglichst gegen $\boldsymbol{z}^*$ konvergieren sollten. Formal kann dieser Prozeß durch

$$\boldsymbol{z}^{k+1} = T_k(\boldsymbol{z}^k, \ldots, \boldsymbol{z}^{k-l+1})$$

beschrieben werden.

Um unter der Vielzahl von Iterationsverfahren besonders leistungsfähige zu charakterisieren, ist es sinnvoll, für die numerische Praxis wesentliche Eigenschaften der Verfahren anzugeben. Hierbei wurden in den vergangenen Jahren sowohl in theoretischer als auch in empirischer Hinsicht zwei unterschiedliche Wege beschritten.

Theoretische Richtung

Für die praktische Anwendung wünschenswerte Eigenschaften von Optimierungsverfahren werden mit funktionalanalytischen Hilfsmitteln der numerischen Mathematik nachgewiesen. Zu diesen Eigenschaften zählen:

(I) Die globale Konvergenz

Im allgemeinen ist eine Menge hinreichend nahe an einem Kuhn-Tucker-Punkt $\boldsymbol{z}^*$ gelegener Startpunkt $\boldsymbol{z}^0, \ldots, \boldsymbol{z}^{-l+1}$ unbekannt. Deshalb möchte man gewährleistet haben, daß ausgehend von einer beliebig gewählten Menge von Vektoren $\boldsymbol{z}^0, \ldots, \boldsymbol{z}^{-l+1}$, das Verfahren durchführbar ist und die Folge der Iterierten $\{\boldsymbol{z}^k\}$ in eine beliebig kleine Umgebung von $\boldsymbol{z}^*$ gelangt. Diese Eigenschaft wird globale Konvergenz des Verfahrens genannt.

(II) Lokal überlineare Konvergenz

Für die Qualität eines Optimierungsverfahrens ist die rasche Verbesserung der Näherung in der Umgebung der Lösung wesentlich. Die damit zusammenhängende Konvergenzgeschwindigkeit läßt sich in einer Umgebung von z^* unter geeigneten Voraussetzungen abschätzen. Setzt man dazu $\delta_k = \|z^k - z^*\|$, so werden die Beziehungen

$$\exists\, k_0, \quad \text{so daß} \quad \delta_{k+1} \leqq \bar{Q}\delta_k^{\tau} \quad \forall\, k \geqq k_0 \tag{2}$$

und

$$\exists\, k_0, \quad \text{so daß} \quad \underline{Q}\delta_k^{\tau} \leqq \delta_{k+1} \quad \forall\, k \geqq k_0 \tag{3}$$

untersucht, womit die sogenannte Q-Ordnung der Konvergenz bestimmt werden kann (vgl. [47]). Eine Nullfolge $\{\delta_k\}$ nichtnegativer Zahlen heißt mindestens von der Q-Ordnung $\tau \geqq 1$ konvergent, wenn (2) gilt, wobei für $\tau = 1$ noch $\bar{Q} < 1$ gefordert werden muß. Sie heißt höchstens von der Q-Ordnung τ konvergent, wenn (3) gilt. Gelten beide Abschätzungen, so heißt die Folge genau von der Q-Ordnung τ konvergent. Für $\tau = 1$ bzw. $\tau = 2$ spricht man auch von Q-linearer oder Q-quadratischer Konvergenz. Eine Q-Ordnung $\tau > 1$ heißt überlinear. Treten Abschätzungen der Form

$$\delta_{k+1} \leqq \bar{Q}\delta_k^{\alpha_0}\delta_{k-1}^{\alpha_1} \cdots \delta_{k-l+1}^{\alpha_{l-1}}$$

auf, so bestimmt man die Konvergenzgeschwindigkeit $\varkappa^*$ als positive Wurzel der sogenannten charakteristischen Gleichung

$$\varkappa^l = \alpha_0\varkappa^{l-1} + \cdots + \alpha_{l-2}\varkappa + \alpha_{l-1}.$$

(III) Weitgehende Ableitungsfreiheit

Verfahren, in denen Ableitungen verwendet werden, erfordern zusätzlichen Aufwand bei der Programmierung. So kommen bei ersten Ableitungen n skalare Funktionen vor, bei zweiten Ableitungen sogar $n(n + 1)/2$. Bei vielen Optimierungsproblemen ist die Ermittlung von Funktionswerten erst als Ergebnis einer iterativen Berechnung des Modellgleichungssystems möglich, so daß das Bereitstellen von Ableitungen auf prinzipielle Schwierigkeiten trifft. Aus diesen Gründen ist es vielfach nur möglich, Optimierungsverfahren zu verwenden, die auf die numerische Approximation von ersten und zweiten Ableitungen zurückgreifen.

Ebenso ist die analytische Bildung von Ableitungen und deren Programmierung eine typische Fehlerquelle. Abhilfe werden hier in Zukunft Methoden der Symbolmanipulation bringen, die die analytische Ableitungsbildung und deren Programmierung automatisieren.

(IV) Keine Verwendung globaler Informationen

Quantitative Angaben über das globale Verhalten der Problemfunktionen (Lipschitz-Konstanten u. ä.) sind in der Regel schwer beschaffbar. Aus diesem Grunde vermeiden leistungsfähige Verfahren die Verwendung dieser Informationen in der Iterationsvorschrift.

(V) Zulässigkeit der Iterierten

Bei einer Reihe von praktischen Problemen muß das Erfülltsein gewisser bzw. aller Nebenbedingungen in den Iterationspunkten gesichert sein. Will man eine Näherung akzeptieren, so ist dies oft ein entscheidendes Kriterium.

1.3.4. Vom BASIC-Programm zum Expertsystem

Die Nutzung eines implementierten Optimierungsverfahrens ist oft Bestandteil des Bearbeitungsprozesses einer naturwissenschaftlich-technischen Aufgabenstellung.

Nach der bereits erörterten mathematischen Modellierung umfaßt dieser Prozeß die folgenden Phasen:

- Auswahl eines geeigneten Verfahrens zur Lösung des Problems,
- Erstellen des zugehörigen Programms,
- Bereitstellung der Problemfiles,
- Starten des Programms,
- Auswertung der Abbruchversuche, danach
- entweder: Modifikation des Modells
  oder: Wahl eines anderen Verfahrens
  oder: Zusammenstellung der Ergebnisse.

Diese Schritte sind vom Nutzer der vorgestellten Programme selbständig durchzuführen. Das erfordert im allgemeinen Kenntnisse über spezifische Fragen der Optimierung und über Besonderheiten der Implementierung. Deren Vermittlung steht im Vordergrund der weiteren Ausführungen. Dennoch soll kurz auf Tendenzen eingegangen werden, Wissen über Optimierungsverfahren zu formalisieren und damit die Möglichkeit zu schaffen, den Problemlösungsprozeß weitgehend vom Rechner selbst organisieren und durchzuführen zu lassen (siehe Abb. 5).

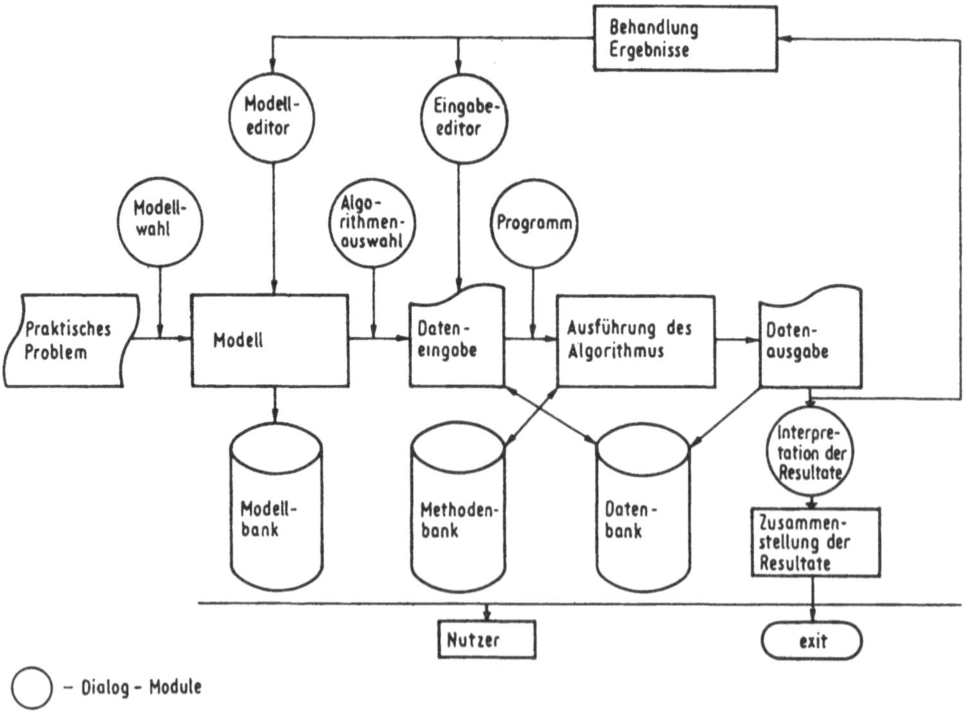

Abb. 5. Übersicht über einen Problemlösungsprozeß bei Ausnutzung von Großrechentechnik

Für Großrechenanlagen hat die mit der Erstellung von Programmpaketen in den 60er und 70er Jahren auf diesem Gebiet eingeleitete Entwicklung — insbesondere nach Fortschritten in der Dialog-Arbeitsweise — inzwischen zu menügeführten Programmbanken und Expertsystemen geführt. Derartige Systeme wurden in den vergangenen Jahren für verschiedene mathematische und wissenschaftlich-technische Fragestellungen entwickelt, z. B.

MYCIN — für medizinische Konsultationen,
PROSPECTOR — für die Erkundung von Bodenschätzen,
EMP — für Probleme der nichtlinearen Optimierung.

Expertsysteme sind dadurch charakterisiert, daß sie Erfahrungen von Spezialisten auf einem bestimmten Sachgebiet speichern und sie bei der Behandlung anstehender Probleme mit einbringen.

In der Optimierung können die einzelnen Phasen der Problemlösung etwa in folgender Weise unterstützt werden:

Bei der Auswahl der Verfahren wird die Spezifik der Aufgabe entsprechend Abschnitt 1.1 berücksichtigt. Darüber hinaus ist es in der nichtlinearen Optimierung sinnvoll, die Art der Nebenbedingungen genauer zu erfragen, da z. B. für linear restringierte Aufgaben mit nichtlinearer Zielfunktion spezielle Lösungsverfahren entwickelt werden.

Die Eingabe der im nichtlinearen Optimierungsproblem beschriebenen Funktionen erfolgt in den beigefügten Programmen über Unterprogramme. Dabei müssen Formate und Adressierungen beachtet werden. Dies entfällt bei einer in einem Expertsystem üblichen formatfreien Eingabe im Dialog.

Die Bereitstellung von Daten geschieht für Probleme kleiner und mittlerer Dimension im Dialog. Dabei kann — insbesondere bei größeren Rechnern — die Erklärung der einzugebenden Zahlenwerte ausführlicher ausfallen, als dies in den BASIC-Programmen demonstriert wird. Im Dialog können auch eventuell auftretende Parameter gewählt und erläutert werden, welche die Abarbeitung des implementierten Optimierungsverfahrens beeinflussen.

Anspruchsvolle Software für Großrechner zeichnet sich dadurch aus, daß bei Abbruch der Rechnung die Steuerung an den Computer zurückgegeben und die Ursache des Abbruchs angegeben wird. Expertsysteme gehen darüber hinaus und geben Empfehlungen, wie auf die Abbruchursache reagiert werden kann. Hierbei wie auch bei Parameterempfehlungen kommt das Wissen des Spezialisten auf dem Gebiet der Optimierung wesentlich zur Geltung. Schließlich werden in einem Expertsystem die bisher behandelten Probleme in einer Modellbank abgespeichert.

Verwendete Parameter, gewählte Startpunkte, notwendige Iterationsschritte und Rechenzeiten sowie die Abbruchursachen bewahrt man in einer Datenbank auf. Die darin aufgezeichnete Historie ist die Grundlage für eine Bewertung der einzelnen Optimierungsverfahren, wie sie z. B. LOOTSMA in [31] unter dem Namen „Ranking and Rating“ aus den wünschenswerten Eigenschaften (empirische Richtung) herleitet.

Exemplarisch sei für eine solche Vorgehensweise SCHITTKOWSKI [45] genannt, der in seine Betrachtungen 26 Algorithmen einbezieht, die an 185 Beispielen getestet wurden.

1. Das Wilson-Verfahren in der Implementierung von POWELL.
2. Die Methode von MURRAY und BIGGS (2 Implementierungen).

3. Verallgemeinerte Reduzierte-Gradienten-Verfahren (4 Implementierungen).
4. Das Verfahren von ROBINSON.
5. Penalty- und Multiplikatorenmethoden (18 Implementierungen)

Faßt man diese Rangfolgen für die Verfahren hinsichtlich einzelner Merkmale in geeigneter Weise zusammen, so kommt man zu „Platzziffern“ für Algorithmen, welche für einige der oben genannten Kriterien das folgende Aussehen haben:

Verfahrensklasse	Effektivität	Robustheit	gewichtete Bewertung
1	17	25	21
2	19–28	41–44	32–38
3	47–55	9–44	23–34
4	25	33	31
5	54–102	32–67	53–80

Die Tendenzen der Softwareentwicklung zu einer „bequemen“ Nutzung leistungsfähiger Programme stehen nicht im Widerspruch zu dem Anliegen, für Personalcomputer effektive Algorithmen in überschaubaren Implementierungen bereitzustellen, wie dies in dem folgenden Kapiteln geschieht.

2. Lineare Optimierung

Die lineare Optimierung besitzt eine große volkswirtschaftliche Bedeutung besonders bei der Lösung von Planungsproblemen. Sie gestattet, aus einer Vielzahl von möglichen Varianten die nach dem jeweiligen Zielkriterium günstigste zu berechnen und mit all ihren nichtquantifizierbaren Konsequenzen zu bewerten.

In Abb. 6 ist eine Aufgabenstellung charakterisiert, die auf lineare Optimierungsprobleme führt. Aus vorgegebenen stofflichen und energetischen Ressourcen, deren Verfügbarkeit durch obere Beschränkungen gekennzeichnet ist, sollen Produkte hergestellt werden, die einen angenommenen Bedarf mindestens decken. Die Produktion selbst ist durch die Struktur des Systems (x_i) und die jeweiligen Input-Output-Koeffizienten (a_{ij}) beschrieben. Die Produktionskapazitäten haben ebenfalls Beschränkungen in der Form von oberen und unteren Grenzen (mindestens nichtnegativ). Denkt man sich zu dem Planungsmodell von Abb. 6 noch eine Zielfunktion in Form von maximaler Auslastung vorhandener Ressourcen oder in Form eines ökonomischen Zielkriteriums, hat man mathematisch ein Problem der linearen Optimierung formuliert.

Dieses Problem ist typisch für eine Vielzahl von Aufgaben. So werden auf diese Weise

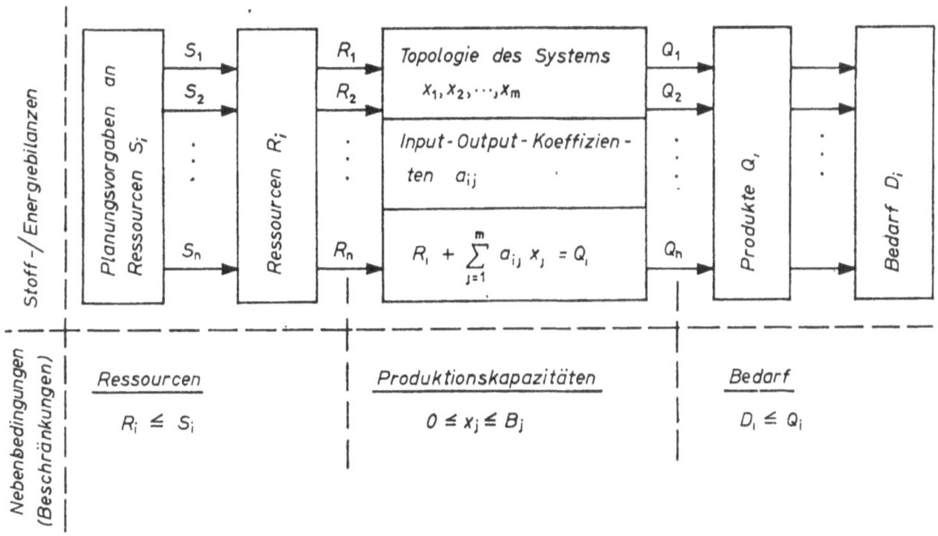

Abb. 6. Prinzipschema eines Planungsmodells der linearen Optimierung basierend auf Stoff- und/ oder Energiebilanzen

z. B. Fragen der Planung des Energiesystems eines Landes oder die Produktion von petrolchemischen Produkten aus einer gegebenen Menge an importiertem Erdöl untersucht; ebenso Planungen im Rahmen einer volkswirtschaftlichen Gesamtbilanz und auch betriebliche Material- und Energieflüsse.

Für derartige Produktionsplanungsprobleme wurde erstmalig von KANTOROWITSCH 1939 eine lineare Optimierungsaufgabe beschrieben. Er entwickelte hierzu gleichzeitig eine Lösungsmethode, die er „Methode der Auflösungsmultiplikatoren" nannte. DANTZIG veröffentlichte 1947 eine Lösungsmethode für Probleme der linearen Optimierung, die unter dem Namen Simplexmethode bekannt wurde und heute noch als die klassische Lösungsmethode für Probleme der linearen Optimierung gilt. In Abschnitt 2.1 stellen wir diese Methode vor. Es ist kein Zufall, daß diese Methode mit der Entwicklung der Rechentechnik in den 50er Jahren mehr und mehr an Bedeutung gewonnen hat. Dabei zeigte sich jedoch, daß die rechentechnische Umsetzung einer Methode Rückwirkungen auf ihre Weiterentwicklung selbst hat. So wurde das revidierte Simplexverfahren entwickelt, das rechentechnisch weitaus günstiger ist. Es ist in Abschnitt 2.2 beschrieben.

In Abschnitt 2.3 stellen wir zwei neuere Ideen dar, durch die man versucht, effektivere Lösungsvarianten für lineare Optimierungsprobleme zu erreichen, indem man die Suche des Optimums nicht mehr nur entlang der Eckpunkte des Polyeders der Nebenbedingungen organisiert, sondern gestattet, durch das Innere des zulässigen Bereiches zu gehen.

2.1. Das Simplexverfahren

Grundlagen des Verfahrens

Jedes Problem der linearen Optimierung läßt sich durch geeignete Umformungen auf die *Normalform* folgender Gestalt zurückführen. Die lineare Funktion

$$z(x_1, x_2, \ldots, x_{n+m}) = c_1x_1 + c_2x_2 + \cdots + c_{n+m}x_{n+m}$$

ist unter Berücksichtigung der linearen Gleichungen

$$\begin{aligned}
&a_{11}x_1 + a_{12}x_2 + \cdots + a_{1n}x_n + x_{n+1} && = b_1,\\
&a_{21}x_1 + a_{22}x_2 + \cdots + a_{2n}x_n + \quad + x_{n+2} && = b_2,\\
&\vdots && \vdots\\
&a_{m1}x_1 + a_{m2}x_2 + \cdots + a_{mn}x_n + \qquad + x_{n+m} && = b_m,\\
&x_j \geqq 0 \quad \forall\, j = 1, 2, \ldots, m+n, &&\\
&b_i \geqq 0 \quad \forall\, i = 1, 2, \ldots, m &&
\end{aligned} \tag{1}$$

zu maximieren. In Matrixschreibweise lautet die Aufgabenstellung

$$\boldsymbol{z} = \boldsymbol{c}^{\mathsf{T}}\boldsymbol{x} = \max! \tag{2}$$

mit $\boldsymbol{Ax} = \boldsymbol{b}$, $\boldsymbol{x} \geqq 0$, $\boldsymbol{b} \geqq 0$.
Es wird vorausgesetzt, daß der Rang der Koeffizientenmatrix $\boldsymbol{A}$ des Gleichungssystems der Nebenbedingungen in (1) gleich m ist.

Für die Darstellungen des Simplexverfahrens seien einige Begriffe definiert.

Definition 1. Jede Lösung $\boldsymbol{x}$ von $\boldsymbol{Ax} = \boldsymbol{b}$, die der Bedingung $\boldsymbol{x} \geqq \boldsymbol{0}$ genügt, wird als *zulässige Lösung* bezeichnet.

Definition 2. Je m linear unabhängige Spaltenvektoren von $\boldsymbol{A}$ bilden eine Basis, die zu diesen Vektoren gehörigen Variablen heißen *Basisvariable* und alle restlichen Variablen *Nichtbasisvariable.*

Definition 3. Ist das Gleichungssystem von (1) so umgeformt, daß für irgendeine Basis die Basisvariablen durch die Nichtbasisvariablen ausgedrückt sind und die Zielfunktion nur noch von den Nichtbasisvariablen abhängig ist, so wird von einer *Basisdarstellung* der Lösungsmannigfaltigkeit des linearen Optimierungsproblems gesprochen.

Die allgemeine Form einer solchen Basisdarstellung für (1) ist:

Nichtbasisvariable — Basisvariable

$$\begin{array}{lllll} r_{11}x_1 + r_{12}x_2 + \cdots & + r_{1n}x_n + & x_{n+1} & & = k_1, \\ r_{21}x_1 + r_{22}x_2 + \cdots & + r_{2n}x_n & + x_{n+2} & & = k_2, \\ \vdots & & & & \\ r_{m1}x_1 + r_{m2}x_2 + \cdots & + r_{mn}x_n & & + x_{m+n} & = k_m, \\ g_1x_1 + g_2x_2 + \cdots & + g_mx_n & & & + z_B(\boldsymbol{x}) = c \end{array} \tag{3}$$

Definition 4. Gegeben ist eine beliebige Basis von $\boldsymbol{A}$ und die dazugehörige Basisdarstellung. Eine Lösung $\boldsymbol{x}$ von $\boldsymbol{Ax} = \boldsymbol{b}$, bei der alle Nichtbasisvariablen gleich Null sind, heißt *Basislösung.* Eine Basislösung heißt darüber hinaus *zulässige* Basislösung, wenn alle Basisvariablen nichtnegativ sind.

Sind in (3) alle $k_i \geqq 0$, so ist die Basislösung $\boldsymbol{x}_L = (0, 0, \ldots, 0, k_1, \ldots, k_m)^T$ eine zulässige Basislösung, die Basisdarstellung wird dann als zulässige Basisdarstellung bezeichnet. Eine Basislösung bzw. eine zulässige Basislösung ist also eine Lösung, die nur höchstens m von Null verschiedene Lösungskomponenten hat.

Der Zusammenhang zwischen einer zulässigen Basislösung und einem Eckpunkt des Lösungsbereiches wird mit folgendem Satz angegeben.

Satz. *Eine zulässige Lösung $\boldsymbol{x}$ von* (1) *ist dann und nur dann ein Eckpunkt, wenn $\boldsymbol{x}$ eine zulässige Basislösung ist.*

Mit diesen Definitionen kann das Simplextheorem formuliert werden.

Simplextheorem. *Die Lösung eines linearen Optimierungsproblems* (2) *ist eine zulässige Basislösung.*

Zur Bestimmung einer optimalen Lösung von (1) oder (3) kommen nach dem Simplextheorem also nur zulässige Basislösungen in Frage. Welche von diesen Lösungen die optimale ist, wird durch das Simplexkriterium beantwortet.

Simplexkriterium. *Ist $\boldsymbol{x}_L = (0, 0, \ldots, 0, k_1, \ldots, k_m)^T$ eine zulässige Basislösung (alle $k_i \geqq 0$, $i = 1, \ldots, m$) von* (3) *und hat die Zielfunktion in der dazugehörigen Basisdarstellung die Form*

$$g_1x_1 + g_2x_2 + \cdots + g_nx_n + z_B(\boldsymbol{x}) = c$$

mit $g_j \geqq 0$ für $j = 1, \ldots, n$, so ist $\boldsymbol{x}_L$ eine Lösung.

Das Simplexverfahren zur Ermittlung einer Lösung von (1) kann mit den gegebenen Aussagen folgendermaßen charakterisiert werden.

Aufgrund des Simplextheorems sind nur die zulässigen Basislösungen auf Optimalität zu untersuchen. Dazu wird von einer zulässigen Basisdarstellung ausgegangen, d. h.,

(1) wird in (3) übergeführt. Für die zulässige Basislösung $\boldsymbol{x}_{L0}$ gilt dann $z(\boldsymbol{x}_{L0}) = c_0$. Ein Iterationsschritt des Verfahrens besteht im Auffinden einer neuen Basis B 1 mit der dazugehörigen zulässigen Basislösung $\boldsymbol{x}_{L1}$, für die der Wert der Zielfunktion $z(\boldsymbol{x}_{L1}) = c_1$ ($c_1 \geqq c_0$) nicht kleiner als c_0 ist und möglichst maximal zunimmt. Nach einer endlichen Zahl von Anwendungen eines solchen Iterationsschrittes wird erreicht, daß alle Koeffizienten $g_j \geqq 0$ für $j = 1, \ldots, n$ sind. Aufgrund des Simplexkriteriums ist die zu dieser Basisdarstellung gehörige zulässige Basislösung dann eine Optimallösung, sofern sie existiert.

Aufbau des Algorithmus

S0: Eingabe des linearen Optimierungsproblems (2).

S1: Aufbau der entsprechenden Basisdarstellung vom Typ (3) durch Einfügen von künstlichen Variablen.

S2: Ermittle den Index l aus

$$\min_{1 \leqq k \leqq n} \{g_k\} = g_l\,.$$

Die Nichtbasisvariable x_l wird in der nächsten Iteration zur Basisvariablen.

S3: Ist $g_l \geqq 0$, so ist die optimale Lösung $\boldsymbol{x}^* = \boldsymbol{x}_L$ erreicht. Stop.

S4: Ermittle den Index s aus

$$\min_{\substack{1 \leqq i \leqq m \\ r_{il} > 0}} \left\{\frac{k_i}{r_{il}}\right\} = \frac{k_s}{r_{sl}}.$$

Die Basisvariable $\boldsymbol{x}_s$ wird in der nächsten Iteration zur Nichtbasisvariablen.

S5: Ermittle die neue Basisdarstellung mit $\boldsymbol{x}_l$ als Basisvariable und $\boldsymbol{x}_s$ als Nichtbasisvariable. Gehe zu S2.

Das BASIC-Programm P.2.1 realisiert diesen Algorithmus.

Beispiel

Gesucht ist das Maximum der Funktion

$$z_1 = 3x_1 + 4x_2$$

mit den Nebenbedingungen

$$\begin{aligned} x_1 + 2x_2 + x_3 \qquad\qquad &= 80, \\ x_2 \qquad + x_4 \qquad &= 30, \\ 2x_1 + x_2 \qquad\qquad + x_5 &= 100, \end{aligned}$$

und $x_i \geqq 0$. Der maximale Funktionswert beträgt $z(\boldsymbol{x}^*) = 200$. Lösungspunkt ist $\boldsymbol{x}^* = (40, 20, 0, 10, 0)^T$. Die Basisvariablen sind x_1, x_2 und x_4. Die Lösung wurde nach drei Iterationen erreicht.

Weiterführende Bemerkungen

Das Programm P.2.1 des Simplexverfahrens dient hier nur didaktischen Zwecken. Der größte Teil des Programms wird für die Dialogführung und die Problemaufbereitung benötigt. So können auch Nebenbedingungen in Ungleichungsform eingegeben werden, und die Normalform wird vom Programm durch Einfügen von künstlichen Variablen erzeugt.

In den weiteren Teilen des Buches wird eine weitaus kompaktere und rechentechnisch effizientere Variante des Simplexverfahrens verwendet.

2.2. Das revidierte Simplexverfahren

Grundlagen des Verfahrens

Das im vorhergehenden Abschnitt beschriebene reguläre Simplexverfahren ist rechentechnisch nicht sehr effektiv, da die gesamte Normalform in jedem Schritt neu berechnet wird, obwohl nur die Informationen aus einzelnen Zeilen und Spalten benötigt werden. Das revidierte Simplexverfahren ist entwickelt worden, um diesen Nachteil zu umgehen. Da es die Basis für die meisten kommerziellen Softwarepakete der linearen Optimierung darstellt, soll es hier ausführlicher behandelt werden.

Es wird von folgendem Problem der linearen Optimierung ausgegangen:

$$z = \boldsymbol{c}^{\mathrm{T}}\boldsymbol{x} = \max! \tag{1}$$

mit

$$\boldsymbol{A}\boldsymbol{x} = \boldsymbol{b}, \tag{2}$$

$$\boldsymbol{x} \geqq \boldsymbol{0}. \tag{3}$$

In Übereinstimmung mit den Definitionen von Abschnitt 2.1 kann die Matrix $\boldsymbol{A}$ in zwei Untermatrizen $\boldsymbol{B}$ und $\boldsymbol{N}$ zerlegt werden in Zuordnung zu den Basis- und Nichtbasisvariablen, d. h.:

$$\boldsymbol{A} = (\boldsymbol{B} \mid \boldsymbol{N}). \tag{4}$$

Dabei ist $\boldsymbol{B}$ eine nichtsinguläre $m \times m$-Matrix. Der Vektor der Variablen kann dann ebenso in den Untervektor $\boldsymbol{x}_{\mathrm{B}}$ der Basisvariablen und einen Vektor $\boldsymbol{x}_{\mathrm{N}}$ der Nichtbasisvariablen zerlegt werden, d. h.:

$$\boldsymbol{x} = \begin{pmatrix} \boldsymbol{x}_{\mathrm{B}} \\ \hdashline \boldsymbol{x}_{\mathrm{N}} \end{pmatrix}. \tag{5}$$

Die Nebenbedingungen (2) können dann umgeschrieben werden:

$$\boldsymbol{B}\boldsymbol{x}_{\mathrm{B}} + \boldsymbol{N}\boldsymbol{x}_{\mathrm{N}} = \boldsymbol{b}. \tag{6}$$

Unter der Nutzung von (6) können die m Basisvariablen durch die $(n - m)$ Nichtbasisvariablen ausgedrückt werden:

$$\boldsymbol{x}_{\mathrm{B}} = \boldsymbol{B}^{-1}\boldsymbol{b} - \boldsymbol{B}^{-1}\boldsymbol{N}\boldsymbol{x}_{\mathrm{N}}. \tag{7}$$

Analog zu den obigen Zerlegungen kann auch der Vektor $\boldsymbol{c}$ in (1) zerlegt werden

$$\boldsymbol{c} = \begin{pmatrix} \boldsymbol{c}_{\mathrm{B}} \\ \hdashline \boldsymbol{c}_{\mathrm{N}} \end{pmatrix}. \tag{8}$$

Für die Zielfunktion gilt dann

$$z = \boldsymbol{c}^\mathsf{T}\boldsymbol{x} = (\boldsymbol{c}_\mathrm{B}{}^\mathsf{T} \mid \boldsymbol{c}_\mathrm{N}{}^\mathsf{T}) \begin{pmatrix} \boldsymbol{x}_\mathrm{B} \\ \hline \boldsymbol{x}_\mathrm{N} \end{pmatrix} = \boldsymbol{c}_\mathrm{B}{}^\mathsf{T}\boldsymbol{x}_\mathrm{B} + \boldsymbol{c}_\mathrm{N}{}^\mathsf{T}\boldsymbol{x}_\mathrm{N}. \tag{9}$$

Unter Verwendung von (7) kann die Zielfunktion in Abhängigkeit von den Nichtbasisvariablen dargestellt werden:

$$z = \boldsymbol{c}_\mathrm{B}{}^\mathsf{T}(\boldsymbol{B}^{-1}\boldsymbol{b} - \boldsymbol{B}^{-1}\boldsymbol{N}\boldsymbol{x}_\mathrm{N}) + \boldsymbol{c}_\mathrm{N}{}^\mathsf{T}\boldsymbol{x}_\mathrm{N};$$

nach Umordnen erhält man

$$z = \boldsymbol{c}_\mathrm{B}{}^\mathsf{T}\boldsymbol{B}^{-1}\boldsymbol{b} - (\boldsymbol{c}_\mathrm{B}{}^\mathsf{T}\boldsymbol{B}^{-1}\boldsymbol{N} - \boldsymbol{c}_\mathrm{N}{}^\mathsf{T})\,\boldsymbol{x}_\mathrm{N}. \tag{10}$$

Nach Einsetzen von (10) in das Ausgangsproblem (1) bis (3) lautet die ursprüngliche Aufgabenstellung

$$z = \boldsymbol{c}_\mathrm{B}{}^\mathsf{T}\boldsymbol{B}^{-1}\boldsymbol{b} - (\boldsymbol{c}_\mathrm{B}{}^\mathsf{T}\boldsymbol{B}^{-1}\boldsymbol{N} - \boldsymbol{c}_\mathrm{B}{}^\mathsf{T})\,\boldsymbol{x}_\mathrm{N} = \max! \tag{11}$$

mit

$$\boldsymbol{x}_\mathrm{B} = \boldsymbol{B}^{-1}\boldsymbol{b} - \boldsymbol{B}^{-1}\boldsymbol{N}\boldsymbol{x}_\mathrm{N}\ (\boldsymbol{x} \geqq \boldsymbol{0}). \tag{12}$$

Es ist üblich, die konstanten Terme in (11) und (12) durch β und die Simplexmultiplikatoren $\boldsymbol{\pi}$ auszudrücken:

$$\beta = \boldsymbol{B}^{-1}\boldsymbol{b} \tag{13}$$

und

$$\boldsymbol{\pi} = \boldsymbol{c}_\mathrm{B}{}^\mathsf{T}\boldsymbol{B}^{-1}. \tag{14}$$

Das Problem (11), (12) wird dann zu:

$$z = \boldsymbol{c}_\mathrm{B}{}^\mathsf{T}\beta - (\boldsymbol{\pi}^\mathsf{T}\boldsymbol{N} - \boldsymbol{c}_\mathrm{N}{}^\mathsf{T})\,\boldsymbol{x}_\mathrm{N} = \max! \tag{15}$$

mit

$$\boldsymbol{x}_\mathrm{B} = \beta - \boldsymbol{B}^{-1}\boldsymbol{N}\boldsymbol{x}_\mathrm{N}. \tag{16}$$

Der Zeilenvektor $\boldsymbol{d} = (\boldsymbol{\pi}^\mathsf{T}\boldsymbol{N} - \boldsymbol{c}_\mathrm{N}{}^\mathsf{T}) \in \mathbb{R}^{n-m}$ wird in der Literatur als *Vektor der reduzierten Kosten* bezeichnet, da er die Änderung der Zielfunktion in Abhängigkeit von den Nichtbasisvariablen (unabhängigen Variablen) angibt. Diesem Vektor können also wichtige Informationen für eine Sensitivitätsanalyse eines Problems entnommen werden. In Anwendung des Simplexkriteriums und des Simplextheorems aus 2.1 kann man für das hier dargestellte Problem folgende Aussage machen:

Wenn für (15) *unter* (16) *eine zulässige Basislösung existiert mit* $\boldsymbol{x}_\mathrm{B} = \beta \geqq \boldsymbol{0}$ und $\boldsymbol{x}_\mathrm{N} = \boldsymbol{0}$, dann besteht die Optimalitätsbedingung darin, daß alle Elemente des Vektors der reduzierten Kosten nichtnegativ sind, d. h., beide der nachfolgenden Bedingungen müssen erfüllt sein:

Zulässigkeitsbedingung: $\beta \geqq \boldsymbol{0}$, (17)

Optimalitätsbedingung: $\boldsymbol{d} \geqq \boldsymbol{0}$. (18)

Mit diesen Aussagen lassen sich Hinweise für eine Lösungsprozedur ableiten.[1])

---

[1]) Im weiteren wollen wir mit dem Vektor $\boldsymbol{a}_j$ die j-te Spalte von $\boldsymbol{A}$ bezeichnen und für einen beliebigen Vektor $\boldsymbol{h}$ unter der Bezeichnung $(\boldsymbol{h})_j$ seine j-te Komponente verstehen.

(I) Ist für ein j

$$d_j < 0 \quad \text{und} \quad \alpha_j = \boldsymbol{B}^{-1}\boldsymbol{a}_j \leqq \boldsymbol{0},$$

dann kann die Nichtbasisvariable j so lange wachsen, solange die Basisvariablen zulässig (nichtnegativ) bleiben. Dabei wird mit wachsendem $(\boldsymbol{x}_N)_j$ auch der Wert der Zielfunktion größer.

(II) Ist für ein j

$$d_j < 0 \quad \text{und} \quad (\alpha_j)_i > 0 \quad \text{für mindestens ein} \quad i = 1, \ldots, m,$$

dann kann eine neue zulässige Basislösung erhalten werden. Wir ermitteln zunächst ein p, für das gilt

$$\frac{(\beta)_p}{(\alpha_j)_p} = \min_{\substack{i=1,\ldots,m \\ (\alpha_j)_i > 0}} \left\{\frac{(\beta)_i}{(\alpha_j)_i}\right\},$$

und tauschen $(\boldsymbol{x}_B)_p$ gegen $(\boldsymbol{x}_N)_j$ aus.

Durch diese Austauschoperation wird in der Matrix $\boldsymbol{B}$ die p-te Spalte durch $\boldsymbol{a}_q$ ersetzt. Das bedeutet:

$$\overline{\boldsymbol{B}} = \boldsymbol{B} + (\boldsymbol{a}_q - \boldsymbol{B}\boldsymbol{e}_p)\,\boldsymbol{e}_p^{\mathsf{T}}.$$

Dadurch wird $\boldsymbol{a}_q$ eingefügt und $\boldsymbol{B}\boldsymbol{e}_p$ entfernt die p-te Spalte. Es gilt weiterhin $\alpha_q = \boldsymbol{B}^{-1}\boldsymbol{a}_q$, und man erhält

$$\overline{\boldsymbol{B}} = \boldsymbol{B}(\boldsymbol{e}_1 \vdots \ldots \vdots \boldsymbol{e}_{p-1} \vdots \alpha_q \vdots \boldsymbol{e}_{p+1} \vdots \ldots \vdots \boldsymbol{e}_m) = \boldsymbol{B}\boldsymbol{F}$$

mit

$$\overline{\boldsymbol{B}}^{-1} = \boldsymbol{F}^{-1}\boldsymbol{B}^{-1}, \qquad \overline{\beta} = \boldsymbol{F}^{-1}\beta$$

und

$$\boldsymbol{F}^{-1} = (\boldsymbol{e}_1 \vdots \ldots \vdots \boldsymbol{e}_{p-1}, \eta_q \vdots \boldsymbol{e}_{p+1} \vdots \ldots \vdots \boldsymbol{e}_m) = \boldsymbol{E},$$

wobei

$$(\eta_q)_i = \begin{cases} -\alpha_{iq}/\alpha_{pq} & i \neq p \\ 1/\alpha_{pq} & i = p \end{cases} \quad \text{ist.}$$

Die relevante Information für diese Operation ist also der Vektor η_q und die Spaltenposition p. Die Speicherung kann somit sehr kompakt erfolgen.

Aufbau des Algorithmus

S0: Eingabe der Daten des linearen Optimierungsproblems (1)—(3) und Aufbau der entsprechenden Basisdarstellung.

S1: Ermittle eine zulässige Lösung (Phase I) sowie $\boldsymbol{B}^{-1}$ und $\beta = \boldsymbol{B}^{-1}\boldsymbol{b}$.

S2: Berechne

$$\boldsymbol{\pi}^{\mathsf{T}} = \boldsymbol{c}_B^{\mathsf{T}}\boldsymbol{B}^{-1}.$$

S3: Ermittle

$$\boldsymbol{d} = (\boldsymbol{\pi}_N\boldsymbol{N} - \boldsymbol{c}_N^{\mathsf{T}}).$$

Anhand der kleinsten negativen Komponente d_j wird die hinzukommende Nicht-

basisvariable ermittelt. Ist keine der Komponenten kleiner als Null, so ist die optimale Lösung $\boldsymbol{x}^* = \boldsymbol{x}_L$ erreicht. Stop.
Ansonsten wird der Index j der kleinsten negativen Komponente d_j gleich q gesetzt, d. h. $j = q$.

S4: Berechne die neueintretende Spalte

$$\alpha_q = \boldsymbol{B}^{-1}\boldsymbol{a}_q.$$

S5: Ermittle diejenige Variable, die die Basis verläßt aus:

$$\frac{(\beta)_p}{(\alpha_p)_q} = \min_{\substack{i=1,\dots,m \\ (\alpha_i)_q > 0}} \left\{\frac{(\beta)_i}{(\alpha_i)_q}\right\}.$$

Existiert keine derartige Basisvariable, dann ist die Lösung unbeschränkt. Stop.
Ansonsten wird der Index $i = p$ gesetzt.

S6: Es wird die Austauschoperation (Pivotisierung) durchgeführt. Dabei hat $(\boldsymbol{x}_B)_p$ den Wert Null und $(\boldsymbol{x}_N)_p$ den Wert β_p/α_{pq}. Gehe zu S2.

Das BASIC-Programm P.2.2 realisiert diesen Algorithmus.

Beispiel

Gesucht ist das Maximum der Funktion

$$z = 9x_1 + 10x_2 + 15x_3$$

mit den Nebenbedingungen

$$x_1 + 2x_2 + 5x_3 = 36,$$
$$2x_1 + 3x_2 + 3x_3 = 48,$$
$$x_1 + x_2 + 2x_3 = 22$$

und

$$x_i \geqq 0, i = 1, 2, 3.$$

Der maximale Funktionswert beträgt $z(\boldsymbol{x}^*) = 202$. Lösungspunkt ist $\boldsymbol{x}^* = (18, 4, 0)^T$. Die Lösung wurde nach vier Iterationen erreicht.

Weiterführende Bemerkungen

Das revidierte Simplexverfahren ist die Grundlage für die überwiegende Mehrzahl der Softwarepakete der linearen Optimierung. Es benötigt gegenüber dem regulären Simplexverfahren weitaus weniger Speicherplatz. Das gilt besonders dann, wenn die Zahl der Variablen gegenüber der Zahl der Nebenbedingungen größer ist. Gewöhnlich ist n zwei- bis dreimal größer als m.

Ein weiterer Vorteil ist die geringere Zahl von Multiplikationen und der damit zurückgehende Einfluß von Rundungsfehlern. Das kommt besonders bei schwachbesetzten Problemen (= geringe Anzahl von Nichtnullelementen in $\boldsymbol{A}$, $\boldsymbol{b}$, $\boldsymbol{c}$) zum Tragen. Erfahrungen besagen, daß praktische Probleme selten über 5% und meist unter 1%

besetzt sind. Probleme dieser Art werden effektiv mit Verfahren basierend auf dem Vorgehen des revidierten Simplex oder mit Dekompositionsmethoden der linearen Optimierung gelöst. Aus der Literatur sind Berichte über gelöste Probleme mit bis zu 1,2 Millionen Variablen und 90000 Nebenbedingungen bekannt. Für solche Probleme und auch alle anderen praktischen Aufgaben der linearen Optimierung haben sich die Problembeschreibung und die Lösungsinterpretation und Modifikation als eigenständige Aufgaben neben der Lösung des Problems der linearen Optimierung aufgrund der zu verarbeitenden großen Datenmengen entwickelt.

Eine Aufgabe der linearen Optimierung sei z. B. durch einen Problemanalytiker für energiewirtschaftliche Fragen oder volkswirtschaftliche Fragen formuliert. Mit Hilfe einer Matrixgenerators oder einer Modellierungssprache wird das so erarbeitete Problem dann in den *MPS* (Mathematical-Programming-Standard)-*file* transformiert. Der MPS-file hat sich als Standardeingabe für alle kommerziellen Pakete durchgesetzt und ist eine eindeutige Beschreibung eines linearen Optimierungsproblems.

Durch ein vorhandenes LP-Paket wird dann das Problem gelöst. Diese Pakete verfügen meist auch noch über die Möglichkeit der Lösung von linearen ganzzahligen und quadratischen Problemen. Die Lösung eines LP-Problems ist ebenso ein großer Datenfile, der mit einem Lösungsinterpreter gelesen und analysiert wird. Mit Hilfe eines Postprozessors können Koeffizienten, Variable, Grenzen geändert oder gestrichen werden, ebenso die Zielfunktion. Dieser Dialog wird fortgeführt bis das Ausgangsproblem hinreichend untersucht ist. Eine ausführlichere Beschreibung dieser Optimierungstechnologie ist in [33] enthalten.

Hier soll noch kurz der Begriff MPS-Format erläutert werden. In der Tradition des Lochkartenformats werden die 80 Spalten folgendermaßen belegt:

	Feld 1	Feld 2	Feld 3	Feld 4	Feld 5	Feld 6
Spalte	2–3	5–12	15–22	25–36	40–47	50–61
Inhalt	Indikator	Name	Name	Wert	Name	Wert

Die Struktur des MPS-files selbst ist folgendermaßen aufgebaut:

NAME
ROWS
COLUMNS
RHS
RANGES
BOUNDS
ENDATA

Der Daten-file beginnt mit der Vereinbarung eines Namen (NAME) und wird mit der Zeile ENDATA abgeschlossen. Innerhalb der Zeilensektion (ROWS) können zum Beispiel mit verschiedenen Indikatoren wie E (Gleichung), L (kleiner gleich) oder G (größer gleich) alle Typen von Nebenbedingungen angegeben werden. In der Spaltensektion (COLUMNS) können zwei Matrixelemente per Zeile eingegeben werden. Diese Ausführungen seien an einem einfachen Beispiel demonstriert.

Beispiel: $z = x_1 + 3x_2 = \max?$ (OBJ)

mit den Nebenbedingungen

$$-x_1 + x_2 \leqq 1 \qquad \text{(CON1)}$$

$$x_1 + x_2 \leqq 2 \qquad \text{(CON2)}$$

$$x_1, x_2 \quad \geqq 0$$

Der MPS-file hierfür ist in Abb. 7 angegeben.

```
NAME            BEISPIEL
ROWS
 N  OBJ
 L  CON1
 L  CON2
COLUMNS
    X1          OBJ         1.0         CON1      1.0
    X1          CON2        1.0
    X2          OBJ         3.0         CON1      1.0
    X2          CON2        1.0
RHS
    RHS         CON1        1.0
    RHS         CON2        2.0
ENDATA
```

Abb. 7. MPS-file für die im obigen Beispiel angegebene Aufgabe

Die Forderung nach Maximierung und die Nichtnegativitätsbedingung werden in einem sogenannten Spezifikationsfile vereinbart.

Detailliertere Aussagen sind [33] oder jedem Benutzerhandbuch für ein konkretes Softwarepaket der linearen Optimierung zu entnehmen.

Bekannte Pakete der linearen Optimierung sind

- für IBM-Rechner MPSX/370 und MPS III,
- für CDC-Maschinen der CYBER-Serie APEX III, FMPS,
- für UNIVAC-Computer SCICONIC,
- für ESER-Rechner OPSI.

Beispiele für Optimierungspakete entworfen für Minicomputer sind LINDO und LPMASTER für Mikrorechner.

Typische Matrixgeneratoren sind: DATAFORM, DATAMAT, GAMMA, MAGEN, OMNI/PDS, IBM MGRW, APEX-II MGR, MODELER oder PERUSE.

Modellierungssprachen für große Probleme der Linearoptimierung sind: ALPS (Advenced Linear Programming System), GAMS (General Algebraic Modelling System), LMC (Linear Modelling Capability) als ein Teil von CML (Conversational Modelling Language), MAGIC (Matrix Generator Instruction Converter) und UIMP (User Interface for Mathematical Programming). Für kleine und mittlere Probleme sind bekannte Systeme: LINDO (Linear Interactive and Discrete Optimizer), MPOS (Multipurpose Optimization System) und UHELP (University of Houston Easy Linear Programming). Eine aktuelle Übersicht zum Gebiet der Software für lineare Optimierungsprobleme ist auch in [46] gegeben.

2.3. Die Klasse der Iterationsverfahren

Die bisher behandelten Verfahren der linearen Optimierung (Simplexverfahren und revidiertes Simplexverfahren) führen nach einer endlichen Schrittzahl zu einer Lösung, falls sie existiert. Im Unterschied zu diesem Vorgehen hat man schon seit den 50er Jahren versucht, das Problem der linearen Optimierung iterativ durch asymptotische Näherung an die Lösung zu behandeln. Dabei erscheint eine Suchstrategie, die vom Startpunkt direkt durch das Innere des zulässigen Bereiches zum Optimum führt, einem Vorgehen entlang der Eckpunkte des Polyeders der Nebenbedingungen überlegen. Eine solche Suchstrategie durch das Innere des zulässigen Bereiches wird durch die im weiteren vorgestellten Iterationsverfahren (Ellipsoidverfahren und Projektionsverfahren) realisiert. Trotz der theoretisch vorhandenen Vorteile gegenüber den klassischen Simplexverfahren konnte durch numerische Experimente dieser Sachverhalt bisher nicht eindeutig nachgewiesen werden.

Einige der Ursachen hierfür werden in den weiterführenden Bemerkungen diskutiert.

Zusammenfassend lassen die bisherigen Erfahrungen die Aussage zu, daß Iterationsverfahren der linearen Optimierung in einigen Spezialfällen erfolgversprechend sein können. Zu diesen Fällen gehören die Lösung von Problemen mit sogenanntem „Kaltstart" (Start ohne zulässige Basislösung) und Probleme mit spezieller Struktur (Besetztheit).

2.3.1. Das Ellipsoidverfahren

Grundlagen des Verfahrens

Die Leistungsfähigkeit eines Verfahrens der linearen Optimierung wird dadurch bewertet, daß man ermittelt, wieviel arithmetische Operationen zur Lösung der Aufgabe

$$z = \boldsymbol{c}^{\mathsf{T}}\boldsymbol{x} = \min! \tag{1}$$

bei

$$\boldsymbol{A}\boldsymbol{x} \leqq \boldsymbol{b}, \quad \boldsymbol{x} \geqq \boldsymbol{0}, \quad \boldsymbol{x} \in \mathbb{R}^n,$$

wobei $\boldsymbol{A}$ eine $m \times n$-Matrix ist und $\boldsymbol{b} \in \mathbb{R}^n$, maximal erforderlich sind. Für das im Abschnitt 2.1 beschriebene Simplexverfahren lassen sich Beispiele angeben, bei denen die Anzahl der Variablen und die Anzahl der Nebenbedingungen exponentiell in diesen Aufwand eingeht.

Um die notwendigen Operationen zu reduzieren, schlug KHACHIJAN [23] den Ellipsoidalgorithmus vor. Dabei wird unter Verwendung des zu (1) dualen Problems

$$z^* = \boldsymbol{b}^{\mathsf{T}}\boldsymbol{u} = \max! \tag{2}$$

bei

$$\boldsymbol{A}^{\mathsf{T}}\boldsymbol{u} \geqq \boldsymbol{c}, \quad \boldsymbol{u} \geqq \boldsymbol{0}$$

das Ungleichungssystem

$$\begin{aligned} \boldsymbol{A}\boldsymbol{x} \qquad\quad &\leqq \boldsymbol{b}, \\ -\boldsymbol{A}^{\mathsf{T}}\boldsymbol{u} &\leqq -\boldsymbol{c}, \\ \boldsymbol{c}^{\mathsf{T}}\boldsymbol{x} - \boldsymbol{b}^{\mathsf{T}}\boldsymbol{u} &\leqq \boldsymbol{0}, \\ -\boldsymbol{x} \qquad\quad &\leqq \boldsymbol{0}, \\ -\boldsymbol{u} &\leqq \boldsymbol{0} \end{aligned} \tag{3}$$

betrachtet. Weil (3) die notwendigen Optimalitätsbedingungen für (1) und (2) beinhaltet, ergibt sich aus der Lösbarkeit von (3) die Lösbarkeit von (1) und (2) und umgekehrt.

Das System (3) ist Spezialfall des allgemeinen Ungleichungssystems

$$\boldsymbol{D}\boldsymbol{z} \leqq \boldsymbol{r}, \tag{4}$$

wobei $\boldsymbol{D}$ eine $\overline{m} \times \overline{n}$-Matrix, $\boldsymbol{r}$ ein $\overline{m}$-Vektor ist, und für (3) gerade $\overline{m} = (2n + 2m + 1)$ bzw. $\overline{n} = (n + m)$ gelten. $\overline{G}$ bezeichne die Menge aller Punkte $\boldsymbol{z}$, welche (4) erfüllen:

$$\overline{G} = \{\boldsymbol{z}: \boldsymbol{D}\boldsymbol{z} \leqq \boldsymbol{r}\}. \tag{5}$$

Das Ungleichungssystem (4) wird beim Khachijan-Algorithmus dadurch gelöst, daß man eine Folge von Ellipsoiden E_k konstruiert. Jedes E_k wird dabei durch

$$E_k = \{\boldsymbol{w} \in \mathbb{R}^n: \boldsymbol{w} = \boldsymbol{z}^k + \boldsymbol{B}_k\boldsymbol{z}, \|\boldsymbol{z}\| \leqq 1\} \tag{6}$$

mit der $\overline{n} \times \overline{n}$-Matrix $\boldsymbol{B}_k$ und dem $\overline{n}$-dimensionalen Vektor $\boldsymbol{z}^k$ beschrieben und enthält Punkte, welche (4) erfüllen. Liegt der Mittelpunkt $\boldsymbol{z}^k$ von E_k in dem durch (4) beschriebenen Bereich, so wird die Rechnung beendet. Im anderen Fall gibt es eine Nebenbedingung

$$\boldsymbol{d}_{i_k}^{\mathsf{T}} \boldsymbol{z} \leqq r_{i_k}$$

($\boldsymbol{d}_{i_k}$ — i_k-te Zeile von $\boldsymbol{D}$, r_{i_k} — i_k-te Komponente von $\boldsymbol{r}$),
welche durch $\boldsymbol{z}^k$ maximal verletzt wird. Verschiebt man die begrenzende Hyperebene derart, daß der Punkt $\boldsymbol{z}^k$ in ihr liegt, so ergibt sich ein Halbellipsoid, welcher Punkte von $\overline{G}$ enthält. Zu diesem Halbellipsoid kann nun ein eindeutiger Weise ein umschließendes Ellipsoid E_{k+1} minimalen Volumens konstruiert werden, welches wiederum durch $\boldsymbol{B}_{k+1}$ und $\boldsymbol{z}^{k+1}$ beschrieben wird (siehe Abb. 8).

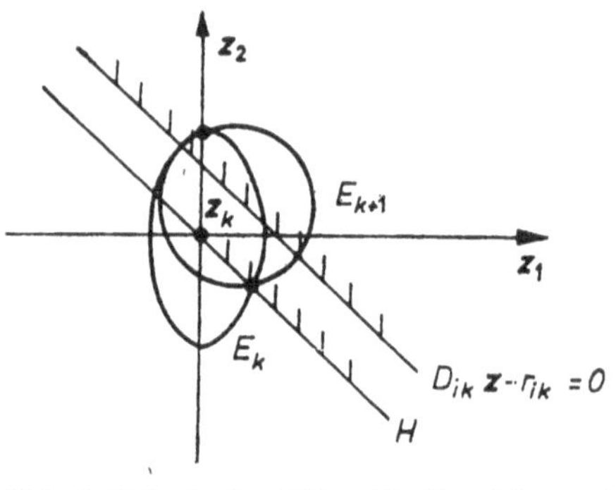

Abb. 8. Prinzip des Ellipsoid-Algorithmus (statt $D_{ik}\boldsymbol{z} - r_{ik} = 0$ lies: $\boldsymbol{d}_{i_k}^{\mathsf{T}}\boldsymbol{z} - r_{i_k} = 0$)

Den Mittelpunkt $\boldsymbol{z}^{k+1}$ und die Matrix $\boldsymbol{B}_{k+1}$ von E_{k+1} erhält man durch folgende Aufdatierungsformeln

$$\boldsymbol{z}^{k+1} = \boldsymbol{z}^k - \frac{\boldsymbol{B}_k\eta}{(\overline{n} + 1)\,\|\eta\|}$$

und

$$\boldsymbol{B}_{k+1} = \left(1 + \frac{1}{16\overline{n}^2}\right) \boldsymbol{B}_k\boldsymbol{Q}\Lambda\boldsymbol{Q}^{\mathsf{T}},$$

wobei $\eta = \boldsymbol{B}_k \boldsymbol{d}_{i_k}$ ein n-dimensionaler Vektor und $\Lambda = \operatorname{diag}(\boldsymbol{h})$ eine $n \times n$-Matrix mit

$$\boldsymbol{h} = \left(\frac{\bar{n}}{\bar{n}+1}, \frac{\bar{n}}{\sqrt{\bar{n}^2-1}}, \frac{\bar{n}}{\sqrt{\bar{n}^2-1}}, \ldots, \frac{\bar{n}}{\sqrt{\bar{n}^2-1}}\right)^{\mathsf{T}}$$

sowie $\boldsymbol{Q}$ eine beliebige $\bar{n} \times \bar{n}$-Orthogonalmatrix mit $\eta/\|\eta\|$ als erster Spalte ist.

Zur Konstruktion eines Anfangsellipsoids nutzt man den verifizierbaren Sachverhalt, daß Punkte von G in einer Kugel um den Ursprung mit dem Radius 2^L liegt.

Hierbei ist L in Abhängigkeit von den Koeffizienten d_{ij}, $i = 1, \ldots, \bar{m}$; $j = 1, \ldots, \bar{n}$, den Komponenten r_i, $i = 1, \ldots, \bar{m}$, und den Werten von $\bar{m}$ und $\bar{n}$ durch

$$L = \operatorname{int}\left(\sum_{i=1}^{\bar{m}} \sum_{j=1}^{\bar{n}} \log_2 (|d_{ij}| + 1) + \sum_{i=1}^{\bar{m}} \log_2 (|r_i| + 1) + \log_2 \bar{n}\bar{m} + 1\right)$$

erklärt, wobei int (K) den ganzzahligen Anteil von K darstellt. Es läßt sich zeigen, daß für endliches k entweder der Mittelpunkt $\boldsymbol{z}^k$ des Ellipsoids E_k das Ungleichungssystem (4) erfüllt oder die Unlösbarkeit von (4) festgestellt werden kann. Allerdings ist das im allgemeinen nicht mit dem eingangs erwähnten polynominalen Aufwand möglich. Um dies zu sichern, geht man zu dem gegenüber (4) gestörten Ungleichungssystem

$$\boldsymbol{D}\boldsymbol{z} \leqq \boldsymbol{r} + 2^{-L}\boldsymbol{e} \tag{7}$$

über. Für (7) liefert die skizzierte Vorgehensweise bei Verwendung eines Rechners mit Wortlänge L mit einem polynominalen Aufwand eine Lösung.

Zur Veranschaulichung betrachten wir folgendes Beispiel mit einer Nebenbedingung: Die Ungeichung $-w_1 - w_2 \leqq -1$ ist durch den Punkt $\boldsymbol{v}^0 = \begin{pmatrix}0\\0\end{pmatrix}$ nicht erfüllt. Mit der Matrix $\boldsymbol{B} = \begin{pmatrix}2^5 & 0\\0 & 2^5\end{pmatrix}$ ergibt sich der Ellipsoid $E_0 = \left\{\boldsymbol{w}: \frac{w_1^2}{2^{10}} + \frac{w_2^2}{2^{10}} \leqq 1\right\}$. Dessen Durchschnitt mit dem Halbraum $H = \left\{w: \begin{pmatrix}-1\\-1\end{pmatrix}^{\mathsf{T}} \left(\boldsymbol{w} - \begin{pmatrix}0\\0\end{pmatrix}\right) \leqq 0\right\}$ wird vom nächsten Ellipsoiden E_{k+1} eingeschlossen.

Aufbau des Algorithmus

S0: Setze $\boldsymbol{z}^0 = \boldsymbol{0}$, $\boldsymbol{B}_0 = 2^L \boldsymbol{I}_{\bar{n}}$, $k = 0$.

S1: Bestimme Θ_k und i_k gemäß

$$\Theta_k = \max_{1 \leqq i \leqq \bar{m}} (\boldsymbol{d}_i^{\mathsf{T}} \boldsymbol{z}^k - r_i) = \boldsymbol{d}_{i_k}^{\mathsf{T}} \boldsymbol{z}^k - r_{i_k}.$$

S2: Ist $k = \bar{n}^2 L$, so ist das System unlösbar. Stop.

S3: Ist $\Theta_k \leqq 2^{-L}$, so ist $\boldsymbol{z}^k$ Lösung. Stop.

S4: Berechne

$$\eta_k = \boldsymbol{B}_k \boldsymbol{d}_{i_k},$$

$$\|\eta_k\| = \sqrt{\eta_k^{\mathsf{T}} \eta_k},$$

$$\bar{\eta}_k = \eta_k / \|\eta_k\|,$$

$$z^{k+1} = z^k - \frac{1}{\bar{n}+1} B_k \bar{\eta}_k,$$

$$B_{k+1} = \left(1 + \frac{1}{16\bar{n}^2}\right) \frac{\bar{n}}{\sqrt{\bar{n}^2 - 1}} \left[B_k + \left(\frac{\bar{n}-1}{\bar{n}+1} - 1\right) B_k \bar{\eta}_k \bar{\eta}_k^{\mathsf{T}}\right].$$

S5: Setze $k = k + 1$ und gehe zu S1.

Das BASIC-Programm P.2.3 realisiert diesen Algorithmus.

Beispiel

Gesucht ist die Lösung der linearen Optimierungsaufgabe

$$z = -x_1 - x_2 = \min!$$

bei

$$x_1 \leqq 1,$$

$$x_2 \leqq 1;$$

$$x_1, x_2 \geqq 0.$$

Die Zielfunktion z erreicht unter den angegebenen Nebenbedingungen im Punkt $x^* = (1, 1)^{\mathsf{T}}$ den Wert -2.
Die Rechnung wurde nach 41 Iterationen abgebrochen, nachdem die aus dem Optimierungsverfahren resultierenden Ungleichungen um weniger als 10^{-3} verletzt waren. Die erreichte Näherung x^{41} besitzt die Gestalt

$$x^{41} = (1.0009,\ 1.000326)^{\mathsf{T}}.$$

Weiterführende Bemerkungen

Der Algorithmus von KHACHIJAN hat seit seiner Publikation im Jahre 1979 eine große Anzahl von wissenschaftlichen Veröffentlichungen induziert. Das Hauptaugenmerk war dabei auf die Aussage gerichtet, daß der Algorithmus über der Operationsmenge $(+, -, \times, /, \sqrt{\ })$ polynomial im Aufwand ist. Diese bedeutet, daß die maximale Anzahl der notwendigen Operationen zur Lösung der Aufgabe (1) durch ein Polynom in n und m nach oben abgeschätzt werden kann. Hierbei setzt man voraus, daß das Wurzelziehen im Rahmen der verwendeten Wortlänge im Rechner exakt und mit polynomialem Aufwand ausgeführt werden kann.

Die erwähnte Eigenschaft des Ellipsoid-Algorithmus läßt ihn gegenüber dem Simplexverfahren vorteilhaft erscheinen, weil das Simplexverfahren in seinem Aufwand exponential von m und n abhängt.

Das angeführte einfache Beispiel zeigt jedoch die inzwischen in zahlreichen anderen Testbeispielen bestätigte Tendenz: Aus den auf der Polynomialität im Aufwand hergeleiteten Komplexitätsvergleichen lassen sich nur schwer Aussagen über das Verhalten von Optimierungsverfahren bei der Behandlung einzelner Beispiele ableiten.

2.3.2. Das Projektionsverfahren

Grundlagen des Verfahrens

Das Projektionsverfahren von KARMARKAR ([22]), auch *Karmarkar-Algorithmus* genannt, dient der Lösung der linearen Optimierungsaufgabe

$$z = \boldsymbol{c}^{\mathsf{T}}\boldsymbol{x} = \min! \tag{1}$$

bei $\boldsymbol{x} \in \Omega \cap S$ mit

$$\Omega = \{\boldsymbol{x} \in \mathbb{R}^n : \boldsymbol{A}\boldsymbol{x} = 0\} \quad \text{und} \quad S = \{\boldsymbol{x} \in \mathbb{R}_+{}^n : \boldsymbol{e}^{\mathsf{T}}\boldsymbol{x} = 1\}.$$

Im allgemeinen liegt jedoch eine Optimierungsaufgabe der Gestalt

$$\hat{z} = \boldsymbol{c}^{\mathsf{T}}\hat{\boldsymbol{x}} = \min!$$

bei

$$\boldsymbol{A}\hat{\boldsymbol{x}} = \boldsymbol{b}, \qquad \hat{\boldsymbol{x}} \geqq 0 \tag{2}$$

vor. Ist dafür ein zulässiger Punkt $\boldsymbol{a}$ mit $a_i > 0$, $i = 1, \ldots, n$, gegeben, so kann durch projektive Transformation

$$x_i = \frac{(\hat{x}_i/a_i)}{1 + \sum_{i=1}^{n} (\hat{x}_i/a_i)}, \qquad i = 1, \ldots, n, \quad x_{n+1} = 1 - \sum_{i=1}^{n} x_i,$$

eine Aufgabe der Form (1) konstruiert werden (siehe Beispiel).

Zur Behandlung von (1) betrachten wir das Problem

$$\boldsymbol{c}^{\mathsf{T}}\boldsymbol{D}\boldsymbol{x} = \min! \tag{3}$$

bei

$$\bar{\Omega} \cap S = \{\boldsymbol{x} \in \mathbb{R}_+{}^n : \boldsymbol{A}\boldsymbol{D}\boldsymbol{x} = 0, \quad \boldsymbol{e}^{\mathsf{T}}\boldsymbol{x} = 1\}$$

mit einer Diagonalmatrix $\boldsymbol{D} = \operatorname{diag}(\boldsymbol{d})$, wobei $d_i > 0$ ist.

Zwischen der Aufgabe (1) und (3) gibt es die folgenden Beziehungen:

(i) Ist $\boldsymbol{x}^*$ Lösung von (1) mit $\boldsymbol{c}^{\mathsf{T}}\boldsymbol{x}^* = 0$, so ist

$$\boldsymbol{x}^{**} = \frac{\boldsymbol{D}^{-1}\boldsymbol{x}^*}{\boldsymbol{e}^{\mathsf{T}}\boldsymbol{D}^{-1}\boldsymbol{x}^*}$$

Lösung von (3) mit

$$\boldsymbol{c}^{\mathsf{T}}\boldsymbol{D}\boldsymbol{x}^{**} = 0.$$

(ii) Ist $\boldsymbol{x}^{**}$ Lösung von (3) mit $\boldsymbol{c}^{\mathsf{T}}\boldsymbol{D}\boldsymbol{x}^{**} = 0$, so ist

$$\boldsymbol{x}^* = \frac{\boldsymbol{D}\boldsymbol{x}^{**}}{\boldsymbol{e}^{\mathsf{T}}\boldsymbol{D}\boldsymbol{x}^{**}} \tag{4}$$

Lösung von (1) mit $\boldsymbol{c}^{\mathsf{T}}\boldsymbol{x}^* = 0$.

Man bestimmt nun in jeder Iteration zu fester Matrix $\boldsymbol{D}$ eine Näherungslösung der Aufgabe (3), konstruiert daraus unter Verwendung von (4) eine approximative Lösung von (1) und ändert die Matrix $\boldsymbol{D}$ ab.

Anstelle des Problems (3) wird, ausgehend von Zentrum $\boldsymbol{a}^0$ der Menge $\bar{\Omega} \cap S$, die modifizierte Aufgabe

$$\boldsymbol{c}^{\mathsf{T}}\boldsymbol{D}\boldsymbol{x} = \min! \tag{5}$$

bei

$$\boldsymbol{A}\boldsymbol{D}\boldsymbol{x} = \boldsymbol{0}, \quad \boldsymbol{e}^{\mathsf{T}}\boldsymbol{x} = 1, \quad \|\boldsymbol{x} - \boldsymbol{a}^0\| \leqq \alpha r$$

$$\left(\alpha \in (0, 1/4],\ r = 1/\sqrt{n(n-1)}\right)$$

gelöst. Ist $\boldsymbol{a} \in \Omega \cap S$ mit $a_i > 0$, $i = 1, \ldots, n$, bekannt und wird $\boldsymbol{D} = \operatorname{diag}(\boldsymbol{a})$ verwendet, dann beschreibt $\boldsymbol{a}^0 = (1/n, \ldots, 1/n)^{\mathsf{T}}$ gerade das Zentrum des zulässigen Bereichs von (3), denn wegen $\boldsymbol{a} \in \Omega$ ist $\boldsymbol{A}\boldsymbol{a} = \boldsymbol{0}$ und damit auch $\boldsymbol{A}\boldsymbol{D}\boldsymbol{a}^0 = \boldsymbol{A}\dfrac{1}{n}\boldsymbol{a} = \boldsymbol{0}$, also $\boldsymbol{a}^0 \in \bar{\Omega}$ und wegen $\boldsymbol{e}^{\mathsf{T}}\boldsymbol{a}^0 = 1$ auch $\boldsymbol{a}^0 \in S$.

Die Lösung der Aufgabe (5) kann durch die Auswertung der Kuhn-Tucker-Bedingungen explizit angegeben werden. Mit

$$\boldsymbol{p} = \left(\boldsymbol{I}_n - \boldsymbol{B}^{\mathsf{T}}(\boldsymbol{B}\boldsymbol{B}^{\mathsf{T}})^{-1}\boldsymbol{B}\right)\boldsymbol{D}\boldsymbol{c}$$

lautet sie

$$\boldsymbol{q} = \boldsymbol{a}^0 - \alpha r \boldsymbol{p}/\|\boldsymbol{p}\|.$$

Durch die Wahl von r und α ist die zu (3) gehörige Vorzeichenbedingung erfüllt. Hat man $\boldsymbol{q}$ ermittelt, so ergibt sich aus der Transformationsvorschrift (4) eine Näherung $\boldsymbol{x}$ der Lösung von (1).

Zur besseren Approximation der Lösung von (1) leitet man aus der beschriebenen Berechnungsvorschrift für $\boldsymbol{x}$ ein Iterationsverfahren her. Ausgehend von $\boldsymbol{x}^0 = \boldsymbol{a}^0$ wird dabei die Näherung $\boldsymbol{x}^{k+1}$ dadurch ermittelt, daß man in der Aufgabe (5) die Matrix $\boldsymbol{D}$ durch die Matrix $\boldsymbol{D}_k = \operatorname{diag}(\boldsymbol{x}^k)$ ersetzt und das damit entstehende Optimierungsproblem löst.

(i) Wird die Folge $\{\boldsymbol{x}^k\}$ durch die beschriebene Vorgehensweise erzeugt, so gilt:

Entweder es ist $\boldsymbol{c}^{\mathsf{T}}\boldsymbol{x}^{k+1} = 0$ für ein $k < \infty$, oder es gilt

$$f(\boldsymbol{x}^{k+1}) \leqq f(\boldsymbol{x}^k) - \delta, \quad k = 0, 1, 2, \ldots,$$

wobei

$$f(\boldsymbol{x}) = \sum_{j=1}^{n} \frac{n}{x_j}\, \boldsymbol{c}^{\mathsf{T}}\boldsymbol{x},$$

$$\delta = \delta(n) \geqq \alpha - \frac{\alpha^2}{2} = \frac{\alpha^2 n}{(n-1)\left(1 - \alpha\sqrt{\dfrac{n}{n-1}}\right)}$$

gesetzt wurde.

(ii) In $O\big(n(q + \log n)\big)$ Schritten findet man einen Punkt $\boldsymbol{x}$ mit

$$\boldsymbol{c}^{\mathsf{T}}\boldsymbol{x}^k = 0$$

oder

$$\boldsymbol{c}^{\mathsf{T}}\boldsymbol{x}^k/\boldsymbol{c}^{\mathsf{T}}\boldsymbol{a}^0 \leqq 2^{-q}.$$

Aufbau des Algorithmus

S0: Wähle den Startpunkt $\boldsymbol{x}^0 = \boldsymbol{a}^0 = (1/n, \ldots, 1/n)^\mathsf{T}$ und $q > 0$, $\alpha \in (0, 1/4]$. Setze $r = 1/\sqrt{n(n-1)}$ und $k = 0$.

S1: Setze

$$\boldsymbol{D}_k = \operatorname{diag}(\boldsymbol{x}^k) \quad \text{und} \quad \boldsymbol{B}_k = \begin{pmatrix} \boldsymbol{A}\boldsymbol{D}_k \\ \boldsymbol{e}^\mathsf{T} \end{pmatrix}.$$

S2: Berechne

$$\boldsymbol{p}^k = \left(\boldsymbol{I}_n - \boldsymbol{B}_k(\boldsymbol{B}_k\boldsymbol{B}_k{}^\mathsf{T})^{-1}\,\boldsymbol{B}_k\right)\boldsymbol{D}_k\boldsymbol{C},$$

$$\boldsymbol{q}^k = \boldsymbol{a}^0 - \frac{\alpha r}{\|\boldsymbol{p}^k\|}\,\boldsymbol{p}^k.$$

S3: Berechne

$$\boldsymbol{x}^{k+1} = (\boldsymbol{e}^\mathsf{T}\boldsymbol{D}_k\boldsymbol{q}^k)^{-1}\,\boldsymbol{D}_k\boldsymbol{q}^k.$$

S4: Ist

$$\boldsymbol{c}^\mathsf{T}\boldsymbol{x}^{k+1}/\boldsymbol{c}^\mathsf{T}\boldsymbol{a}^0 \leqq 2^{-q},$$

so ist $\boldsymbol{x}^* = \boldsymbol{x}^{k+1}$ Lösung. Stop.

S5: Setze $k = k + 1$ und gehe zu S1.

Das BASIC-Programm P.2.4 realisiert diesen Algorithmus.

Beispiel

Gegeben ist die lineare Optimierungsaufgabe

$$\hat{z} = -\hat{x}_1 + \hat{x}_2 = \min!$$

bei

$$2\hat{x}_1 - \hat{x}_2 \leqq 1,$$

$$\hat{x}_1 \geqq 1, \quad \hat{x}_2 \leqq 5,$$

$$\hat{x}_1, \hat{x}_2 \geqq 0$$

und der innere Punkt $\boldsymbol{a} = \begin{pmatrix} 2 \\ 4 \end{pmatrix}$.

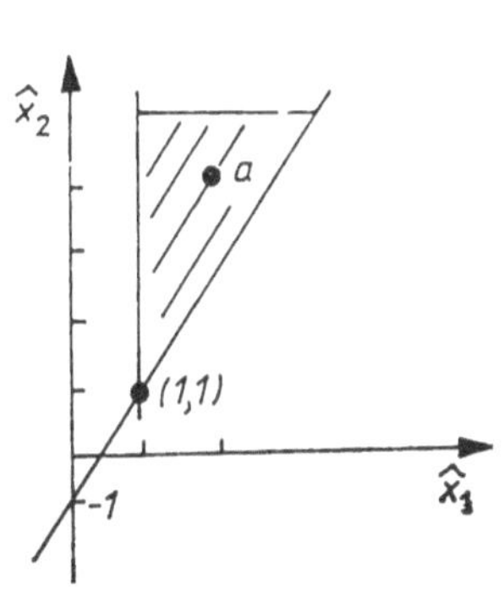

Abb. 9. Zulässiger Bereich im obigen Beispiel

Durch Hinzufügen von Schlupfvariablen ergibt sich

$$\hat{z} = -\hat{x}_1 + \hat{x}_2 = \min!$$

bei

$$\begin{aligned} 2\hat{x}_1 - \hat{x}_2 + \hat{x}_3 \qquad &= 1, \\ \hat{x}_1 \qquad - \hat{x}_4 \qquad &= 1, \\ \hat{x}_2 \qquad + \hat{x}_5 &= 5, \\ \hat{x}_1, \hat{x}_2, \hat{x}_3, \hat{x}_4, \hat{x}_5 &\geqq 0. \end{aligned}$$

Die Transformation

$$\hat{x}_1 = \frac{2x_1}{x_6}, \quad \hat{x}_2 = \frac{4x_2}{x_6}, \quad \hat{x}_3 = \frac{x_3}{x_6}, \quad \hat{x}_4 = \frac{x_4}{x_6}, \quad \hat{x}_5 = \frac{x_5}{x_6}$$

liefert ein Problem der Form (1):

$$z = -2x_1 + 4x_2 = \min!$$

bei

$$\begin{aligned} 4x_1 - 4x_2 + x_3 \qquad - x_6 &= 0, \\ 2x_1 \qquad - x_4 \qquad - x_6 &= 0, \\ 4x_2 \qquad + x_5 - 5x_6 &= 0, \\ \sum_{i=1}^{6} x_i = 1, \quad x_i &\geqq 0. \end{aligned}$$

Nach 33 Iterationsschritten ergab sich als Näherungslösung

$$\hat{\boldsymbol{x}} = (1.0009, 1.0007, 4.17 \cdot 10^{-4}, 4.17 \cdot 10^{-4}, 3.99825, 4.09 \cdot 10^{-5})^{\mathrm{T}}$$

$$\hat{z} = 4.09 \cdot 10^{-5}.$$

Weiterführende Bemerkungen

Der von KARMARKAR 1984 veröffentlichte Algorithmus [22] hat zu intensiven Diskussionen unter den Optimierern geführt. Wie beim Khachijan-Algorithmus steht der polynomiale Aufwand zu seiner Lösung, diesmal allerdings über der Menge der Operationen (+, −, *, /), im Mittelpunkt der Aufmerksamkeit. Die praktische Realisierung des Karmarkar-Algorithmus läßt eine Reihe von Fragen offen. Dies betrifft insbesondere die Lösung der Teilprobleme und die Wahl des Parameters α. Das von Karmarkar vorgeschlagene Intervall $\alpha \in (0, 1)$ scheint, wie numerische Experimente zeigen, unzweckmäßig zu sein.

Der schwerwiegendste Einwand wird gegen die Forderung $\boldsymbol{c}^{\mathrm{T}}\boldsymbol{x}^* = 0$ erhoben. KARMARKAR schlägt die Schätzung $\hat{c}_m$ des optimalen Zielfunktionswertes c_m und die anschließende Homogenisierung des Problems gemäß $\bar{z} = \hat{\boldsymbol{c}}^{\mathrm{T}}\boldsymbol{x} - \hat{c}_m = \sum_{i=1}^{n} (\hat{c}_i - \hat{c}_m)\, x_i$ vor. Mit $\bar{c}_i = \hat{c}_i - \hat{c}_m$ ergibt sich für $\bar{z}$ die Gestalt $\bar{z} = \sum \bar{c}_i x_i$. Dies führt aber zu Schwierigkeiten beim Nachweis der Konvergenz. Außerdem ist es notwendig, für jede der iterativ verbesserten Näherungen für c_m das Lösungsverfahren durchzuführen.

3. Eindimensionale Suche

Bevor in den Kapiteln 4 und 5 Verfahren für die Lösung nichtlinearer Optimierungsprobleme behandelt werden, sollen in diesem Kapitel Verfahren für die eindimensionale Minimierung vorgestellt werden.

Unter eindimensionaler Minimierung sei die Suche entlang einer Achse oder entlang einer Richtung, d. h. eines Strahls in $\mathbb{R}^n$, zu verstehen. Dabei hat die eindimensionale Suche eigenständige Bedeutung für das Auffinden des Minimums einer Funktion in einer gegebenen Richtung. Sie ist aber auch ein wichtiger Baustein für alle Verfahren der nichtlinearen Optimierung (Kapitel 4, 5). So benötigen Verfahren der mehrdimensionalen Optimierung nach Auswahl der günstigsten Suchrichtung in jedem Iterationsschritt ein Vorgehen zum Auffinden des Minimums der Zielfunktion entlang dieser Richtung. Beispiele für solche Verfahren werden in diesem Kapitel bereitgestellt.

Das Fibonacci-Verfahren (3.1) und das Verfahren des Goldenen Schnitts (3.2) sind Beispiele für Suchstrategien, bei denen ein vorgegebenes Intervall systematisch verkleinert wird, um das Minimum einzuschließen. Für diese Suche werden nur die Zielfunktionswerte verwendet. Deshalb ist eine Bedingung nötig, die absichert, daß in einem gegebenen Intervall ein Minimum existiert. Hierfür verwendet man das Konzept der Unimodalität. Diese Eigenschaft von f ist dadurch erklärt, daß f auf jeder Teilmenge von $[a, b]$ genau ein lokales Minimum besitzt. Die Funktion $f(x)$ ist *unimodal* im Intervall $[a, b]$, wenn ein $x^* \in [a, b]$ existiert, so daß für beliebige $x_1, x_2 \in [a, b]$ mit $x_1 < x_2$ gilt:

$$\text{wenn } x_2 < x^* \text{ dann ist } f(x_1) \geqq f(x_2);$$

$$\text{wenn } x_1 < x^* \text{ dann ist } f(x_1) \leqq f(x_2).$$

Wenn f im Intervall $[a, b]$ unimodal ist, dann kann dieses Suchintervall durch den Vergleich der Zielfunktionswerte zweier innerer Punkte verkleinert werden.

In den Abschnitten 3.3 und 3.4 werden Verfahren vorgestellt, die auf der Idee beruhen, die Suche mit Hilfe einer leichter berechenbaren Ersatzzielfunktion durchzuführen.

Hierzu können quadratische oder kubische Polynome verwendet werden.

Zusammenfassend sei noch einmal betont, daß die Verfahren der eindimensionalen Suche des Kapitels 3 nur einführenden Beispielcharakter haben. In den Algorithmen und Programmen der Kapitel 4 und 5 werden eindimensionale Verfahren verwendet, die Kombinationen oder Modifikationen der vorgestellten sind.

3.1. Fibonacci-Verfahren

Grundlagen des Verfahrens

Bei der Darstellung des Verfahrens gehen wir davon aus, daß das Minimum der unimodalen Funktion $f(x)$ im Intervall $[a, b]$ zu bestimmen ist, d. h.:

$$f(x) = \min! \tag{1}$$

mit

$$a \leqq x \leqq b.$$

Für die Entwicklung eines effektiven Lösungsverfahrens nehmen wir an, daß $x_1 = a$, $x_3 = b$ und x_2 ein Punkt aus dem Inneren des Intervalls $[x_1, x_3]$ ist.

Wir setzen weiter voraus, daß für die Intervalle gilt $(x_2 - x_1) > (x_3 - x_2)$. Wählen wir den nächsten Iterationspunkt x_4 aus $[x_1, x_2]$, dann reduziert sich das Suchintervall auf

(i) $[x_1, x_2]$, wenn gilt $f(x_4) < f(x_2)$,

oder auf

(ii) $[x_4, x_3]$ für $f(x_4) > f(x_2)$.

Da diese Entscheidung im voraus nicht bekannt ist, wird versucht, das größere der Suchintervalle $[x_4, x_3]$ und $[x_1, x_2]$ zu minimieren. Das erreicht man, wenn beide Intervalle gleich groß sind. Das bedeutet, daß x_4 symmetrisch zum Punkt x_2 im Intervall $[x_1, x_3]$ gewählt wird.

Die gleiche Strategie wird dann im Fall (i) im Intervall $[x_1, x_2]$ oder im Fall (ii) in $[x_4, x_3]$ fortgesetzt. Somit wird der j-te Punkt symmetrisch zum $(j - 1)$-ten Iterationspunkt im verbliebenen Intervall gewählt. Zusätzlich fordert man, daß sich bei l Iterationen die Länge Δ_l des letzten Suchintervalls auf die Hälfte der Länge des vorangegangenen Intervalls reduziert, d. h.:

$$\Delta_{l-1} = 2\Delta_l.$$

Im vorangegangenen Suchschritt sind x_{l-1} und x_{l-2} symmetrisch bezüglich des Suchintervalls und haben den Abstand Δ_{l-1} von den Enden des Intervalls. Das führt zu

$$\Delta_{l-2} = \Delta_{l-1} + \Delta_l.$$

Generell gilt dann

$$\Delta_{j-1} = \Delta_j + \Delta_{j+1} \quad \text{für} \quad 1 < j < l.$$

Gibt man das noch einmal folgendermaßen an

$$\begin{aligned} \Delta_{l-1} &= 2\Delta_l, \\ \Delta_{l-2} &= \Delta_{l-1} + \Delta_l = 3\Delta_l, \\ \Delta_{l-3} &= \Delta_{l-2} + \Delta_{l-1} = 5\Delta_l, \\ \Delta_{l-4} &= \Delta_{l-3} + \Delta_{l-2} = 8\Delta_l, \end{aligned}$$

so erkennt man die in dieser Bildungsvorschrift steckende Fibonacci-Zahlenfolge mit

$$F_0 = 1,\ F_1 = 1 \text{ und } F_k = F_{k-1} + F_{k-2} \text{ für } k = 2, 3, \ldots$$

Für die Intervallängen kann man dann schreiben:

$$\Delta_{l-j} = F_{j+1}\Delta_l, \quad j = 1, 2, \ldots, l-1. \tag{2}$$

Für $j = l - 1$ erhält man

$$\Delta_1 = F_l\Delta_l \quad \text{oder} \quad \Delta_l = \frac{\Delta_1}{F_l}. \tag{3}$$

Das bedeutet, daß die Intervallänge mit l Zielfunktionswertberechnungen auf Δ_1/F_l reduziert werden kann.

Die auf dieser Idee beruhende Fibonacci-Suche ist unter den genannten Voraussetzungen die effektivste Strategie, ein gegebenes Suchintervall $[a, b]$ mit minimaler Zahl von Zielfunktionswertberechnungen auf ein Suchintervall vorgegebener Länge Δ_l zu reduzieren oder bei vorgegebener Anzahl von Zielfunktionswertberechnungen ein minimales Suchintervall zu erreichen. Ausgehend von (2) und (3) erhält man im j-ten Schritt bei l vorgegebenen Funktionswertberechnungen

$$x_2 = x_3 - \frac{F_{l-j-1}}{F_{l-j+1}}(x_3 - x_1). \tag{4}$$

Wie bereits ausgeführt, wird der Punkt x_4 so gewählt, daß $x_3 - x_4 = x_2 - x_1$ und damit

$$x_4 = x_1 - x_2 + x_3 \tag{5}$$

gilt. In Abhängigkeit von der Lage der Punkte x_2 und x_4 und den Werten der Zielfunktion $f(x_2)$ und $f(x_4)$ ist dann das neue Suchintervall zu ermitteln (s. Algorithmus S1 bis S5).

Aufbau des Algorithmus

S0: Eingabe der maximalen Anzahl von Zielfunktionswertberechnungen l. Ermittl die entsprechenden Fibonacci-Zahlen F_2 bis F_l.
Eingabe des Suchintervalls $[a, b]$. Setze $x_1 = a$ und $x_3 = b$.
Berechne x_2 nach (4) und $f(x_2)$ und setze $k = 1$.

S1: Ermittle x_4 nach (5) und berechne $f(x_4)$.
Ist $f(x_4)$ größer als $f(x_2)$, so gehe zu S4
Ist x_2 kleiner als x_4, gehe zu S3.

S2: Das neue Suchintervall ist $[x_1, x_2]$.
Setze $x_3 = x_2$ und $x_2 = x_4$. Gehe zu S6.

S3: Das neue Suchintervall ist $[x_2, x_3]$.
Setze $x_1 = x_2$ und $x_2 = x_4$. Gehe zu S6.

S4: Ist x_2 kleiner als x_4 dann gehe zu S5.
Ansonsten setze $x_1 = x_4$ und das Intervall $[x_4, x_3]$ wird zum neuen Suchbereich. Gehe zu S6.

S5: Das neue Suchintervall ist $[x_1, x_4]$. Setze $x_3 = x_4$.

S6: Setze $k = k + 1$. Ist k kleiner oder gleich l dann gehe zu S1.
Ansonsten ist die Lösung erreicht. Das Suchintervall wurde auf $[x_1, x_3]$ reduziert und der Punkt x_2 mit $f(x_2)$ ist der minimale Zielfunktionswert. Stop.

Das BASIC-Programm P.3.1 realisiert den angegebenen Algorithmus.

Beispiel

Gesucht ist das Minimum der Funktion

$$f(x) = x^4 - 16x^3 + 70x^2 - 80x$$

im Intervall $[-5, 3]$.

Nach der vorgegebenen Maximalzahl von $l = 20$ Zielfunktionswertberechnungen wurde die Rechnung mit dem Intervall

$$[x_1, x_3] = [0.754065102, 0.754795419]$$

abgebrochen. Der Zielfunktionswert $f(x_2)$ beträgt

$$f(x_2) = -27.05924736.$$

3.2. Das Verfahren des Goldenen Schnitts

Grundlagen des Verfahrens

Es wird die Aufgabenstellung betrachtet, das Minimum der unimodalen Zielfunktion $f(x)$ im Intervall $[a, b]$ mit der Genauigkeit ε zu ermitteln:

$$f(x) = \min! \tag{1}$$

mit

$$a \leqq x \leqq b.$$

Für die Bildung der Suchintervalle gelten die gleichen Überlegungen wie in 3.1 für die Fibonacci-Suche, d. h.:

$$\Delta_{j-1} = \Delta_j + \Delta_{j+1} \quad \text{für} \quad l > j > 1. \tag{2}$$

Da jedoch l nicht gegeben ist, kann die Beziehung $\Delta_{l-1} = 2\Delta_l$ (s. Abschnitt 3.1) nicht benutzt werden.

Wir fordern deshalb, daß das Verhältnis zweier aufeinanderfolgender Suchintervalle konstant sein soll. Dann gilt

$$\frac{\Delta_{j-1}}{\Delta_j} = \frac{\Delta_j}{\Delta_{j+1}} = \frac{\Delta_{j+1}}{\Delta_{j+2}} = \tau. \tag{3}$$

Teilt man in (2) durch Δ_j, ergibt sich

$$\frac{\Delta_{j-1}}{\Delta_j} = 1 + \frac{\Delta_{j+1}}{\Delta_j} = \tau = 1 + \frac{1}{\tau}. \tag{4}$$

Löst man $\tau^2 - \tau - 1 = 0$, so erhält man $\tau = (1 + 5)/2 \approx 1{,}618034$. Es gilt weiterhin

$$\frac{\Delta_{j-1}}{\Delta_{j+1}} = \tau^2, \ \frac{\Delta_{j-2}}{\Delta_{j+1}} = \tau^3, \ldots, \ \frac{\Delta_1}{\Delta_l} = \tau^{l-1}.$$

Die Suche wird dann so organisiert, daß im Intervall $[a, b]$ zwei Punkte x_1, x_2 ermittelt und die Zielfunktionswerte berechnet werden.

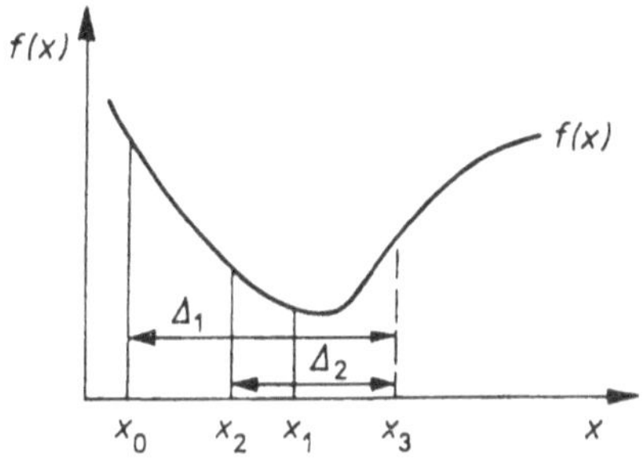

Abb. 10. Eindimensionale Suche nach dem Verfahren des Goldenen Schnittes

Der Punkt x_1 ist dann von $a = x_0$ um $\Delta_1/\tau = (b - a)/\tau$ und x_2 ist die gleiche Distanz von $b = x_3$ entfernt (s. Abb. 10).

In Abhängigkeit von den Zielfunktionswerten wird dann entschieden, ob das neue Suchintervall $[x_0, x_2]$ oder $[x_1, x_3]$ ist.

Der Name *Goldener Schnitt* rührt aus den Verhältnissen in Gleichung (3) her. Für Abb. 10 bedeutet das: $\Delta_1/\Delta_2 = \Delta_2/(\Delta_1 - \Delta_2)$, d. h., daß das Verhältnis des Ganzen (Δ_1) zum größeren Teil (Δ_2) gleich dem Verhältnis des größeren Teils (Δ_2) zum kleineren Teil ($\Delta_1 - \Delta_2$) ist.

Die Suche nach dem Verfahren des Goldenen Schnitts ist nahezu so effektiv wie die Fibonacci-Suche. Es kann gezeigt werden, daß sie im Grenzfall ($l \to \infty$) die gleiche Effektivität wie die Fibonacci-Suche aufweist.

Aufbau des Algorithmus

S0: Eingabe des Suchintervalls $[a, b]$. Setze $x_0 = a$ und $x_3 = b$.
Setze $t_1 = 1/\tau$ und $t_2 = 1 - t_1$.
Berechne $x_1 = a + t_1(b - a)$ und $x_2 = a + t_2(b - a)$.
Ermittle $f(x_1)$ und $f(x_3)$. Eingabe von ε.

S1: Ist $f(x_2)$ kleiner als $f(x_1)$, dann gehe zu S2. Sonst ist das neue Suchintervall $[x_0, x_2]$.
Berechne $\Delta = x_2 - x_0$ und setze $x_3 = x_2$ und $x_2 = x_1$.
Ermittle den neuen Punkt $x_1 = x_0 + t_1\Delta$ und seinen Zielfunktionswert $f(x_1)$.
Gehe zu S3.

S2: Das neue Suchintervall ist $[x_1, x_3]$.
Berechne $\Delta = x_3 - x_1$ und setze $x_0 = x_1$ sowie $x_1 = x_2$.
Ermittle den neuen Punkt $x_2 = x_0 + t_2\Delta$ und seinen Zielfunktionswert $f(x_2)$.

S3: Ist Δ größer als ε dann gehe zu S1.
Ansonsten ist x_1 das Minimum mit dem Zielfunktionswert $f(x_1)$. Stop.

Das BASIC-Programm P.3.2 realisiert den angegebenen Algorithmus.

Beispiel

Es ist das Minimum der Funktion wie in Beispiel 3.1

$$f(x) = x^4 - 16x^3 + 70x^2 - 80x$$

im Intervall $[-5, 3]$ mit der Genauigkeit $\varepsilon = 0.001$ gesucht. Nach 20 Iterationen (Zielfunktionswertberechnungen) wurde die geforderte Genauigkeit erreicht. Das Restintervall ist $[x_0, x_2] = [0.7538099567, 0.7546656633]$. Lösung wird der Punkt $x_1 = 0.7540119616$ mit dem Zielfunktionswert $f(x_1) = -27.05924675$.

3.3. Verfahren mit quadratischer Interpolation

Grundlagen des Verfahrens

Dem Verfahren der eindimensionalen Suche mit Interpolation liegt die Idee zugrunde, die Suche mit Hilfe einer leicht berechenbaren Ersatzzielfunktion durchzuführen. Diese Ersatzzielfunktion $p(x)$ wird so gewählt, daß sie in den vorgegebenen Stützstellen mit der Zielfunktion $f(x)$ übereinstimmt und dazwischen $f(x)$ hinreichend genau approximiert. Die Ersatzfunktion muß der Forderung genügen, daß ihr Extremwert x^* leicht berechenbar ist. Hat man ihn ermittelt, so wird der zu x^* gehörige Zielfunktionswert berechnet und als erste Näherung für das Optimum betrachtet. Im weiteren wird er als Startwert für die nächste Reduzierung des Suchintervalls benutzt.

Bei der Suche mit quadratischer Interpolation werden ein Polynom 2. Grades und somit 3 Stützstellen verwendet (Abb. 11).

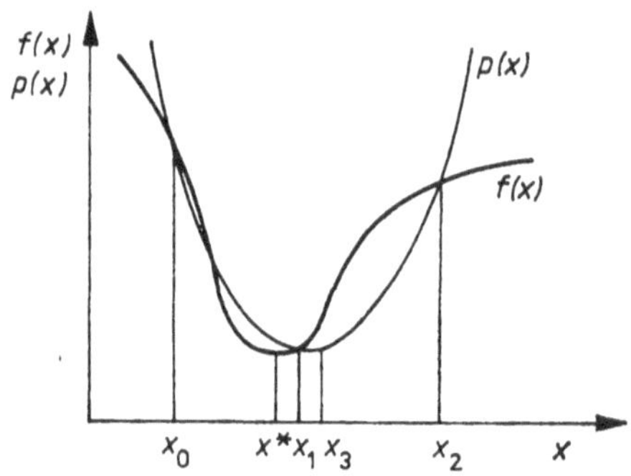

Abb. 11. Suche mit Hilfe einer quadratischen Interpolation

Um im Intervall $[x_0, x_2]$ das Minimum von $f(x)$ zu bestimmen, legt man durch die Punkte $(x_0, f(x_0))$, $(x_1, f(x_1))$ und $(x_2, f(x_2))$ eine Parabel. Das Ersatzpolynom lautet dann

$$p(x) = p_0(x)\, f(x_0) + p_1(x)\, f(x_1) + p_2(x)\, f(x_2). \tag{1}$$

Für die quadratische Interpolation gilt dann

$$\left.\begin{aligned} p_0(x) &= \frac{(x - x_1)(x - x_2)}{(x_0 - x_1)(x_0 - x_2)}, \\ p_1(x) &= \frac{(x - x_0)(x - x_2)}{(x_1 - x_0)(x_1 - x_2)}, \\ p_2(x) &= \frac{(x - x_0)(x - x_1)}{(x_2 - x_0)(x_2 - x_1)}. \end{aligned}\right\} \tag{2}$$

Damit wird erreicht, daß die Ersatzfunktion $p(x)$ in den Stützstellen x_1, x_2 und x_0 die Werte der Zielfunktion annimmt. Setzt man (2) in Gleichung (1) ein und untersucht mit Hilfe der notwendigen Bedingung für den Extremwert einer Funktion die Ersatzfunktion, so ergibt sich für dessen Lage

$$x_3 = \frac{1}{2} \frac{(x_1^2 - x_2^2) f(x_0) + (x_2^2 - x_0^2) f(x_1) + (x_0^2 - x_1^2) f(x_2)}{(x_1 - x_2) f(x_0) + (x_2 - x_0) f(x_1) + (x_0 - x_1) f(x_2)}. \tag{3}$$

Über die hinreichende Bedingung kann geprüft werden, ob es sich tatsächlich um ein Minimum handelt. In diesem Falle gilt

$$\frac{(x_1 - x_2) f(x_0) + (x_2 - x_0) f(x_1) + (x_0 - x_1) f(x_2)}{(x_0 - x_1)(x_1 - x_2)(x_0 - x_2)} > 0.$$

In der Regel wird man diese Überprüfung jedoch durch den Vergleich mit den benachbarten Stützstellen durchführen, da diese Überprüfung auch für die Fortsetzung der Suche notwendig ist.

Das durch die Interpolation ermittelte x_3 liegt entweder im Intervall $[x_0, x_1]$ oder im Intervall $[x_1, x_2]$. Nachdem man den Wert der Zielfunktion $f(x_3)$ berechnet hat, wird das ursprüngliche Intervall $[x_0, x_2]$ auf das Teilintervall reduziert, das x_3 enthält. Es bietet sich an, im nächsten Suchschritt x_3 als neue Stützstelle zu verwenden, da man für diesen Punkt bereits den Zielfunktionswert berechnet hat.

In dem hier implementierten Algorithmus wird anstelle des Suchintervalls ein Startwert x_0 vorgegeben und dann mittels einer Schrittweite h das geeignete Suchintervall aufgebaut.

Aufbau des Algorithmus

S0: Vorgabe des Startpunktes x_0, der Schrittweite h und des Abbruchkriteriums ε.
Ermittle die neue Koordinate $x_1 = x_0 + h$ und die entsprechenden Zielfunktionswerte $f(x_0)$ und $f(x_1)$.
Ist $f(x_0) < f(x_1)$, dann setze $x_2 = x_0 - h$ und berechne $f(x_2)$.
Ansonsten setze $x_2 = x_0 + 2h$ und berechne $f(x_2)$.
Ermittle x_3 nach (3) und $f(x_3)$.

S1: Ändere die Indizierung von x_0, x_1, x_2, x_3, so daß gilt

$$f(x_0) \leqq f(x_1) \leqq f(x_2) \leqq f(x_3).$$

Ist dann $\|x_0 - x_1\| \leqq \varepsilon$, so wird x_0 und $f(x_0)$ als Lösung ausgegeben. Stop.

S2: Die Koordinatenwerte werden so geordnet, daß x_0 auf der einen Seite von x_1 und auf der anderen Seite von x_2 oder x_3 eingeschlossen wird, d. h., wenn $(x_0 - x_1) \times (x_0 - x_2) \geqq 0$ ist, wird $x_2 = x_3$ gesetzt.

S3: Ermittle das neue x_3 nach

$$x_3 = (x_0 + x_1)/2 + \big(f(x_0) - f(x_1)(x_1 - x_2)(x_2 - x_1)/2\big)/\big((x_1 - x_2) f(x_0) + (x_2 - x_0) f(x_1) + (x_0 - x_1) f(x_2)\big).$$

Berechne $f(x_3)$ und gehe zu S1.

Das BASIC-Programm P.3.3 realisiert diesen Algorithmus.

Beispiel

Gesucht ist die Minimumstelle der Funktion

$$f(x) = -e^{-x} \ln x .$$

Als Startpunkt wird $x_0 = 1$ gewählt und die Anfangsschrittweite ist $h = 0.5$.

Nach 5 Iterationsschritten ist die Differenz zweier aufeinanderfolgender Iterierter kleiner als $\varepsilon = 0.0001$. Als Lösung erhält man $x_0 = 1.763212203$. Der Funktionswert in diesem Punkt beträgt $f(x_0) = -9.726013122 \cdot 10^{-2}$.

Weiterführende Bemerkungen

Die im Algorithmus in S3 verwendete Formel zur Berechnung von x_3 ist numerisch stabiler als (3), wenn sich die Koordinatenwerte nur wenig voneinander unterscheiden. Deswegen wird sie hier verwendet. Sie kann durch einfache Umformungen aus (3) hergeleitet werden.

Das Verfahren der quadratischen Interpolation ist hier für den eindimensionalen Fall dargestellt worden. Es wird jedoch häufig auch für die Suche nach dem Minimum einer Funktion $f(\boldsymbol{x}), \boldsymbol{x} \in \mathbb{R}^n$, entlang einer Richtung $\boldsymbol{d}$ verwendet, d. h., man sucht statt des Minimums von $f(\boldsymbol{x})$ das Minimum der Funktion

$$\varphi(\lambda) = f(\boldsymbol{x} + \lambda \boldsymbol{d}), \qquad \lambda \in \mathbb{R}^1 \quad \text{oder} \quad \lambda \in [a, b]$$

(vgl. Abschnitt 3.4).

3.4. Verfahren mit kubischer Interpolation

Grundlagen des Verfahrens

Es wird ebenso wie in Abschnitt 3.3 davon ausgegangen, daß das Minimum x^* der Funktion $f(x)$ einer reellen Veränderlichen x gesucht ist:

$$f(x) = \min ! \qquad x \in \mathbb{R}^1 .$$

Bei diesem Verfahren verwendet man neben den Stützstellen der Zielfunktion $f(x)$ auch noch deren erste Ableitung $f'(x)$. Als Ersatzfunktion wird ein Polynom 3. Grades benutzt. Man geht von einem Anfangsintervall $[x_0, x_1]$ aus, in dem sich das Minimum befindet und in dem sowohl die Zielfunktion als auch deren erste Ableitung berechenbar sein müssen. Man betrachtet zunächst wieder das Minimum des Ersatzpolynoms als Näherung für das Minimum der Zielfunktion (vgl. Abb. 12).

Als Stützstellen werden die beiden Intervallenden x_0 und x_1 verwendet. Das Ersatzpolynom hat dann die Form

$$p(x) = p_1(x) f(x_0) + p_2(x) f(x_1) + p_3(x) f'(x_0) + p_4(x) f'(x_1) . \tag{1}$$

Die Berechnung der Polynome $p(x)$, $p_1(x)$, $p_2(x)$, $p_3(x)$, $p_4(x)$ bzw. $p_1'(x)$, $p_2'(x)$, $p_3'(x)$ und $p_4'(x)$ erfolgt mit Hilfe der Stützstellen und deren Ableitungen $f(x_0)$, $f(x_1)$ und

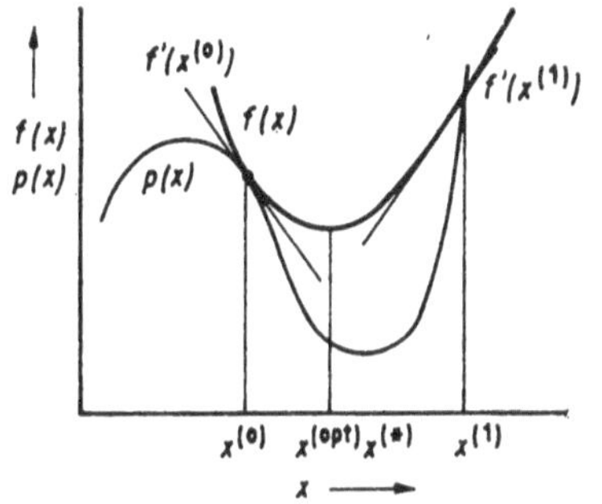

Abb. 12. Suche mit Hilfe einer kubischen Interpolation

$f'(x_0)$, $f'(x_1)$. Man erhält dann für das Ersatzpolynom:

$$p(x) = \left[\left(1 + \frac{2(x - x_0)}{x_1 - x_0}\right) f(x_0) + (x - x_0) f'(x_0)\right] \left(\frac{x - x_1}{x_1 - x_0}\right)^2$$

$$+ \left[\left(1 - \frac{2(x - x_1)}{x_1 - x_0}\right) f(x_1) + (x - x_1) f'(x_1)\right] \left(\frac{x - x_0}{x_1 - x_0}\right)^2. \tag{2}$$

Die Untersuchung der notwendigen Bedingungen ergibt für ein Minimum die Beziehung

$$x_2 = x_0 + (x_1 - x_0) \frac{z + f'(x_0) + w}{2z + f'(x_0) + f'(x_1)} \tag{3}$$

mit

$$z = \frac{3\big(f(x_0) - f(x_1)\big)}{x_1 - x_0} + f'(x_0) + f'(x_1), \tag{4}$$

$$w = [z^2 - f'(x_0) f'(x_1)]^{1/2}. \tag{5}$$

Der eigentliche Ablauf der Suche ist analog dem Verfahren mit quadratischer Interpolation. Nachdem der Zielfunktionswert $f(x_2^*)$ ermittelt ist, wird anhand der Ableitung in x_2 entschieden, in welchem Intervall die Suche fortgesetzt wird. Sowohl bei der quadratischen als auch bei der kubischen Interpolation kann man vor Beginn der Suche die Größe der verbleibenden Intervalle nicht abschätzen, da die Lage der Suchpunkte ausschließlich durch die Zielfunktion bestimmt wird. Daher kann man im Gegensatz zum Verfahren des Goldenen Schnitts und zum Fibonacci-Verfahren nichts Allgemeingültiges über die Effektivität dieser Verfahren der eindimensionalen Suche vorhersagen.

Die kubische und quadratische Interpolation als eindimensionale Suche werden mit Erfolg in den Verfahren der konjugierten Gradienten (Abschnitt 4.2.2) und der variablen Metrik (Abschnitt 4.2.5) bei der Richtungsminimierung eingesetzt.

Aus diesem Grund sei das Verfahren der kubischen Interpolation hier als Suchverfahren einer Richtung $\boldsymbol{d}$ dargestellt. f ist jetzt eine reelle Funktion von n Veränderlichen. Das Minimum von $f(\boldsymbol{x})$ entlang der Richtung $\boldsymbol{d} \in \mathbb{R}^n$ zu bestimmen bedeutet, daß die neue Zielfunktion

$$\varphi(\lambda) = f(\boldsymbol{x}^0 + \lambda \boldsymbol{d}) \tag{6}$$

minimiert wird. Dabei setzen wir voraus, daß das Minimum für ein $\lambda \in [a, b]$ angenommen wird. Für praktische Rechnungen geht man von einem Startwert $\boldsymbol{x}^0$ aus, setzt $a = 0$ und ermittelt b aus

$$b = \min\left\{\eta, -2\left(f(\boldsymbol{x}^0) - f_g\right)/\left(\nabla f(\boldsymbol{x}^0)\right)^{\mathsf{T}} \boldsymbol{d}\right\}. \tag{7}$$

Dabei ist $\eta \in [1, 2]$ zu wählen und f_g eine Schätzung für das Minimum von $f(\boldsymbol{x})$ entlang $\boldsymbol{d}$. Im realisierten Algorithmus ist $\eta = 1$ gesetzt worden. Offenbar kann $\left(\nabla f(\boldsymbol{x}^0)\right)^{\mathsf{T}} \boldsymbol{d} < 0$ vorausgesetzt werden, da andernfalls $\boldsymbol{d}$ durch $-\boldsymbol{d}$ ersetzt und entlang der Richtung $-\boldsymbol{d}$ minimiert wird. Wir setzen $\boldsymbol{x}^1 = \boldsymbol{x}^0 + b\boldsymbol{d}$ und ermitteln $\boldsymbol{x}^2 = \boldsymbol{x}^0 + r\boldsymbol{d}$ mit Hilfe von zu (3)–(5) analogen Formeln:

$$r = b\left\{1 - \frac{f'(\boldsymbol{x}^1) + w - z}{f'(\boldsymbol{x}^1) - f'(\boldsymbol{x}^0) + 2w}\right\} \tag{8}$$

wobei $f'(\boldsymbol{y}) = \left(\nabla f(\boldsymbol{y})\right)^{\mathsf{T}} \boldsymbol{d}$ gesetzt wurde und

$$z = 3\left(f(\boldsymbol{x}^0) - f(\boldsymbol{x}^1)\right)/b + f'(\boldsymbol{x}^0) + f'(\boldsymbol{x}^1),$$
$$w = \left(z^2 - f'(\boldsymbol{x}^0)\, f'(\boldsymbol{x}^1)\right)^{1/2}.$$

Somit ergibt sich der folgende Algorithmus.

Aufbau des Algorithmus

S0: Eingabe eines Startpunktes $\boldsymbol{x}^0$, der Suchrichtung $\boldsymbol{d}$, der Schätzung f_g und der Abbruchschranke ε.

Ist $f'(\boldsymbol{x}^0) > 0$, ersetze $\boldsymbol{d}$ durch $-\boldsymbol{d}$.

S1: Ermittle

$$b = \min\left\{1, -2\,\frac{f(\boldsymbol{x}^0) - f_g}{f'(\boldsymbol{x}^0)}\right\}.$$

S2: Setze $\boldsymbol{x}^1 = \boldsymbol{x}^0 + b\boldsymbol{d}$.

S3: Ist $f(\boldsymbol{x}^1) \leqq f(\boldsymbol{x}^0)$ und $f'(\boldsymbol{x}^1) \leqq 0$, so setze $b = 2b$ und gehe zu S2.

S4: Berechne r aus (8) und setze

$$\boldsymbol{x}^2 = \boldsymbol{x}^0 + r\boldsymbol{d}.$$

Ist $|f'(\boldsymbol{x}^2)| < \varepsilon$, so ist $\boldsymbol{x}^2$ Lösung. Stop.

S5: Ist $f'(\boldsymbol{x}^2) > 0$, so setze $\boldsymbol{x}^1 = \boldsymbol{x}^2$ und gehe zu S3. Sonst setze $\boldsymbol{x}^0 = \boldsymbol{x}^2$ und gehe zu S4.

Das BASIC-Programm P.3.4 realisiert diesen Algorithmus.

Beispiel

Es ist das Minimum von

$$f(\boldsymbol{x}) = f(x_1, x_2) = 100(x_2 - x_1{}^2)^2 + (1 - x_1)^2$$

entlang der Richtung $\boldsymbol{d} = (10, 1)^{\mathsf{T}}$ durch den Punkt $\boldsymbol{x}^0 = (-2, 0)$ zu finden. Die Genauigkeit soll $\varepsilon = 0.0001$ betragen und der Schätzwert für das Minimum ist 0.

Nach 11 Iterationen wurde eine Intervallänge kleiner als 10^{-4} erreicht.

Als Näherung $\boldsymbol{x}^{11}$ ergibt sich

$$\boldsymbol{x}^{11} = \begin{pmatrix} 0.505979 \\ 0.250598 \end{pmatrix}.$$

Der Zielfunktionswert beträgt $f(\boldsymbol{x}^{11}) = 0.246991$.

4. Unbeschränkte nichtlineare Optimierung

Die Situation auf dem Gebiet der nichtlinearen Optimierung hat sowohl von der theoretischen Durchdringung als auch von der Entwicklung universell anwendbarer Software nicht den Stand erreicht, wie er für die lineare Optimierung dargestellt werden konnte. Optimierungsverfahren und entsprechende Software werden meist an wissenschaftlichen Institutionen entwickelt und sind für spezielle Probleme entworfen. Eine umfassende Übersicht zu Verfahren der nichtlinearen Optimierung unter besonderer Berücksichtigung von Implementierungsproblemen ist in [10] gegeben. Wir stellen hier die Verfahren für unbeschränkte Probleme in zwei Klassen unterteilt dar. Im Abschnitt 4.1 werden Verfahren behandelt, die für die Organisation des Suchprozesses nur die Werte der Zielfunktionen verwenden. Im Abschnitt 4.2 werden Verfahren vorgestellt, die neben den Werten der Zielfunktion auch Informationen über erste und zweite Ableitungen verwenden.

Alle im Kapitel 4 behandelten Verfahren sind nicht nur für die Lösung unbeschränkter Probleme zu verstehen, sondern auch als theoretische Basis und Softwaremodule für Verfahren zur Lösung beschränkter Probleme.

4.1. Verfahren der direkten Suche

Verfahren dieser Klasse sind besonders geeignet für praktische Optimierungsprobleme, für die keine Stetigkeits- oder Differenzierbarkeitsannahmen getroffen werden können, und/oder für Probleme, bei denen die Berechnung von Ableitungen analytisch oder numerisch schwer oder nicht durchführbar ist.

Sollten jedoch Gradienten analytisch zur Verfügung stehen oder mit vertretbarem numerischen Aufwand näherungsweise berechenbar sein, so sind die Verfahren des Abschnitts 4.2 vorzuziehen.

4.1.1. Die stochastische Suche

Grundlagen des Verfahrens

Es wird von der Aufgabe ausgegangen, daß das Minimum der Funktion $f(\boldsymbol{x})$ von n Veränderlichen gesucht ist:

$$f(\boldsymbol{x}) = \min! \qquad \boldsymbol{x} \in \mathbb{R}^n.$$

Zur Lösung dieser Aufgabenstellung sei ein Verfahren der großen Klasse der Zufallssuchverfahren vorgestellt. Die Grundidee dieser Verfahren besteht darin, daß nur die Werte der Zielfunktion für zufällig ausgewählte Punkte im $\mathbb{R}^n$ miteinander verglichen werden, um das Minimum zu lokalisieren. Die einzelnen Verfahren unterscheiden sich dann darin, wie diese zufällige Wahl erfolgt.

Bei diesem Verfahren erfolgt die Bestimmung der zufälligen Punkte, indem von einem beliebigen Startpunkt ausgegangen wird, dessen Zielfunktionswert schon berechnet worden ist, einen Schritt mit einer vorgegebenen Schrittweite in eine zufällig gewählte Richtung ausgeführt und der Zielfunktionswert mit Hilfe der neu berechneten Iterierten bestimmt wird. Ist der neu berechnete Zielfunktionswert besser als der des Ausgangspunktes, so wird der Schritt als erfolgreich bezeichnet und der neugewonnene Punkt wird zum Ausgangspunkt für die weitere Suche, die dann wieder in einem neuen Schritt in eine zufällig gewählte Richtung fortgesetzt wird. War der Schritt nicht erfolgreich, so wird der Punkt verworfen, eine andere zufällige Richtung berechnet und damit ein neuer Punkt bestimmt. Dieses Vorgehen wird solange fortgesetzt, bis l Probeschritte von einem Punkt aus nicht erfolgreich sind. Meist wird l der Dimension n des zu lösenden Problems gleichgesetzt oder größer gewählt.

Aufbau des Algorithmus

S0: Vorgabe eines Startpunktes $\boldsymbol{x}^0$, der Schrittweite h und der maximalen Zahl von Probeschritten l (Anzahl der Zielfunktionswertberechnungen).
Ermittle $f(\boldsymbol{x}^0)$ und setze $k = 0$ sowie $\boldsymbol{x}_b = \boldsymbol{x}^0$.

S1: Berechne einen Vektor ξ, dessen Komponenten im Intervall $[-1, 1]$ gleichverteilte Zufallszahlen sind. Setze

$$\boldsymbol{x}^k = \boldsymbol{x}_b + h\xi$$

S2: Berechne $f(\boldsymbol{x}^k)$. Ist $f(\boldsymbol{x}^k) < f(\boldsymbol{x}_b)$, setze $\boldsymbol{x}_b = \boldsymbol{x}^k$.

S3: Setze $k = k + 1$. Wenn $k > l$ dann ist $\boldsymbol{x}_b$ die Lösung.
Sonst gehe zu S1.

Das BASIC-Programm P.4.1 realisiert diesen Algorithmus.

Beispiel

Es ist die folgende Funktion zu minimieren:

$$f(\boldsymbol{x}) = x_1^4 - 2x_1^3 + x_2^2 + x_1^2x_2^2 - 4x_1x_2 + 3.$$

Mit dem Startpunkt $\boldsymbol{x}^0 = (3, 4)^\mathsf{T}$, der Schrittweite $h = 1.0$ und der maximalen Anzahl von Probeschritten $l = 200$ erhält man die Lösung

$$\boldsymbol{x}_b = \begin{pmatrix} 1.641\,358\,642 \\ 0.939\,060\,940 \end{pmatrix}.$$

Der Funktionswert beträgt $f(\boldsymbol{x}_b) = -1.493\,673\,542$.

Weiterführende Bemerkungen

Zu dem beschriebenen Algorithmus gibt es nun noch eine Vielzahl von Modifikationen und Erweiterungen zur Verbesserung des Verfahrens. Das soll an zwei Beispielen verdeutlicht werden. Die Einführung einer variablen Schrittweite h_k ist eine Möglichkeit zur Beschleunigung des Verfahrens. Zum Beginn der Optimierung, also wenn sich der Ausgangspunkt mit hoher Wahrscheinlichkeit in größerer Entfernung vom Optimum befindet, wird die Schrittweite h_k relativ groß gewählt. Wenn l nichterfolgreiche Schritte ausgeführt worden sind, so wird die Suche diesmal nicht abgebrochen, sondern die Schrittweite h_k verringert, z. B. halbiert. Danach wird die Suche mit der verringerten Schrittweite fortgesetzt. Der Abbruch erfolgt bei diesem Vorgehen, wenn eine vorgegebene, minimale Schrittweite unterschritten worden ist.

Eine zweite Modifikation besteht darin, daß nach einem nicht erfolgreichen Schritt nicht sofort eine neue zufällige Richtung bestimmt wird, sondern daß ein Schritt in die entgegengesetzte Richtung vollzogen wird, d. h.

$$\boldsymbol{x}^k = \boldsymbol{x}_b - h\boldsymbol{\xi}.$$

Sollte der Schritt in die entgegengesetzte Richtung nicht erfolgreich sein, so wird ein neuer Zufallsvektor berechnet und der neue Probepunkt wieder nach der Gleichung

$$\boldsymbol{x}^k = \boldsymbol{x}_b + h\boldsymbol{\xi}$$

berechnet.

Beide Modifikationen lassen sich auch kombinieren. Stochastische Suchverfahren werden ob ihrer Einfachheit und Robustheit bei ingenieurtechnischen Optimierungsproblemen häufig verwendet, besonders auch in der Version für beschränkte Probleme (s. 5.1.1).

4.1.2. Das Verfahren der koordinatenweisen Suche

Grundlagen des Verfahrens

Das Verfahren der koordinatenweisen Suche (Hooke-Jeeves [19]) stellt eine Verbesserung einer einfachen koordinatenweisen Suche (Gauß-Seidel) dar. Diese Verbesserung besteht darin, daß sich zwei Suchetappen abwechseln. In der ersten Etappe der sogenannten „Suchbewegung" (exploratory move) wird ähnlich wie bei der koordinatenweisen Suche die Umgebung des Suchpunktes in allen Koordinatenrichtungen mit fester Schrittweite abgesucht. In der zweiten Etappe der „Vorstoßbewegung" (pattern move) wird ein Schritt in der bisher erfolgreichsten Richtung der ersten Etappe getan. Die Effektivität dieses Verfahrens nimmt ab, wenn gemischte Glieder der Optimierungsvariablen in der Zielfunktion auftreten. Das Hooke-Jeeves-Verfahren besteht aus folgenden Operationen. Es sind ein Startpunkt $\boldsymbol{x}^0$ und Anfangsschrittweiten $\Delta\boldsymbol{x}$ für alle Koordinatenrichtungen vorzugeben sowie die Zielfunktion im Startpunkt zu berechnen. In der ersten Etappe der „Suchbewegung" wird dann jede Variable um die entsprechende Schrittweite verändert. So ergibt sich z. B. der neue Suchpunkt in der ersten Koordinatenrichtung zu $x_1^1 = x_j^0 + \Delta x_1^0$. Sollte der Wert der Zielfunktion im Punkt x_1^1 keine Verbesserung gegenüber dem Startpunkt erbringen. so wird in Richtung $-\Delta x_1^0$ gesucht. Tritt auch dabei keine Verbesserung ein, wird der Punkt x_1^0 für den nächsten Schritt abgespeichert. Die gleiche Prozedur wird dann in allen Koordinatenrichtungen durchgeführt und damit ist dann die „Suchbewegung" beendet.

Danach schließt sich eine „Vorstoßbewegung" an. Sie besteht darin, daß in die Richtung fortgeschritten wird, die sich aus den erfolgreichen Schritten der vorhergehenden Etappe ergibt. Die „Vorstoßbewegungen" werden durchgeführt, solange sich die Zielfunktion verbessert. Nach jeder „Vorstoßbewegung" wird die Zielfunktion lokal mit der „Suchbewegung" untersucht. Treten keine Verbesserungen mehr ein, werden die Schrittweiten bis zur Erfüllung eines Abbruchkriteriums verkleinert.

Aufbau des Algorithmus

S0: Vorgabe eines Startpunktes $\boldsymbol{x}^0$, einer Schrittweite h_0 und der Abbruchschranke ε. Setze $k = 0$, $j = 0$.

S1: Setze $j = j + 1$. Ist $j > n$, gehe zu S4, sonst setze

$$\boldsymbol{x}^{k+1} = \boldsymbol{x}^k + h_k \boldsymbol{e}_j .$$

S2: Ist $f(\boldsymbol{x}^{k+1}) < f(\boldsymbol{x}^k)$, so gehe zu S3.
Setze

$$\boldsymbol{x}^{k+1} = \boldsymbol{x}^k - h_k \boldsymbol{e}_j$$

und gehe zu S1.

S3: Setze $(\boldsymbol{x}^{k+1})_j = (\boldsymbol{x}^k)_j$ und gehe zu S1.

S4: Ist $\boldsymbol{x}^{k+1} \neq \boldsymbol{x}^k$, gehe zu S5. Sonst setze $h_{k+1} = h_k/10$. Ist $h_{k+1} < \varepsilon$, so ist $\boldsymbol{x}^{k+1}$ die Lösung. Stop.
Sonst setze $k = k + 1$ und gehe zu S1.

S5: Setze

$$\boldsymbol{x}^k = \boldsymbol{x}^k + 2(\boldsymbol{x}^{k+1} - \boldsymbol{x}^k)$$

und $j = 0$. Gehe zu S1.

Das BASIC-Programm P.4.2 realisiert diesen Algorithmus.

Beispiel

Es wird das gleiche Problem wie in Abschnitt 4.1.1 verwendet. Die folgende Zielfunktion ist zu minimieren

$$f(\boldsymbol{x}) = x_1^4 - 2x_1^3 + x_2^2 + x_1^2x_2^2 - 4x_1x_2 + 3 .$$

Mit dem Startpunkt $\boldsymbol{x}^0 = (3, 4)^T$, der Schrittweite $h_0 = 1$ und der Abbruchschranke $\varepsilon = 10^{-2}$ erhält man nach 83 Zielfunktionswertberechnungen die Lösung

$$\boldsymbol{x}^{83} = \begin{pmatrix} 1.6 \\ 0.9 \end{pmatrix} .$$

Der Funktionswert beträgt $f(\boldsymbol{x}^{83}) = -1.5148$.

4.1.3. Das einfache Polytopverfahren

Grundlagen des Verfahrens

Dieses Verfahren gehört zu den ableitungsfreien Verfahren der deterministischen Suche, mit deren Hilfe folgende Probleme gelöst werden:

$$f(\boldsymbol{x}) = \min ! \qquad \boldsymbol{x} \in \mathbb{R}^n .$$

Die Idee wurde erstmals von Nelder und Mead [34] vorgeschlagen. Es wird von einem konvexen Vieleck (Simplex) ausgegangen. Dieser Simplex besitze bei einem n-dimensionalen Raum genau $n + 1$ Ecken. Die Zielfunktionswerte an den Eckpunkten seien bekannt. Zur sukzessiven Annäherung an das Optimum wird nun die Eigenschaft des

Simplexes ausgenutzt, daß sich auf der Gegenseite eines Eckpunktes nur eine Fläche befindet, auf der ein neuer Simplex aufgebaut werden kann, dabei bleiben n Eckpunkte erhalten, und nur ein Eckpunkt unterscheidet den neuen vom vorangegangenen Simplex.

Der Aufbau eines neuen Simplex erfolgt nun wie folgt: Es wird der Eckpunkt herausgesucht, der den größten Zielfunktionswert besitzt. Dieser Punkt wird am Schwerpunkt seiner Gegenfläche reflektiert. Damit ist erst einmal ein neuer Simplex entstanden. Nun wird der Zielfunktionswert in diesem Punkt berechnet. Ist dieser kleiner als der zweitgrößte Zielfunktionswert an den Eckpunkten der Gegenfläche, wird wieder von vorn begonnen. Ist dies nicht der Fall, erfolgt die Kontraktion, d. h., die Größe des Simplexes wird verringert, indem die Strecke zwischen dem neu ermittelten Punkt und dem Schwerpunkt verkürzt wird, wobei aber die Suchrichtungen erhalten bleiben, z. B. auf die Hälfte. An diesem Punkt werden nun wiederum der Zielfunktionswert berechnet und die oben genannten Bedingungen überprüft. Ist dieser Schritt erneut nicht erfolgreich, so wird der neu erhaltene Punkt wieder an dem Schwerpunkt der Gegenfläche gespiegelt. Wenn dieser Schritt ebenfalls nicht erfolgreich sein sollte, dann werden die Koordinaten aller Punkte mit den Koordinaten des Eckpunktes gemittelt, der den kleinsten Zielfunktionswert besitzt, so daß alle Kanten des Simplexes verringert wurden und so ein neuer Ausgangssimplex entstanden ist.

Wenn der Zielfunktionswert des Eckpunktes, der durch Reflexion um den Schwerpunkt entstanden ist, kleiner als der kleinste Zielfunktionswert der anderen Eckpunkte ist, so kann man vermuten, daß diese Richtung sehr erfolgreich ist, und es erfolgt die Expansion, d. h. die Strecke zwischen dem Schwerpunkt und dem neuen Punkt wird

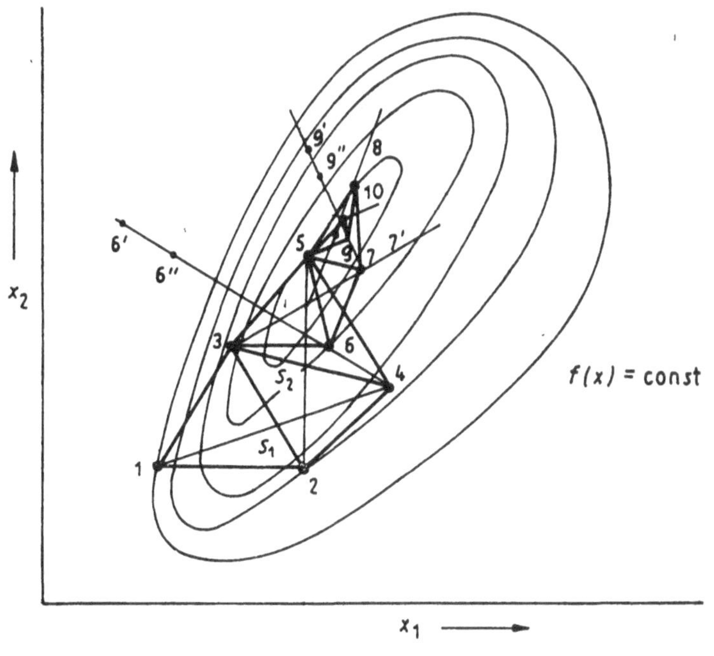

Abb. 13. Darstellung der Vorgehensweise nach dem einfachen Polytopverfahren

vergrößert, wobei ebenfalls die Richtung beibehalten wird. Der Abbruch des Verfahrens erfolgt, wenn der Simplex hinreichend klein geworden ist. In Abb. 13 ist das entsprechende Vorgehen erläutert.

Aufbau des Algorithmus

S0: Vorgabe eines Startpunktes $\boldsymbol{x}^1$, der Schrittweite h, der Abbruchschranke ε, des Reflexionskoeffizienten α, des Kontraktionskoeffizienten β und des Expansionskoeffizienten γ.
Setze $\boldsymbol{x}^{j+1} = \boldsymbol{x}^1 + h\boldsymbol{e}_j$, $j = 1, \ldots, n$.

S1: Ordne die Punkte des Simplex so, daß gilt:

$$f(\boldsymbol{x}^1) \leqq f(\boldsymbol{x}^2) \leqq \cdots \leqq f(\boldsymbol{x}^n) \leqq f(\boldsymbol{x}^{n+1}).$$

S2: Berechne den Schwerpunkt aller Punkte ohne den schlechtesten

$$\boldsymbol{x}_s = 1/n \sum_{j=1}^{n} \boldsymbol{x}^j$$

S3: Reflexion des Punktes mit dem schlechtesten Zielfunktionswert am Schwerpunkt:

$$\boldsymbol{x}_r = \boldsymbol{x}_s + \alpha(\boldsymbol{x}_s - \boldsymbol{x}^{n+1}).$$

Ist $f(\boldsymbol{x}_r) \leqq f(\boldsymbol{x}^1)$, gehe zu S6.
Ist $f(\boldsymbol{x}^1) < f(\boldsymbol{x}_r) < f(\boldsymbol{x}^{n+1})$, setze $\boldsymbol{x}^{n+1} = \boldsymbol{x}_r$ und gehe zu S7.
Ist $f(\boldsymbol{x}_r) \geqq f(\boldsymbol{x}^{n+1})$, ermittle den inneren kontrahierten Punkt nach

$$\boldsymbol{x}_c = \boldsymbol{x}_s + \beta(\boldsymbol{x}^{n+1} - \boldsymbol{x}_s)$$

und gehe zu S4.
Sonst ermittle den äußeren kontrahierten Punkt:

$$\boldsymbol{x}_c = \boldsymbol{x}_s + \beta(\boldsymbol{x}_r - \boldsymbol{x}_s).$$

S4: Ist $f(\boldsymbol{x}_c) < f(\boldsymbol{x}^{n+1})$, setze $\boldsymbol{x}^{n+1} = \boldsymbol{x}_c$ und gehe zu S7.

S5: Der gesamte Simplex wird um den bisher besten Wert kontrahiert:

$$\boldsymbol{x}^i = (\boldsymbol{x}^1 + \boldsymbol{x}^i)/2, \qquad i = 2, 3, \ldots, n + 1.$$

Ermittle $f(\boldsymbol{x}^i)$, $i = 2, 3, \ldots, n + 1$, und gehe zu S1.

S6: Im Expansionsschritt berechne

$$\boldsymbol{x}_e = \boldsymbol{x}_s + \gamma(\boldsymbol{x}_r - \boldsymbol{x}_s).$$

Ist $f(\boldsymbol{x}_e) < f(\boldsymbol{x}_r)$, setze $\boldsymbol{x}^{n+1} = \boldsymbol{x}_e$ und gehe zu S7.
Sonst setze $\boldsymbol{x}^{n+1} = \boldsymbol{x}_r$

S7: Ist

$$\frac{1}{n+1} \sum_{i=1}^{n+1} \Big(f(\boldsymbol{x}^i) - \frac{1}{n+1} \sum_{i=1}^{n+1} f(\boldsymbol{x}^i)\Big)^2 < \varepsilon,$$

dann ist $\boldsymbol{x}^1$ die Lösung. Stop.
Sonst gehe zu S1.

Das BASIC-Programm P.4.3 realisiert diesen Algorithmus.

Beispiel

Als Testbeispiel wurde wiederum die Aufgabe aus Abschnitt 4.1.1 gewählt. Es ist folgende Zielfunktion zu minimieren

$$f(\boldsymbol{x}) = x_1^4 - 2x_1^3 + x_2^2 + x_1^2x_2^2 - 4x_1x_2 + 3.$$

Mit dem Startpunkt $\boldsymbol{x}^1 = (3, 4)^T$, der Schrittweite $h = 1.0$, den Koeffizienten $\alpha = 1$, $\beta = 0.5$, $\gamma = 2$ und der Abbruchschranke $\varepsilon = 10^{-8}$ erhält man nach 53 Zielfunktionswertberechnungen die Lösung

$$\boldsymbol{x}^1 = \begin{pmatrix} 1.588445584 \\ 0.905343581 \end{pmatrix}.$$

Der Funktionswert beträgt $f(\boldsymbol{x}^1) = -1.514078549$.

Weiterführende Bemerkungen

Die hier im Abschnitt 4.1 angeführten Verfahren der direkten Suche mit Vergleich der Zielfunktionswerte gelten als anwendbar für Probleme mit nichtstetigen und nichtdifferenzierbaren Zielfunktionen. Sie sind einfach zu implementieren und haben sich, zugeschnitten auf spezifische Anwendungen, bewährt. Ihr Nachteil ist, daß man in der Regel keine Aussagen über das Konvergenzverhalten machen kann. Auch sinkt die Effektivität bei steigender Dimension der Problems.

Um eine vergleichende Wertung zu ermöglichen, wurde als Testbeispiel für alle drei Verfahren der direkten Suche das gleiche Minimierungsproblem gelöst. Es wurde in allen Fällen der gleiche Startpunkt verwendet. Ebenso wurde die Schrittweite überall gleich gewählt, obwohl deren Bedeutung unterschiedlich ist. Die Abbruchschranke ist für jedes Verfahren unterschiedlich und nicht direkt vergleichbar. So wird beim Zufallssuchverfahren der Abbruch über die maximale Anzahl von Probeschritten gesteuert, bei der koordinatenweisen Suche über die Größe der Schrittweite und beim Polytopverfahren über die Größe des Simplex.

Für diese in ihrer numerischen Realisierung einfachen Optimierungsverfahren ist es berechtigt, die Anzahl der Zielfunktionswertberechnungen als Effektivitätsmaß zu verwenden. Das „blinde" Zufallssuchverfahren lokalisiert mit 200 Berechnungen das Minimum hinreichend. Es wird ein Funktionswert von $f(\boldsymbol{x}) = -1.49\ldots$ erreicht. Selbstverständlich fallen Verbesserungsmöglichkeiten wie Verkleinerung der Schrittweite bei Annäherung an das Minimum und Veränderung der Verteilungsfunktion im Verlaufe der Suche ins Auge, die wir dann auch in Abschnitt 5.1.1 vorstellen.

Am günstigsten schneidet das Polytopverfahren ab, das mit 53 Zielfunktionswertberechnungen das Minimum recht genau bestimmt.

Zusammenfassend sei noch einmal betont, daß die Verfahren hier vorrangig deshalb aufgeführt wurden, um den Einstieg in die direkten Suchverfahren der beschränkten nichtlinearen Optimierung (s. Abschnitt 5.1) vorzubereiten.

4.2. Ableitungsbehaftete Verfahren

Verfahren und Software für die Lösung von unbeschränkten nichtlinearen Optimierungsproblemen, für die Stetigkeits- und Differenzierbarkeitsannahmen gelten, sind intensiv untersucht worden, und es konnten effektive Verfahren entwickelt werden. Stehen zweite Ableitungen oder deren Approximationen zur Verfügung, so führt das zur Klasse der sogenannten Verfahren vom Newton-Typ. Hat man nur erste Ableitungen oder deren numerische Approximation, so haben sich die Quasi-Newton-Verfahren als am effektivsten erwiesen.

Ausgehend vom Verfahren des steilsten Abstiegs (4.2.1) geben wir im weiteren Beispiele für Verfahren für jede der genannten Klassen.

4.2.1. Das Verfahren des steilsten Abstiegs

Grundlagen des Verfahrens

Abstiegsverfahren zur Lösung der Aufgabe

$$f(\boldsymbol{x}) = \min! \qquad \text{bei} \qquad \boldsymbol{x} \in \mathbb{R}^n \tag{1}$$

beruhen darauf, daß ausgehend von der Näherung $\boldsymbol{x}^k$ für eine Lösung $\boldsymbol{x}^*$ zunächst eine Abstiegsrichtung $\boldsymbol{s}^k$ bestimmt wird. Anschließend ermittelt man auf dem Strahl $\boldsymbol{x} = \boldsymbol{x}^k + \alpha \boldsymbol{s}^k$ einen Punkt

$$\boldsymbol{x}^{k+1} = \boldsymbol{x}^k + \alpha_k \boldsymbol{s}^k, \tag{2}$$

in welchem die Funktion $f(\boldsymbol{x})$ einen kleineren Wert besitzt als in $\boldsymbol{x}^k$:

$$f(\boldsymbol{x}^{k+1}) < f(\boldsymbol{x}^k). \tag{3}$$

Die Forderung (3) reicht im allgemeinen nicht aus, um zu sichern, daß ein Häufungspunkt $\boldsymbol{x}^*$ der Folge $\{\boldsymbol{x}^k\}$ Lösung der Aufgabe (1) ist. Es muß zusätzlich gewährleistet sein, daß der Abstieg hinreichend stark ist. Dies ist der Fall, wenn für $\boldsymbol{s}^k$

$$\frac{\left(\nabla f(\boldsymbol{x}^k)\right)^{\mathsf{T}} \boldsymbol{s}^k}{\|\boldsymbol{s}^k\|} \leqq -F(\|\nabla f(\boldsymbol{x}^k)\|) \tag{4}$$

gilt, wobei F eine reellwertige Funktion ist mit der Eigenschaft

$$\lim_{k \to \infty} F(t_k) = 0 \Rightarrow \lim_{k \to \infty} t_k = 0. \tag{5}$$

Einfachste Realisierung von $\boldsymbol{s}^k$, welche der Bedingung (4) genügt, ist

$$\boldsymbol{s}^k = -\nabla f(\boldsymbol{x}^k). \tag{6}$$

Dies führt mit (2) zum Verfahren des steilsten Abstiegs

$$\boldsymbol{x}^{k+1} = \boldsymbol{x}^k - \alpha_k \nabla f(\boldsymbol{x}^k).$$

Die Bezeichnung rührt daher, daß man in Richtung des Antigradienten $-\nabla f(\boldsymbol{x}^k)$ unter geeigneten Voraussetzungen die größte Abnahme des Funktionswertes in bezug auf alle möglichen Fortschreitungsrichtungen nachweisen kann.

Für die Bestimmung der Schrittweite α_k wurde in der vorliegenden Implementierung das Armijo-Prinzip gewählt: Mit einer vorher festgelegten Zahl q wird zunächst für $\alpha = 1, 2^{-1}, 2^{-2}, \ldots$ geprüft, ob die Ungleichung

$$f\left(\boldsymbol{x}^k - \alpha \nabla f(\boldsymbol{x}^k)\right) - f(\boldsymbol{x}^k) \leqq \alpha q \| \nabla f(\boldsymbol{x}^k)\|^2 \tag{7}$$

erfüllt ist. Als α_k wird das größte dieser α gewählt, für welches (7) erfüllt ist.

Über die Konvergenz des Verfahrens kann bewiesen werden: *Falls für alle k* $\nabla f(\boldsymbol{x}^k) \neq 0$ *ist, so gilt* $\left(\nabla f(\boldsymbol{x}^k)\right)^{\mathsf{T}} \mathbf{s}^k < 0$ *für* $k = 0, 1, 2, \ldots$

Daraus erhält man: Falls die Niveaumenge $\{\boldsymbol{x}: f(\boldsymbol{x}) \leqq f(\boldsymbol{x}^0)\}$ kompakt ist, gilt:

(i) Jeder Häufungspunkt $\boldsymbol{x}^*$ von $\{\boldsymbol{x}^k\}$ erfüllt die Bedingung $\nabla f(\boldsymbol{x}^*) = \mathbf{0}$.

(ii) Ist $f(\boldsymbol{x})$ pseudokonvex, dann ist jeder Häufungspunkt $\boldsymbol{x}^*$ von $\{\boldsymbol{x}^k\}$ eine Lösung von (1).

Aufbau des Algorithmus

S0: Wähle einen Punkt $\boldsymbol{x}^0 \in \mathbb{R}^n$, ein q mit $0 < q \leqq 1$ sowie ein $\varepsilon > 0$ und setze $k = 0$.

S1: Falls $\|\nabla f(\boldsymbol{x}^k)\| \leqq \varepsilon$ setze $\boldsymbol{x}^* = \boldsymbol{x}^k$. Stop.

S2: Ermittle die kleinste nichtnegative ganze Zahl j_k, für welche mit $\alpha_k = (1/2)^{j_k}$ gilt:

$$f\left(\boldsymbol{x}^k - \alpha_k \nabla f(\boldsymbol{x}^k)\right) - f(\boldsymbol{x}^k) \leqq q\alpha_k \|\nabla f(\boldsymbol{x}^k)\|^2.$$

S3: Setze

$$\boldsymbol{x}^{k+1} = \boldsymbol{x}^k - \alpha_k \nabla f(\boldsymbol{x}^k),$$

$k = k + 1$ und gehe zu S1.

Das BASIC-Programm P.4.4 realisiert diesen Algorithmus.

Beispiel

Gesucht ist das Minimum der Funktion

$$f(\boldsymbol{x}) = x_1^4 + x_2^4.$$

Als Startpunkt wurde $\boldsymbol{x}^0 = (4, 1)^{\mathsf{T}}$ verwendet. Die Rechnung wurde nach 14 Iterationsschritten abgebrochen, da der Abbruchtest

$$\|\nabla f(\boldsymbol{x}^k)\| \leqq 10^{-2}$$

erfüllt war. Die 14. Näherung für $\boldsymbol{x}^*$ lautet

$$\boldsymbol{x}^{14} = \begin{pmatrix} 0.166342 \\ 0.116342 \end{pmatrix}.$$

Der Funktionswert in diesem Punkt beträgt

$$f(\boldsymbol{x}^{14}) = 3.6637 \cdot 10^{-4}.$$

Die exakte Lösung ist $\boldsymbol{x}^* = (0, 0)^{\mathsf{T}}$ mit $f(\boldsymbol{x}^*) = 0$.

Weiterführende Bemerkungen

Das Verfahren des steilsten Abstiegs ist das wohl älteste Iterationsverfahren zur Minimierung von Funktionen (Cauchy 1847). Von der Struktur her sehr einfach und bei der Bestimmung lokaler Minima recht zuverlässig erscheint es zunächst sehr attraktiv, zumal auch der Speicherplatz mit $O(n)$ recht gering ausfällt.

Die i. allg. außerordentlich langsame Verbesserung der Zielfunktionswerte und der Güte der Näherung hat dieses Verfahren für endlichdimensionale Probleme in den Hintergrund treten lassen. Dies betrifft insbesondere die alleinige Anwendung in der Schlußphase der Rechnung. In der Kopplung mit anderen Verfahren (globale Phase: Gradientenverfahren, lokale Phase: Newton-Verfahren) und in den Modifikationen als Verfahren der konjugierten Richtungen hat es sich als sehr leistungsfähig erwiesen (vgl. [47]).

Für Probleme in allgemeinen Räumen (z. B. Steuerprobleme) ist die Methode des steilsten Abstiegs wegen der Schwierigkeiten der zu beschaffenden Informationen über die höheren Ableitungen oft die einzige Möglichkeit der Minimierung.

4.2.2. Das Verfahren der konjugierten Gradienten

Grundlagen des Verfahrens

Verfahren der konjugierten Gradienten wurden zur Lösung der Aufgabe

$$f(\boldsymbol{x}) = \min! \qquad \text{bei} \qquad \boldsymbol{x} \in \mathbb{R}^n \tag{1}$$

entwickelt. Sie haben ihre Bezeichnung der Tatsache zu verdanken, daß die Fortschreitungsrichtungen $\mathbf{s}^k$ zur Minimierung der quadratischen Funktion

$$Q(\boldsymbol{x}) = \boldsymbol{x}^{\mathsf{T}} \boldsymbol{C} \boldsymbol{x} + \boldsymbol{p}^{\mathsf{T}} \boldsymbol{x} + q \tag{2}$$

gerade so gewählt werden, daß für die Richtungen $\mathbf{s}^i$, $i = 0, 1, \ldots, k-1$,

$$(\mathbf{s}^i)^{\mathsf{T}} \boldsymbol{C} \mathbf{s}^k = 0 \tag{3}$$

gilt. Die Richtungen $\mathbf{s}^k$ mit der Eigenschaft (3) berechnen sich auf folgende Weise: In einem Startpunkt $\boldsymbol{x}^0$ wird $\mathbf{s}^0 = -\nabla Q(\boldsymbol{x}^0)$ bestimmt. Im k-ten Schritt der Iteration erhält man $\boldsymbol{x}^{k+1}$ durch Minimierung von $Q(\boldsymbol{x})$ auf dem Strahl $\boldsymbol{x}(\alpha) = \boldsymbol{x}^k + \alpha \mathbf{s}^k$:

$$\boldsymbol{x}^{k+1} = \boldsymbol{x}^k + \alpha_k \mathbf{s}^k \tag{4}$$

wobei α_k der Beziehung

$$Q(\boldsymbol{x}^k + \alpha_k \mathbf{s}^k) = \min_{\alpha \geqq 0} Q(\boldsymbol{x}^k + \alpha \mathbf{s}^k) \tag{5}$$

genügt. Mit

$$\boldsymbol{g}^{k+1} = \nabla Q(\boldsymbol{x}^{k+1}) \tag{6}$$

und

$$\beta_k = \frac{(\boldsymbol{g}^{k+1})^{\mathsf{T}} \boldsymbol{C} \mathbf{s}^k}{(\mathbf{s}^k)^{\mathsf{T}} \boldsymbol{C} \mathbf{s}^k} \tag{7}$$

ergibt sich

$$\mathbf{s}^{k+1} = -\boldsymbol{g}^{k+1} + \beta_k \mathbf{s}^k. \tag{8}$$

Für quadratische Funktionen (2) läßt sich damit das Minimum in höchstens n Schritten ermitteln.

Diese Eigenschaft kann für eine allgemeine nichtlineare Funktion $f(\boldsymbol{x})$ nicht nachgewiesen werden. Dessen ungeachtet haben sich Verfahren der konjugierten Gradienten auch in diesem Fall als leistungsfähige Methoden zur Lösung von (1) erwiesen. Für die

Größe α_k in (4) wird die sogenannte *perfekte Schrittweite* verwendet, welche durch die Eigenschaft

$$\left(\nabla f(\boldsymbol{x}^k + \alpha_k \mathbf{s}^k)\right)^{\mathsf{T}} \mathbf{s}^k = 0$$

charakterisiert ist. Zur Berechnung von β_k wurde in der vorliegenden Implementierung

$$\beta_k = \frac{(\boldsymbol{g}^{k+1})^{\mathsf{T}} (\boldsymbol{g}^{k+1} - \boldsymbol{g}^k)}{(\boldsymbol{g}^k)^{\mathsf{T}} \boldsymbol{g}^k} \tag{9}$$

nach Polak/Ribiere verwendet. Andere Möglichkeiten für den allgemeinen nichtlinearen Fall sind (vgl. [10], [47]).

$$\beta_k = \frac{(\boldsymbol{g}^{k+1})^{\mathsf{T}} \boldsymbol{g}^{k+1}}{(\boldsymbol{g}^k)^{\mathsf{T}} \boldsymbol{g}^k} \quad \text{bzw.} \quad \beta_k = \frac{(\boldsymbol{g}^{k+1})^{\mathsf{T}} H(\boldsymbol{x}^{k+1})\, \mathbf{s}^k}{(\mathbf{s}^k)^{\mathsf{T}} H(\boldsymbol{x}^{k+1})\, \mathbf{s}^k}$$

mit $H(\boldsymbol{x}^{k+1}) = \nabla^2 f(\boldsymbol{x}^{k+1})$.

Aufbau des Algorithmus

S0: Wähle $\boldsymbol{x}^0 \in \mathbb{R}^n$ und $\varepsilon > 0$. Setze $\mathbf{s}^0 = -\nabla f(\boldsymbol{x}^0)$, $k = 0$.
S1: Falls $\|\nabla f(\boldsymbol{x}^k)\| \leqq \varepsilon$ ist $\boldsymbol{x}^* = \boldsymbol{x}^k$ Lösung. Stop.
S2: Bestimme α_k derart, daß

$$\left(\nabla f(\boldsymbol{x}^k + \alpha_k \mathbf{s}^k)\right)^{\mathsf{T}} \mathbf{s}^k = 0$$

und setze

$$\boldsymbol{x}^{k+1} = \boldsymbol{x}^k + \alpha_k \mathbf{s}^k.$$

S3: Berechne $\nabla f(\boldsymbol{x}^{k+1})$, wähle β_k gemäß (9) und setze

$$\mathbf{s}^{k+1} = -\nabla f(\boldsymbol{x}^{k+1}) + \beta_k \mathbf{s}^k$$

S4: Setze $k = k + 1$ und gehe zu S1.

Das BASIC-Programm P.4.5 realisiert diesen Algorithmus.

Beispiel

Mit dem Verfahren der konjugierten Gradienten wurde das Minimum der Funktion

$$f(\boldsymbol{x}) = x_1^4 + (x_1 + x_2)^2 + (\mathrm{e}^{x_2} - 1)^2$$

näherungsweise bestimmt.

Die Rechnung wurde im Punkt $\boldsymbol{x}^0 = (1, 1)^{\mathsf{T}}$ gestartet und nach 4 Iterationen im Punkt

$$\boldsymbol{x}^4 = (1.82815 \cdot 10^{-12}, 2.88602 \cdot 10^{-12})^{\mathsf{T}}$$

beendet. Der Abbruchtest $\|\nabla f(\boldsymbol{x})\| \leqq 10^{-6}$ war in diesem Punkt erfüllt. Die Näherung für das Minimum von $f(\boldsymbol{x})$ war in diesem Punkt

$$f(\boldsymbol{x}^4) = 2.22233 \cdot 10^{-23}.$$

Exakter Lösungspunkt ist $\boldsymbol{x}^* = (0, 0)^{\mathsf{T}}$ mit dem minimalen Funktionswert $f(\boldsymbol{x}^*) = 0$.

Weiterführende Bemerkungen

Verfahren der konjugierten Gradienten wurden erstmals von Hestenes und Stiefel zur Lösung linearer Gleichungssysteme bzw. zur dazu äquivalenten Minimierung quadratischer Funktionen eingesetzt. Die Endlichkeit der Verfahren zur Lösung derartiger Aufgaben ließen ein gutartiges Verhalten für den allgemeinen nichtlinearen Fall erwarten.

Neben der im Algorithmus angegebenen Version existieren noch andere Möglichkeiten, paarweise konjugierte Richtungen zu erzeugen, insbesondere kann die verwendete Wahl von β_k nach Polak/Ribiere durch Berechnungsvorschriften von Fletcher/Reeves (vgl. [10]) ersetzt werden.

Vom Speicherplatz her sind die Verfahren der konjugierten Richtungen anderen Verfahren — z. B. dem Newton-Verfahren — deutlich überlegen. Entgegengesetzt fällt der Vergleich aus, wenn man die Anzahl der erforderlichen Funktionswertberechnungen in Betracht zieht. Hier wirkt sich offenbar die allerdings in letzter Zeit angezweifelte Notwendigkeit einer sehr genauen Schrittweitenbestimmung nachteilig aus. Eine gute Übersicht über Verfahren der konjugierten Gradienten ist in [10] und [47] enthalten.

4.2.3. Das Newton-Verfahren

Grundlagen des Verfahrens

Zur Lösung der Aufgabe

$$f(\boldsymbol{x}) = \min! \qquad \text{bei} \qquad \boldsymbol{x} \in \mathbb{R}^n \tag{1}$$

wird die notwendige Minimumbedingung

$$\nabla f(\boldsymbol{x}) = 0 \tag{2}$$

in einer vorliegenden Näherung $\boldsymbol{x}^k$ linearisiert. Dadurch ergibt sich zunächst der Punkt $\boldsymbol{y}^k$ als Lösung des linearen Gleichungssystems

$$\nabla f(\boldsymbol{x}^k) + \nabla^2 f(\boldsymbol{x}^k)\,(\boldsymbol{x} - \boldsymbol{x}^k) = \boldsymbol{0}. \tag{3}$$

In der Originalversion wird $\boldsymbol{y}^k$ als Iterierte $\boldsymbol{x}^{k+1}$ verwendet.

Es mögen die folgenden Voraussetzungen gelten:

(i) Es gibt eine offene konvexe Menge $D \subset \mathbb{R}^n$, in der $\nabla f(\boldsymbol{x})$ stetig differenzierbar ist;

(ii) es existiert ein $\boldsymbol{x}^* \in \mathbb{R}^n$ sowie eine Umgebung $U(\boldsymbol{x}^*)$, so daß

$$U(\boldsymbol{x}^*) \subset D, \qquad \nabla f(\boldsymbol{x}^*) = 0$$

gelten;

(iii) es existiert $\left(\nabla^2 f(\boldsymbol{x}^*)\right)^{-1}$.

Dann konvergiert für $\boldsymbol{x}^0 \in U(\boldsymbol{x}^*)$ die durch die beschriebene Vorgehensweise definierte Folge $\{\boldsymbol{x}^k\}$ gegen $\boldsymbol{x}^*$, und es gilt mit $C > 0$

$$\|\boldsymbol{x}^{k+1} - \boldsymbol{x}^*\| \leqq C\|\boldsymbol{x}^k - \boldsymbol{x}^*\|^2. \tag{4}$$

Damit besitzt das Newton-Verfahren die Eigenschaft der lokalen quadratischen Konvergenz. Um unter geeigneten Voraussetzungen von jedem Startpunkt $\boldsymbol{x}^0$ aus einen

Punkt $\boldsymbol{x}^*$ bestimmen zu können, welcher die notwendige Minimumbedingung erfüllt, wird eine sogenannte *gedämpfte* Version des Newton-Verfahrens bereitgestellt.

Dabei wird nicht $\boldsymbol{y}^k$ als Nachfolger von $\boldsymbol{x}^k$ akzeptiert, sondern man sucht auf der Strecke $[\boldsymbol{x}^k, \boldsymbol{y}^k]$ nach demjenigen Punkt, für welchen die Funktion $f(\boldsymbol{x})$ ihren kleinsten Wert annimmt:

$$\boldsymbol{x}^{k+1} = \boldsymbol{x}^k + \lambda_k(\boldsymbol{y}^k - \boldsymbol{x}^k)$$

mit

$$f\big(\boldsymbol{x}^k + \lambda_k(\boldsymbol{y}^k - \boldsymbol{x}^k)\big) = \min_{0 \leqq \lambda \leqq 1} f\big(\boldsymbol{x}^k + \lambda(\boldsymbol{y}^k - \boldsymbol{x}^k)\big). \tag{5}$$

Es läßt sich unter hinreichend schwachen Voraussetzungen zeigen, daß für genügend großes k_0 gilt: $\lambda_k = 1 \;\forall\; k \geqq k_0$. Damit geht in einer Umgebung von $\boldsymbol{x}^*$ das gedämpfte in das ungedämpfte Newton-Verfahren über. Man hat eine globale und lokal überlinear konvergente Methode zur Lösung der Aufgabe (1).

Aufbau des Algorithmus

S0: Wähle eine Anfangsnäherung $\boldsymbol{x}^0$, ein q, $0 < q \leqq 1$, sowie eine Abbruchschranke $\varepsilon > 0$. Setze $k = 0$.

S1: Bestimme $\boldsymbol{y}^k$ als Lösung des linearen Gleichungssystems

$$\nabla f(\boldsymbol{x}^k) + \nabla^2 f(\boldsymbol{x}^k)\,(\boldsymbol{x} - \boldsymbol{x}^k) = \boldsymbol{0}.$$

S2: Setze $\boldsymbol{s}^k = \boldsymbol{y}^k - \boldsymbol{x}^k$. Ermittle die kleinste nichtnegative Zahl j_k, für die mit $\lambda_k = (1/2)^{j_k}$ gilt

$$f(\boldsymbol{x}^k + \lambda_k \boldsymbol{s}^k) - f(\boldsymbol{x}^k) \leqq q\lambda_k\big(\nabla f(\boldsymbol{x}^k)\big)^{\mathsf{T}}\, \boldsymbol{s}^k$$

und setze

$$\boldsymbol{x}^{k+1} = \boldsymbol{x}^k + \lambda_k \boldsymbol{s}^k.$$

S3: Ist $\|\boldsymbol{x}^{k+1} - \boldsymbol{x}^k\| \leqq \varepsilon$, so ist $\boldsymbol{x}^* = \boldsymbol{x}^{k+1}$ Lösung. Stop.

S4: Setze $k = k + 1$ und gehe zu S1.

Das BASIC-Programm P.4.6 realisiert diesen Algorithmus.

Beispiel

Mit dem Newton-Verfahren wurde das Minimum der Funktion

$$f(\boldsymbol{x}) = x_1^4 + (x_1 + x_2)^2 + (e^{x_2} - 1)^2$$

näherungsweise bestimmt. Die Rechnung wurde im Punkt $\boldsymbol{x}^0 = (1, 1)^{\mathsf{T}}$ gestartet und nach 6 Iterationen im Punkt

$$\boldsymbol{x}^6 = (-1.218448 \cdot 10^{-8}, 1.218446 \cdot 10^{-8})^{\mathsf{T}}$$

beendet. Der Abbruchtest $\|\boldsymbol{x}^k - \boldsymbol{x}^{k-1}\| \leqq 10^{-5}$ war für $k = 6$ erfüllt.

Der exakte Lösungspunkt ist $\boldsymbol{x}^* = (0, 0)^{\mathsf{T}}$ mit dem minimalen Zielfunktionswert $f(\boldsymbol{x}^*) = 0$.

Weiterführende Bemerkungen

Das Newton-Verfahren hat sich von seiner Grundidee als ein sehr wirksames Instrument für die Lösung von Minimierungsaufgaben und von Gleichungssystemen erwiesen. Den Vorteilen der Q-quadratischen Konvergenz bei vorliegender guter Startnäherung für den Fall, daß $\nabla^2 f(\boldsymbol{x}^*)$ nichtsingulär ist, stehen folgende Nachteile gegenüber:

(i) Im allgemeinen liegt keine globale Konvergenz vor.
(ii) Die Berechnung von $\nabla^2 f(\boldsymbol{x}^k)$ ist in jedem Schritt der Iteration notwendig.
(iii) Es ist die Lösung eines linearen Gleichungssystems, welches unter Umständen schlecht konditioniert ist, notwendig.

Der erste Nachteil konnte in der vorliegenden Implementierung durch die Verwendung einer gedämpften Version beseitigt werden. Andere Möglichkeiten der Globalisierung bestehen in Einbettungsmethoden, in hybriden Methoden und in Trust-Region-Techniken (vgl. [28] und [32]). Die Vorstellung zugehöriger BASIC-Programme an dieser Stelle würde den Rahmen des Buches sprengen.

Auf Modifikationen des Newton-Verfahrens, welche die Nachteile (ii) und (iii) umgehen, wird im folgenden noch eingegangen. Die Gleichung (3) kann auch als notwendige Bedingung für ein Minimum der quadratischen Funktion

$$q_k(\boldsymbol{x}) = f(\boldsymbol{x}^k) + \nabla f(\boldsymbol{x}^k) + \frac{1}{2} (\boldsymbol{x} - \boldsymbol{x}^k)^{\mathrm{T}} \nabla^2 f(\boldsymbol{x}^k) (\boldsymbol{x} - \boldsymbol{x}^k)$$

interpretiert werden.

Umgekehrt kann das implementierte Newton-Verfahren auch dazu verwendet werden, allgemein ein System nichtlinearer Gleichungen

$$F(\boldsymbol{x}) = \big(f_1(\boldsymbol{x}), \ldots, f_m(\boldsymbol{x})\big)^{\mathrm{T}} = \mathbf{0}$$

zu lösen. Dazu sind die Komponenten von $F(\boldsymbol{x})$ anstelle der partiellen Ableitungen im Programm zu verwenden. Statt $f(\boldsymbol{x})$ kann $\varphi(\boldsymbol{x}) = \|F(\boldsymbol{x})\|$ zur Dämpfung genutzt werden. Wir betrachten dazu das nachfolgende Beispiel zur Anwendung des Newton-Verfahrens bei der Lösung eines nichtlinearen Gleichungssystems:

Mit dem Newton-Verfahren wurde das nichtlineare Gleichungssystem

$$f_1(\boldsymbol{x}) = x_1 + x_2 - 3 = 0$$
$$f_2(\boldsymbol{x}) = x_1^2 + x_2^2 - 9 = 0$$

gelöst. Die beiden Gleichungen sind gemeinsam für den Punkt $\boldsymbol{x}^* = (0, 3)^{\mathrm{T}}$ erfüllt. Nach 5 Iterationen war der Abbruchtest mit

$$\|\boldsymbol{x}^5 - \boldsymbol{x}^4\| \leqq 10^{-5}$$

erfüllt. Die Iteration wurde im Punkt

$$\boldsymbol{x}^5 = (4.000789 \cdot 10^{-8}, 3.000000)^{\mathrm{T}}$$

abgebrochen.

4.2.4. Das Newton-Verfahren mit konsistenter Approximation der Hesse-Matrix

Grundlagen des Verfahrens

Der entscheidende Nachteil bei der Anwendung des Newton-Verfahrens zur Lösung der Aufgabe

$$f(\boldsymbol{x}) = \min! \qquad \text{bei} \qquad \boldsymbol{x} \in \mathbb{R}^n \tag{1}$$

ist die notwendige Berechnung von Ableitungen höherer Ordnung. Ein Ausweg besteht in der konsistenten Approximation der Hesse-Matrix $\nabla^2 f(\boldsymbol{x})$ der Funktion $f(\boldsymbol{x})$. Hierbei wird die partielle Ableitung der i-ten Komponente $\varphi_i = \dfrac{\partial f}{\partial x_i}$ des Gradienten $\nabla f(\boldsymbol{x}) = (\varphi_1, \ldots, \varphi_n)^{\mathrm{T}}$ nach der Variablen x_j

$$\frac{\partial \varphi_i}{\partial x_j} = \frac{\partial \left(\dfrac{\partial f}{\partial x_i}\right)}{\partial x_j} = \frac{\partial^2 f}{\partial x_i \partial x_j} \tag{2}$$

an der Stelle $\boldsymbol{x}^k$ durch die dividierte Differenz

$$\frac{\varphi_i(\boldsymbol{x}^k + h_k \boldsymbol{e}_j) - \varphi_i(\boldsymbol{x}^k)}{h_k}$$

ersetzt. Die Approximation $\boldsymbol{H}_k$ der Hesse-Matrix $\nabla^2 f(\boldsymbol{x}^k)$ der Funktion $f(\boldsymbol{x})$ an der Stelle $\boldsymbol{x}^k$ läßt sich dann in der Form

$$(\boldsymbol{H}_k)_{ij} = \left[\frac{\varphi_i(\boldsymbol{x}^k + h_k \boldsymbol{e}_j) - \varphi_i(\boldsymbol{x}^k)}{h_k}\right] \tag{3}$$

darstellen.

Für die in der Implementierung gewählte Diskretisierungsschrittweite

$$h_k = \|\boldsymbol{x}^k - \boldsymbol{x}^{k-1}\| \, (1 + \|\boldsymbol{x}^k\|) \tag{4}$$

kann lokal die Konvergenzgeschwindigkeit

$$\varkappa = \frac{1}{2} \left(1 + \sqrt{5}\right)$$

nachgewiesen werden.

Eine gleichzeitige Diskretisierung der ersten Ableitungen ist ebenfalls möglich. Da das vorgelegte BASIC-Programm für die Behandlung von Gleichungen verwendbar bleiben sollte, wird auf die Implementierung der entsprechenden Möglichkeiten verzichtet.

Bei dieser Nutzung ist statt der Komponenten $\varphi_i(\boldsymbol{x}) = \dfrac{\partial f}{\partial x_i}$ des Gradienten einer zu minimierenden Funktion $f(\boldsymbol{x})$ das System von Gleichungen einzugeben, deren gemeinsame Nullstelle bestimmt werden soll.

Aufbau des Algorithmus

S0: Wähle zwei Anfangsnäherungen $\boldsymbol{x}^0$ und $\boldsymbol{x}^1$ für ein lokales Minimum der Funktion $f(\boldsymbol{x})$, eine Abbruchschranke $\varepsilon > 0$ sowie eine Zahl q mit $0 < q < 1$. Setze $k = 1$.

S1: Bestimme die Diskretisierungsschrittweite h_k gemäß (4) und berechne die Elemente der Matrix $\boldsymbol{H}_k$ aus (3).

S2: Ermittle $\boldsymbol{y}^k$ als Lösung des linearen Gleichungssystems

$$\nabla f(\boldsymbol{x}^k) + \boldsymbol{H}_k(\boldsymbol{y} - \boldsymbol{x}^k) = 0 .$$

Setze $\boldsymbol{s}^k = \boldsymbol{y}^k - \boldsymbol{x}^k$.

S3: Falls $\|\boldsymbol{s}^k\| \leqq \varepsilon$ ist, setze $\boldsymbol{x}^* = \boldsymbol{x}^k$. Stop.

S4: Berechne die kleinste nichtnegative ganze Zahl $j_k \geqq 0$, für welche mit $\alpha_k = (1/2)^{j_k}$ gilt

$$f(\boldsymbol{x}^k + \alpha_k \boldsymbol{s}^k) - f(\boldsymbol{x}^k) \leqq q\alpha_k\big(\nabla f(\boldsymbol{x}^k)\big)^\mathsf{T} \boldsymbol{s}^k .$$

S5: Setze

$$\boldsymbol{x}^{k+1} = \boldsymbol{x}^k + \alpha_k \boldsymbol{s}^k ,$$

$k = k + 1$ und gehe zu S1.

Das BASIC-Programm P.4.7. realisiert diesen Algorithmus.

Beispiel

Mit dem Newton-Verfahren mit konsistenter Approximation der Hesse-Matrix wurde die Funktion

$$f(\boldsymbol{x}) = (x_1 - 2)^4 + (x_1 - 2)^2 x_2^2 + (x_2 + 1)^2$$

minimiert. Die Lösung ist $\boldsymbol{x}^* = (2, -1)^\mathsf{T}$ mit der minimalen Zielfunktion $f(\boldsymbol{x}^*) = 0$.

Als Startpunkt diente $\boldsymbol{x}^0 = (0, 0)^\mathsf{T}$. Mit der Abbruchgenauigkeit $\varepsilon = 10^{-5}$ wurde die Rechnung nach 7 Iterationsschritten abgebrochen, der Punkt $\boldsymbol{x}^7 = (2, -1)^\mathsf{T}$ ist die exakte Lösung.

Weiterführende Bemerkungen

Die angegebene konsistente Approximation der zweiten Ableitungen im Newton-Verfahren stellt nur die einfachste Form derartiger Vorschriften dar. Sie zeichnet sich durch eine hohe Stabilität aus, erfordert aber die Berechnung der Ableitungen in weiteren Hilfspunkten. Die charakterisierende Eigenschaft, daß für klein werdende Diskretisierungsschrittweiten die Approximation immer besser mit der Hesse-Matrix von $f(\boldsymbol{x})$ übereinstimmt, also konsistent ist, wird auch von anderen Vorschriften erfüllt. Am bekanntesten sind die sogenannten sequentiellen Sekantenverfahren, bei denen die Gradienten in n zurückliegenden Iterationspunkten verwendet werden. Zum Nachweis der Konsistenz, der Durchführbarkeit der Iteration und der überlinearen Konvergenz ist allerdings erforderlich, daß sich diese Punkte in sogenannter allgemeiner Lage befinden: Eine Forderung, welche a priori kaum zu erfüllen ist.

Auf bekannte Vertreter dieser Verfahrensklasse, wie die Vorschriften von Heinrich/Wolfe/Bittner und von Danilin/Pcenicnij wird in [47] ausführlich eingegangen.

4.2.5. Das Verfahren der variablen Metrik

Grundlagen des Verfahrens

Eine andere Möglichkeit, höhere Ableitungen bei der Minimierung der Funktion $f(\boldsymbol{x})$ zu vermeiden, stellen Quasi-Newton-Verfahren dar.

In der quadratischen Ersatzfunktion

$$Q_k(\boldsymbol{x}) = f(\boldsymbol{x}^k) + \left(\nabla f(\boldsymbol{x}^k)\right)^\top (\boldsymbol{x} - \boldsymbol{x}^k) + \frac{1}{2} (\boldsymbol{x} - \boldsymbol{x}^k)^\top \nabla^2 f(\boldsymbol{x}^k) (\boldsymbol{x} - \boldsymbol{x}^k) \tag{1}$$

wird dabei die Hesse-Matrix $\nabla^2 f(\boldsymbol{x})$ der Funktion $f(\boldsymbol{x})$ durch eine Approximation $\boldsymbol{B}_k$ ersetzt, welche der Bedingung

$$\boldsymbol{B}_k(\boldsymbol{x}^k - \boldsymbol{x}^{k-1}) = \nabla f(\boldsymbol{x}^k) - \nabla f(\boldsymbol{x}^{k-1}) \tag{2}$$

genügt. Die Matrix $\boldsymbol{B}_k$ ist, außer im Fall $n = 1$ durch (2) nicht eindeutig bestimmt. Man kann nun neben dem Erfülltsein dieser „Quasi-Newton-Gleichung" noch die folgenden sinnvollen Forderungen stellen:

1. Es existiere eine Aufdatierungsvorschrift φ, so daß

   $$\boldsymbol{B}_{k+1} = \varphi(\boldsymbol{B}_k, \boldsymbol{r}^k, \boldsymbol{q}^k) \tag{3}$$

   mit

   $$\boldsymbol{r}^k = \boldsymbol{x}^{k+1} - \boldsymbol{x}^k, \qquad \boldsymbol{q}^k = \nabla f(\boldsymbol{x}^{k+1}) - \nabla f(\boldsymbol{x}^k)$$

   gilt.
2. Die Matrix $\boldsymbol{B}_k$ soll aus Aufwandsgründen symmetrisch sein.
3. Die Matrix $\boldsymbol{B}_k$ soll positiv definit sein.

Dann ergibt sich eine Klasse von quadratischen Ersatzfunktionen

$$\varphi_k(\boldsymbol{x}) = f(\boldsymbol{x}^k) + \left(\nabla f(\boldsymbol{x}^k)\right)^\top (\boldsymbol{x} - \boldsymbol{x}^k) + \frac{1}{2} (\boldsymbol{x} - \boldsymbol{x}^k)^\top \boldsymbol{B}_k (\boldsymbol{x} - \boldsymbol{x}^k),$$

welche gerade auf Quasi-Newton-Verfahren zur Minimierung der Funktion $f(\boldsymbol{x})$ führen. Diese beruhen darauf, daß man das Gleichungssystem

$$\boldsymbol{B}_k(\boldsymbol{x} - \boldsymbol{x}^k) + \nabla f(\boldsymbol{x}^k) = \boldsymbol{0} \tag{4}$$

öst, welche sich aus der notwendigen Extremalbedingung für die Aufgabe

$$\varphi_k(\boldsymbol{x}) = \min! \qquad \text{bei} \qquad \boldsymbol{x} \in \mathbb{R}^n \tag{5}$$

ergibt. Die daraus resultierende Iterationsvorschrift

$$\boldsymbol{x}^{k+1} = \boldsymbol{x}^k - \alpha_k \boldsymbol{B}_k^{-1} \nabla f(\boldsymbol{x}^k) \tag{6}$$

berücksichtigt die für eine globale Konvergenz erforderliche Dämpfung des Fortschreitens in $\boldsymbol{x}$.

Die einzelnen Quasi-Newton-Verfahren unterscheiden sich in der konkreten Wahl von φ. Neben der Überschreibung von $\boldsymbol{B}_k$ kommt dabei auch der Aufdatierung von $\boldsymbol{B}_k^{-1}$ eine Bedeutung zu. Als besonders effektiv haben sich die Rang-Eins-Aufdatierungen der Broyden-Klasse erwiesen.

Aufbau des Algorithmus

S0: Wähle eine Anfangsnäherung $\boldsymbol{x}^0$ sowie eine Abbruchschranke $\varepsilon > 0$. Setze $\boldsymbol{H}_0 = \boldsymbol{B}_0^{-1} = \boldsymbol{I}$, $k = 0$.

S1: Ermittle

$$\boldsymbol{s}^k = -\boldsymbol{H}_k \nabla f(\boldsymbol{x}^k).$$

S2: Ermittle die kleinste nichtnegative ganze Zahl j_k, für welche mit $\alpha_k = (1/2)^{j_k}$ gilt:

$$f(\boldsymbol{x}^k + \alpha_k \boldsymbol{s}^k) - f(\boldsymbol{x}^k) \leqq \alpha_k q \left(\nabla f(\boldsymbol{x}^k)\right)^\mathsf{T} \boldsymbol{s}^k.$$

S3: Setze

$$\boldsymbol{x}^{k+1} = \boldsymbol{x}^k + \alpha_k \boldsymbol{s}^k,$$
$$\boldsymbol{q}^k = \nabla f(\boldsymbol{x}^{k+1}) - \nabla f(\boldsymbol{x}^k),$$
$$\boldsymbol{r}^k = \boldsymbol{x}^{k+1} - \boldsymbol{x}^k$$

und bestimme

$$\boldsymbol{H}_{k+1} = \boldsymbol{H}_k + \frac{(\boldsymbol{r}^k - \boldsymbol{H}_k \boldsymbol{q}^k)\,(\boldsymbol{r}^k)^\mathsf{T}\,\boldsymbol{H}_k}{(\boldsymbol{r}^k)^\mathsf{T}\,\boldsymbol{H}_k \boldsymbol{q}^k}.$$

S4: Ist $\|\boldsymbol{r}^k\| \leqq \varepsilon$, so ist $\boldsymbol{x}^* = \boldsymbol{x}^{k+1}$ Lösung. Stop.
S5: Setze $k = k + 1$ und gehe zu S1.

Das BASIC-Programm P.4.8 realisiert diesen Algorithmus.

Beispiel

Mit der Vorschrift von Broyden wurde näherungsweise das Minimum der Funktion

$$f(\boldsymbol{x}) = (x_1 - 1)^4 + (x_2 - 1)^2$$

bestimmt. Nach 13 Iterationen war der Abbruchtest mit $\varepsilon = 10^{-5}$ erfüllt. Die Iterierte $\boldsymbol{x}^{13}$ hat die Gestalt

$$\boldsymbol{x}^{13} = (0.999973, 0.999973)^\mathsf{T}.$$

Der Zielfunktionswert $f(\boldsymbol{x}^{13}) = 9.611806 \cdot 10^{-11}$. Exakter Lösungspunkt ist $\boldsymbol{x}^* = (1, 1)^\mathsf{T}$ mit $f(\boldsymbol{x}^*) = 0$.

Weiterführende Bemerkungen

Als erstes Quasi-Newton-Verfahren kann die von DAVIDON verwendete und von FLETCHER und POWELL publizierte DFP-Vorschrift angesehen werden. Insbesondere die — allerdings erst viel später von BURMEISTER bewiesene — n-Schritt quadratische Konvergenz, das Vermeiden von linearen Gleichungssystemen und die ausschließliche Verwendung erster Ableitungen erwiesen sich als vorteilhafte Eigenschaften. So entstand eine ganze Reihe von Aufdatierungsformeln, von denen insbesondere diejenigen der sogenannten Broyden-Klasse erwähnenswert sind. Als leistungsfähige Vertreter kann neben der implementierten BFGS-Formel eine Aufdatierungsvorschrift von KLEINMICHEL [25] gelten. Eine sehr schöne Übersicht über Quasi-Newton-Verfahren ist in [47] enthalten.

5. Beschränkte nichtlineare Optimierung

Für Probleme der nichtlinearen Optimierung mit Restriktionen existiert kein universell einsetzbarer Algorithmus. Es ist deshalb Anliegen des vorliegenden Kapitels, dem Leser für verschiedene Problemklassen erfolgreiche Lösungsverfahren vorzustellen und ihn damit zu befähigen, für das von ihm betrachtete Problem, ein oder mehrere Programme auszuwählen.

Über die Entwicklung von Software wurde im Abschnitt 1.3.4. bereits einiges bemerkt. Neben den darin erwähnten Programmen sei auf die Programmbank „Nichtlineare Optimierung" an der AdW der DDR verwiesen. Außerdem sollen umfangreichere Sammlungen von Programmen der nichtlinearen Optimierung genannt werden: die IMSL-(Internationale Mathematical and Statistically Library) und die NAG-(Numerical Algorithms Group) Bibliothek.
Das Kapitel 5 ist ebenso strukturiert wie das Kapitel 4. Wir stellen in 5.1 Verfahren der direkten Suche dar, d. h. Verfahren, die eingesetzt werden können, wenn nur die Werte der Zielfunktion berechnet werden können. Der Abschnitt 5.2 behandelt Verfahren für eine Klasse spezieller nichtlinearer Optimierungsprobleme, d. h. mit quadratischer Zielfunktion und linearen Nebenbedingungen. Im Abschnitt 5.3 sind Beispiele für Verfahren angegeben, wenn Informationen über erste oder zweite Ableitungen zur Verfügung stehen.

5.1. Verfahren der direkten Suche

Verfahren dieser Klasse können für nichtstetige und nichtdifferenzierbare Probleme eingesetzt werden. Sie haben sich besonders für Optimierungsprobleme aus den Gebieten der rechnergestützten Konstruktion, des rechnergestützten Entwurfs sowie der technischen Produktionsvorbereitung bewährt. Wir stellen hier die Erweiterungen der stochastischen Suche und des Polytopverfahrens (aus Abschnitt 4.1) auf beschränkte Probleme dar.

5.1.1. Die adaptive Zufallssuche

Grundlagen des Verfahrens

Aus der großen Klasse der Zufallssuchverfahren soll hier das Verfahren der adaptiven Zufallssuche [17] vorgestellt werden, das sich in einer Reihe von Anwendungen bewährt hat. Es wird die Aufgabenstellung betrachtet

$$f(\boldsymbol{x}) = \min! \qquad \boldsymbol{x} \in \mathbb{R}^n, \tag{1}$$

mit

$$g_j(\boldsymbol{x}) \leqq 0, \qquad j = 1, \ldots, m, \tag{2}$$

und

$$\boldsymbol{a} \leqq \boldsymbol{x} \leqq \boldsymbol{b}. \tag{3}$$

In dem Verfahren der adaptiven Zufallssuche ist die Effektivität der „blinden" Zufallssuche durch Elemente des Lernens erhöht worden. So besteht das Grundprinzip darin, daß die Wahrscheinlichkeitsdichte der zufällig ausgewählten neuen Punkte zielgerichtet verändert wird. Die Streuung um den Punkt mit dem jeweils besten Zielfunktionswert wird ständig verkleinert. Das führt zu folgender Berechnungsvorschrift für die neuen Suchpunkte

$$\boldsymbol{x}^k = \boldsymbol{x}_b{}^k + \xi \boldsymbol{R}. \tag{4}$$

Dabei ist ξ eine Diagonalmatrix, deren Elemente gleichverteilte Zufallsgrößen sind aus dem Intervall $[-1, 1]$. Weiterhin ist $\boldsymbol{x}^k$ der aktuelle Suchpunkt während der k-ten Iteration und $\boldsymbol{x}_b{}^k$ der Suchpunkt mit dem besten Zielfunktionswert in der k-ten Iteration. Für die Berechnung von $\boldsymbol{R}$ gilt:

$$\boldsymbol{R} = 1/2(\boldsymbol{b} - \boldsymbol{a}) \tag{5}$$

und K ist ein Koeffizient zur Beeinflussung der Streuung, d. h., dieser Koeffizient verändert die Verteilungsdichte so, daß sich die Streuung um den „besten" Punkt $\boldsymbol{x}_b$ verringert.

Das Verfahren in 4.1.1 ist wie leicht ersichtlich für $K = 1$ und $\boldsymbol{R} = (h, \ldots, h)^T$ ein Spezialfall des hier behandelten.

Aufbau des Algorithmus

S0: Eingabe des Startpunktes $\boldsymbol{x}^0$, der maximalen Zahl von Suchpunkten je Iteration j_m und der maximalen Zahl von Iterationen k_m.
Berechne $\boldsymbol{R}$ nach (5) und setze $K = 1$, $\boldsymbol{x}_b{}^1 = \boldsymbol{x}^0$, $k = 1$ und $j = 0$.

S1: Berechne die Diagonalmatrix ξ, deren Elemente gleichverteilte Zufallszahlen aus dem Intervall $[-1, 1]$ sind.
Ermittle

$$\boldsymbol{x}^k = \boldsymbol{x}_b{}^k + \xi^K \boldsymbol{R}.$$

S2: Ist für ein $i = 1, \ldots, m$ die Nebenbedingung $g_i(\boldsymbol{x}^k) \leqq 0$ verletzt oder für ein $l = 1, \ldots, n$ die Bedingung $a_l \leqq x_l \leqq b_l$ nicht erfüllt, so gehe zu S4.

S3: Ist $f(\boldsymbol{x}^k) < f(\boldsymbol{x}_b{}^k)$, dann setze $\boldsymbol{x}_b{}^k = \boldsymbol{x}^k$.

S4: Setze $j = j + 1$. Ist $j \leqq j_m$, dann gehe zu S1.

S5: Setze $k = k + 1$ und $K = K + 2$.
Ist $k \geqq k_m$, so ist $\boldsymbol{x}_b{}^k$ die Lösung mit dem Funktionswert $f(\boldsymbol{x}_b{}^k)$. Stop.
Sonst gehe zu S1.

Das BASIC-Programm P.5.1 realisiert diesen Algorithmus.

Beispiel

Es wird die gleiche Aufgabe wie in Abschnitt 4.1.1 betrachtet, um einen Vergleich der Effektivität anstellen zu können und die Wirkung der vorgeschlagenen Verbesserungsmöglichkeiten zu testen. Die folgende Funktion sei zu minimieren

$$f(\boldsymbol{x}) = x_1^4 - 2x_1^3 + x_2^2 + x_1^2x_2^2 - 4x_1x_2 + 3$$

mit

$$-2 \leqq x_l \leqq 8, \qquad l = 1, 2.$$

Der Startpunkt ist wie in Abschnitt 4.1.1 $\boldsymbol{x}^0 = (3, 4)^T$, die maximale Zahl von Suchpunkten je Iteration $j_m = 40$, die maximale Iterationszahl $k_m = 3$. Als Lösung erhält man nach 124 Zielfunktionswertberechnungen

$$\boldsymbol{x}_b = \begin{pmatrix} 1.570845272 \\ 0.921124207 \end{pmatrix}$$

mit dem Zielfunktionswert $f(\boldsymbol{x}_b) = -1.509125588$.

Im Vergleich mit dem Verfahren der einfachen Zufallssuche ist erkennbar, daß eine Effektivitätssteigerung eintrat. Die Zahl der notwendigen Zielfunktionswertberechnungen konnte von 200 auf 124 gesenkt werden und dabei noch ein besserer Funktionswert erreicht werden.

Um die Beliebtheit der Verfahrensklasse der adaptiven Zufallssuche zu demonstrieren, sei die obige Aufgabe um eine Ungleichung erweitert

$$4x_1 + 5x_2 \geqq 20.$$

Diese Aufgabe wird mit dem Verfahren der adaptiven Zufallssuche gelöst. Es wird der gleiche Startpunkt $\boldsymbol{x}^0 = (3, 4)^T$ verwendet, die maximale Iterationszahl $k_m = 3$ und die maximale Zahl von Probeschritten je Iteration ist $j_m = 50$. Man erhält das beschränkte Minimum bei

$$\boldsymbol{x}_b = \begin{pmatrix} 0.7340922 \\ 3.458311461 \end{pmatrix}$$

mit dem Zielfunktionswert $f(\boldsymbol{x}_b) = 10.74934884$ nach 154 Funktionswertberechnungen.

In gleicher Weise können natürlich auch nichtlineare Nebenbedingungen berücksichtigt werden. Diese Verfahren sind wegen ihrer Einfachheit und Robustheit sehr beliebt. Mit hinreichender Effektivität liefern sie jedoch nur Lösungen in einer Umgebung von 10% bis maximal 1% des Minimums. Das kann für praktische Probleme bereits genügen, oder man führt die Suche mit lokalkonvergenten Verfahren weiter.

Weiterführende Bemerkungen

Eine Steigerung der Effektivität der vorgestellten adaptiven Zufallssuche kann man z. B. durch schrittweise Reduzierung des Suchintervalls erzielen. Das kann man durch folgende Berechnungsvorschrift für die neuen Suchpunkte erreichen:

$$\boldsymbol{x}^k = \boldsymbol{x}_b{}^k + \frac{1}{K}\,\xi^K \boldsymbol{R}.$$

Dabei muß darauf geachtet werden, daß die Folge der K nicht zu schnell wächst. Es würde sonst eine zu starke Einengung des Suchbereiches eintreten und damit lokale Konvergenz auftreten. Für K erwies sich die Folge 1; 3; 5; 7 ... als am günstigsten. Für die Realisierung als Dialogprogramm in BASIC auf einem Mikrorechner erwiesen sich bis zu 50 Suchpunkte je Iteration als günstig. In der Realisierung als FORTRAN-Programm auf einem Mini- oder Großrechner verwendet man 100 bis 500 Suchpunkte.

5.1.2. Das erweiterte Polytopverfahren

Grundlagen des Verfahrens

Es wird von folgender Problemstellung ausgegangen:

$$f(\boldsymbol{x}) = \min!, \qquad \boldsymbol{x} \in \mathbb{R}^n, \tag{1}$$

mit

$$g_j(\boldsymbol{x}) \leqq 0, \qquad j = 1, \ldots, m, \tag{2}$$

und

$$\boldsymbol{a} \leqq \boldsymbol{x} \leqq \boldsymbol{b}. \tag{3}$$

Das erweiterte Polytopverfahren (COMPLEX-Verfahren nach Box [3]) ist eine Übertragung der Idee des einfachen Polytopverfahrens (s. Abschnitt 4.1.3) auf den Fall eines Optimierungsproblems mit Nebenbedingungen.

Dadurch ist neben der Untersuchung des Wertes der Zielfunktion auch noch die Einhaltung der Nebenbedingungen (2) und (3) zu überprüfen.

Ausgehend von einem Simplex im $\mathbb{R}^n$ wird durch Vorschriften der Reflexion, Expansion und Kontraktion erreicht, daß sich der Simplex um das Minimum der Zielfunktion zusammenzieht. Dabei erwies es sich als günstig, einen Simplex mit $l = 2n$ Eckpunkten zu verwenden. l sollte jedoch mindestens gleich $(n + 1)$ und nie kleiner 3 sein.

Die Eckpunkte des Simplex werden nach den Werten der Zielfunktion folgendermaßen geordnet:

$$f(\boldsymbol{x}^1) \leqq f(\boldsymbol{x}^2) \leqq \cdots \leqq f(\boldsymbol{x}^n) \leqq \cdots \leqq f(\boldsymbol{x}^l). \tag{4}$$

Mit dieser Indizierung errechnet sich der Schwerpunkt aller Eckpunkte außer dem schlechtesten zu:

$$\boldsymbol{x}_s = \frac{1}{l-1} \sum_{i=1}^{l-1} \boldsymbol{x}^i. \tag{5}$$

Eine Erhöhung der Effektivität des Verfahrens erreicht man, wenn der Schwerpunkt, gewichtet durch die Zielfunktionswerte, berechnet wird [12, 15], d. h.

$$\boldsymbol{x}_s = \frac{1}{\Delta(l-1)} \sum_{i=1}^{l-1} \Delta_i \boldsymbol{x}^i \tag{6}$$

mit

$$\Delta_i = \begin{cases} 1 & \text{für } f(\boldsymbol{x}^l) - f(\boldsymbol{x}^1) \leqq 0.05\left(|f(\boldsymbol{x}^1)| + 10^{-4}\right) \\ [f(\boldsymbol{x}^l) - f(\boldsymbol{x}^i)]/[f(\boldsymbol{x}^l) - f(\boldsymbol{x}^1)] & \text{sonst,} \end{cases}$$

und

$$\Delta = \sum_{i=1}^{l-1} \Delta_i.$$

Um den Schwerpunkt erfolgt eine *Reflexion* des Punktes mit dem schlechtesten Zielfunktionswerten ($\boldsymbol{x}^l$) nach:

$$\boldsymbol{x}_r = \boldsymbol{x}_s + \alpha(\boldsymbol{x}_s - \boldsymbol{x}^l). \tag{7}$$

Der Reflexionskoeffizient α ist im Programm P.5.2 gleich Eins. War diese Reflexion erfolgreich, d. h. $f(\boldsymbol{x}_r) < f(\boldsymbol{x}^1)$ und werden alle Nebenbedingungen eingehalten, dann erfolgt eine *Expansion* des Simplex nach

$$\boldsymbol{x}_e = \boldsymbol{x}_s + \gamma(\boldsymbol{x}_r - \boldsymbol{x}_s) \tag{8}$$

mit dem Expansionskoeffizienten $\gamma > 1$. Stellt jedoch der Zielfunktionswert im reflektierten Punkt gegenüber den anderen keine Verbesserung dar oder werden Nebenbedingungen verletzt, dann wird außerhalb des alten Simplex *kontrahiert* ($0 < \beta < 1$).

$$\boldsymbol{x}_c = \boldsymbol{x}_s + \beta(\boldsymbol{x}_r - \boldsymbol{x}_s). \tag{9}$$

Sollte das noch keine Verbesserung bei der Minimumsuche bringen oder werden Nebenbedingungen verletzt, so erfolgt eine Reflexion des berechneten Punktes am Schwerpunkt in den aufgespannten Simplex (*Kontraktion nach innen*)

$$\boldsymbol{x}_c = \boldsymbol{x}_s + \alpha(\boldsymbol{x}^l - \boldsymbol{x}_s). \tag{10}$$

Verletzt dieser Punkt Grenzen oder wird keine Verbesserung des Zielfunktionswertes erreicht, so werden die Koordinaten des schlechtesten Punktes mit denen des besten gemittelt.

Sind bei diesem Punkt immer noch die Grenzen verletzt oder noch immer keine Verbesserung erreicht, so werden alle Eckpunkte des Polytop außer $\boldsymbol{x}^1$ durch $(\boldsymbol{x}^1 + \boldsymbol{x}^i)/2$ mit $i = 2, 3, \ldots, l$ ersetzt. Als Abbruchkriterium wird $F \leqq \varepsilon$ mit

$$F = \left[\frac{1}{l} \sum_{i=1}^{l} \left(f(\boldsymbol{x}^i) - \frac{1}{l} \sum_{i=1}^{l} f(\boldsymbol{x}^i)\right)^2\right]^{0.5} \tag{11}$$

verwendet.

Um der Forderung nach multivalenter Nutzbarkeit des Algorithmus zu entsprechen, ist es sinnvoll, neben der Möglichkeit, den Startsimplex im explizit gegebenen Lösungsgebiet mit Hilfe von Zufallszahlen aufzubauen, auch ein vollständiges Einlesen des Simplex vorzusehen. Weiterhin ist das Verfahren auch für Probleme ohne Nebenbedingungen anwendbar.

Die Auswertung einer Reihe von Anwendungsfällen zeigt, daß das Verfahren mit Annäherung an die Lösung an Effektivität verliert. Die Konvergenzgeschwindigkeit in Nähe der Lösung ist gering, jedoch die Zuverlässigkeit des Suchprozesses hoch.

Aufbau des Algorithmus

S0: Vorgabe eines zulässiges Startpunktes $\boldsymbol{x}^1$ und Ermittlung der restlichen $l - 1 = 2n - 1$ Eckpunkte des Startpolytopen durch zufällige Verteilung der Punkte im Gebiet der Grenzen (3). Werden dabei Grenzen des Typs (2) verletzt, so wird der hinzukommende Punkt mit dem Schwerpunkt der bisher zulässigen Eckpunkte gemittelt.
Eingabe des Abbruchkriteriums ε. Die verfahrensspezifischen Parameter haben die Werte: $\alpha = 1$, $\gamma = 1.2$ und $\beta = 0.5$.

S1: Die Eckpunkte des Polytop werden nach den Werten der Zielfunktion geordnet:

$$f(\boldsymbol{x}^1) \leqq f(\boldsymbol{x}^2) \leqq \cdots \leqq f(\boldsymbol{x}^h) \leqq \cdots \leqq f(\boldsymbol{x}^{l-1}) \leqq f(\boldsymbol{x}^l).$$

S2: Bestimme den gewichtigen Schwerpunkt $\boldsymbol{x}_s$ nach (6).

S4: Reflexion des Punktes mit dem schlechtesten Zielfunktionswert um den Schwerpunkt Berechne

$$\boldsymbol{x}_\mathrm{r} = \boldsymbol{x}_\mathrm{s} + \alpha(\boldsymbol{x}_\mathrm{s} - \boldsymbol{x}^l).$$

Werden die Grenzen (2) nicht eingehalten, gehe zu S5.
Ist $f(\boldsymbol{x}_\mathrm{r}) < f(\boldsymbol{x}^1)$, gehe zu S4.
Ist $f(\boldsymbol{x}_\mathrm{r}) \geqq f(\boldsymbol{x}^l)$, gehe zu S5.
Sonst gehe zu S9.

S4: Expansion entlang der Reflexionsrichtung. Berechne

$$\boldsymbol{x}_\mathrm{e} = \boldsymbol{x}_\mathrm{s} + \gamma(\boldsymbol{x}_\mathrm{r} - \boldsymbol{x}_\mathrm{s}).$$

Werden die Grenzen (2) nicht eingehalten, gehe zu S9.
Ist $f(\boldsymbol{x}_\mathrm{e}) < f(\boldsymbol{x}_\mathrm{r})$, dann setze $\boldsymbol{x}_\mathrm{r} = \boldsymbol{x}_\mathrm{e}$.
Gehe zu S9.

S5: Kontraktion entlang der Reflexionsrichtung. Setze

$$\boldsymbol{x}_\mathrm{c} = \boldsymbol{x}_\mathrm{s} + \beta(\boldsymbol{x}_\mathrm{r} - \boldsymbol{x}_\mathrm{s}).$$

Werden die Grenzen (2) nicht eingehalten, gehe zu S6.
Ist $f(\boldsymbol{x}_\mathrm{c}) < f(\boldsymbol{x}^2)$, dann setze $\boldsymbol{x}_\mathrm{r} = \boldsymbol{x}_\mathrm{c}$ und gehe zu S9.

S6: Reflexion des kontrahierten Punktes am Schwerpunkt

$$\boldsymbol{x}_\mathrm{c} = \boldsymbol{x}_\mathrm{s} + \alpha(\boldsymbol{x}^l - \boldsymbol{x}_\mathrm{s}).$$

Werden die Grenzen (2) verletzt, gehe zu S8.
Ist $f(\boldsymbol{x}_\mathrm{c}) < f(\boldsymbol{x}^l)$, dann setze $\boldsymbol{x}_\mathrm{r} = \boldsymbol{x}_\mathrm{c}$ und gehe zu S9.

S7: Mittelung des Punktes $\boldsymbol{x}_\mathrm{c}$ mit dem bisher besten Punkt $\boldsymbol{x}^1$

$$\boldsymbol{x}_\mathrm{c} = (\boldsymbol{x}_\mathrm{c} + \boldsymbol{x}^1)/2.$$

Werden die Grenzen (2) verletzt, dann gehe zu S8.
Ist $f(\boldsymbol{x}_\mathrm{c}) < f(\boldsymbol{x}^l)$, dann setze $\boldsymbol{x}_\mathrm{r} = \boldsymbol{x}_\mathrm{c}$ und gehe zu S9.

S8: Mittelung aller Punkte mit dem bisher besten Punkt:

$$\boldsymbol{x}^i = (\boldsymbol{x}^i + \boldsymbol{x}^1)/2, \qquad i = 2, 3, \ldots, l.$$

Werden die Grenzen (2) verletzt, wird die Mittelung wiederholt.
Berechne die Zielfunktionswerte $f(\boldsymbol{x}^2), \ldots, f(\boldsymbol{x}^l)$.
Gehe zu S10.

S9: Ersetze den bisher schlechtesten Wert $\boldsymbol{x}^l = \boldsymbol{x}_\mathrm{r}$.

S10: Berechne F nach (11).
Ist $F < \varepsilon$, dann ist $\boldsymbol{x}^1$ die Lösung mit $f(\boldsymbol{x}^1)$. Stop.
Sonst gehe zu S1.

Das BASIC-Programm P.5.2 realisiert diesen Algorithmus

Beispiel

Als Optimierungsproblem wird wiederum die Aufgabe aus Abschnitt 4.1.1 gewählt. Diese Aufgabe wird wie in Abschnitt 5.1.1 erst mit unteren und oberen Grenzen behandelt und dann um eine Ungleichung erweitert. Damit soll es möglich sein, das erweiterte Polytopverfahren mit dem einfachen Polytopverfahren (s. 4.1.1) und dem Verfahren der adaptiven Zufallssuche zu vergleichen. Es sei die folgende Funktion zu minimieren

$$f(\boldsymbol{x}) = x_1^4 - 2x_1^3 + x_2^2 + x_1^2x_2^2 - 4x_1x_2 + 3$$

mit

$$-2 \leqq x_i \leqq 8, \quad i = 1, 2.$$

Der Startpunkt ist wie bisher $\boldsymbol{x}^0 = (3, 4)^T$ und die Abbruchschranke $\varepsilon = 10^{-6}$. Als Lösung erhält man nach 67 Zielfunktionswertberechnungen

$$\boldsymbol{x}^1 = \begin{pmatrix} 1.6003257 \\ 0.90605274 \end{pmatrix}$$

mit dem Zielfunktionswert $f(\boldsymbol{x}^1) = -1.5146117$. Im Vergleich zum Verfahren der adaptiven Zufallssuche konnte die Anzahl der notwendigen Zielfunktionswertberechnungen von 124 auf 67 gesenkt werden, wobei ein besserer Funktionswert erreicht werden konnte.

Im weiteren sei die obige Aufgabe betrachtet, erweitert um die Ungleichung

$$4x_1 + 5x_2 \geqq 20.$$

Der Startpunkt ist wiederum $\boldsymbol{x}^0 = (3, 4)^T$ und die Abbruchschranke $\varepsilon = 10^{-6}$. Man erhält nach 50 Funktionswertberechnungen das beschränkte Minimum bei

$$\boldsymbol{x}^1 = \begin{pmatrix} 1.1691231 \\ 3.0648013 \end{pmatrix}$$

mit dem Zielfunktionswert $f(\boldsymbol{x}^1) = 9.5715541$.

Dieses Verfahren kann natürlich auch in gleicher Weise einfach nichtlineare Nebenbedingungen berücksichtigen.

Weiterführende Bemerkungen

Da das erweiterte Polytopverfahren den Anfangspolytop zufällig um den Startpunkt aufbaut, besteht eine hohe Wahrscheinlichkeit, daß die globale Lösung erreicht wird. Neben dieser positiven Eigenschaft erkennt man jedoch, wenn man den Lösungsverlauf analysiert, daß das Verfahren mit Annäherung an das Minimum an Effektivität verliert. Es bietet sich also an, dieses Verfahren mit einem Verfahren mit lokaler Konvergenz zu kombinieren.

Das erweiterte Polytopverfahren wird sehr häufig für die Lösung von ingenieurtechnischen Problemen verwendet. Es ist ein zuverlässiges und robustes Lösungsverfahren für Optimierungsprobleme mit nichtstetigen und nichtdifferenzierbaren Zielfunktionen und Nebenbedingungen.

Numerische Experimente lassen es zweckmäßig erscheinen, die Unzulässigkeit eines Startpunktes im Programm anzuzeigen.

5.2. Die quadratische Optimierung

Für den Fall eines Optimierungsproblems mit quadratischer Zielfunktion und linearen Nebenbedingungen existiert eine ganze Reihe von Verfahren und Programmen. Wir stellen hier das Relaxationsverfahren und ein Verfahren basierend auf der Idee der aktiven Nebenbedingungen vor.

Die Verfahren der quadratischen Optimierung sind auch als Softwarebausteine für Probleme mit allgemein nichtlinearen Zielfunktionen und Nebenbedingungen zu verstehen.

5.2.1. Das Relaxationsverfahren

Grundlagen des Verfahrens

Zur Lösung der quadratischen Optimierungsaufgabe

$$z = \boldsymbol{x}^\mathsf{T}\boldsymbol{C}\boldsymbol{x} + \boldsymbol{p}^\mathsf{T}\boldsymbol{x} + d = \min! \tag{1}$$

bei

$$\boldsymbol{A}\boldsymbol{x} - \boldsymbol{b} \leqq \boldsymbol{0}$$

läßt sich das Relaxationsverfahren von Gauß-Seidel zur Lösung linearer Gleichungssysteme in modifizierter Form anwenden. Diese von Hildreth und d'Esopo beschriebene Vorgehensweise geht von der zu (1) dualen Aufgabe aus. Zu deren Konstruktion betrachtet man die zum Problem (1) gehörende Lagrange-Funktion

$$L(\boldsymbol{x}, \boldsymbol{u}) = \boldsymbol{x}^\mathsf{T}\boldsymbol{C}\boldsymbol{x} + \boldsymbol{p}^\mathsf{T}\boldsymbol{x} + d + \boldsymbol{u}^\mathsf{T}(\boldsymbol{A}\boldsymbol{x} - \boldsymbol{b}). \tag{2}$$

Aus der notwendigen Bedingung für die Existenz des Minimums

$$L_{\boldsymbol{x}} = 2\boldsymbol{C}\boldsymbol{x} + \boldsymbol{p} + \boldsymbol{A}^\mathsf{T}\boldsymbol{u} = \boldsymbol{0}$$

folgt mit

$$\boldsymbol{a} = -\frac{1}{2}\,\boldsymbol{C}^{-1}\boldsymbol{p}$$

$$\boldsymbol{x} = -\frac{1}{2}\,\boldsymbol{C}^{-1}(\boldsymbol{p} + \boldsymbol{A}^\mathsf{T}\boldsymbol{u}) = \boldsymbol{a} - \frac{1}{2}\,\boldsymbol{C}^{-1}\boldsymbol{A}^\mathsf{T}\boldsymbol{u}. \tag{3}$$

Setzt man (3) in (2) ein, so ergibt sich mit

$$\boldsymbol{h} = -\frac{1}{2}\,\boldsymbol{A}\boldsymbol{C}^{-1}\boldsymbol{p} - \boldsymbol{b} = \boldsymbol{A}\boldsymbol{a} - \boldsymbol{b} \tag{4}$$

und

$$\boldsymbol{G} = \frac{1}{4}\,\boldsymbol{A}\boldsymbol{C}^{-1}\boldsymbol{A}^\mathsf{T} \tag{5}$$

das duale Problem

$$\varphi(\boldsymbol{u}) = -\boldsymbol{h}^\mathsf{T}\boldsymbol{u} - \boldsymbol{u}^\mathsf{T}\boldsymbol{G}\boldsymbol{u} + \frac{1}{4}\,\boldsymbol{p}^\mathsf{T}\boldsymbol{C}^{-1}\boldsymbol{p} + d = \min! \tag{6}$$

wobei $\boldsymbol{u} \geqq \boldsymbol{0}$.

Es gilt nun folgende Aussage: $\boldsymbol{x}^*$ *löst* (1) *genau dann, wenn* $\boldsymbol{x}^*$ *gemäß* (3) *mit* $\boldsymbol{u} = \boldsymbol{u}^*$ *gewählt wird, wobei* $\boldsymbol{u}^*$ *eine Lösung von* (6) *darstellt.* Damit genügt es, eine Lösung $\boldsymbol{u}^*$ des dualen Problems zu bestimmen, um mittels (3) auch die Lösung des primalen Problems zu erhalten.

Aufbau des Algorithmus

S0: Wähle $\boldsymbol{u}^0 \in \mathbb{R}_+^m$ und $\varepsilon > 0$. Setze $k = 0$.

S1: Bestimme für $i = 1, \dots, m$ w_i^k und u_i^{k+1} durch die Vorschrift

$$w_i^k = -\frac{1}{g_{ii}}\left(\sum_{j=1}^{i-1} g_{ij}u_j^{k+1} + \sum_{j=i+1}^{m} g_{ij}u_j^k + \frac{h_i}{2}\right),$$

$$u_i^{k+1} = \max\{0, w_i^k\}.$$

S2: Falls $\|\boldsymbol{u}^k - \boldsymbol{u}^{k+1}\| \leqq \varepsilon$ gehe zu S4.
S3: Setze $k = k + 1$, gehe zu S1.
S4: Berechne $\boldsymbol{x}^{k+1} = -\frac{1}{2} \boldsymbol{C}^{-1}(\boldsymbol{p} + \boldsymbol{A}^\mathsf{T}\boldsymbol{u}^{k+1})$. $\boldsymbol{x}^* = \boldsymbol{x}^{k+1}$ ist Lösung. Stop.

Das BASIC-Programm P.5.3 realisiert diesen Algorithmus für Diagonalmatrizen $\boldsymbol{C}$.

Beispiel

Gesucht ist die Lösung der quadratischen Optimierungsaufgabe

$$z = 2x_1^2 + x_2^2 - 48x_1 - 40x_2 = \min!$$

bei

$$\begin{aligned} x_1 + x_2 &\leqq 8, \\ x_1 &\leqq 6, \\ x_1 + 3x_2 &\leqq 18, \\ -x_1 &\leqq 0, \\ -x_2 &\leqq 0. \end{aligned}$$

Als Startnäherung für den Kuhn-Tucker-Punkt

$$\boldsymbol{z}^* = (\boldsymbol{x}^*, \boldsymbol{u}^*)^\mathsf{T} = (4, 4, 32, 0, 0, 0, 0)^\mathsf{T}$$

wurde $\boldsymbol{z}^0 = (4, 0, 0, 0, 0, 0, 0)^\mathsf{T}$ eingegeben.

Nach 8 Iterationen wurde die vorgegebene Genauigkeit $\varepsilon = 10^{-5}$ erreicht, d. h., es war

$$\|\boldsymbol{u}^8 - \boldsymbol{u}^7\| \leqq 10^{-5}.$$

In diesem Fall wurde die exakte Lösung erreicht und der optimale Zielfunktionswert beträgt $f(\boldsymbol{x}) = -304$.

Weiterführende Bemerkungen

Die Relaxationsmethode von Hildreth und d'Esopo stellt eine Modifikation des Verfahrens von Gauß-Seidel dar. Hauptproblem stellt die Dualisierung der Aufgabe (1) in die Aufgabe (6) dar.

Da hierbei die Inversion einer Matrix notwendig ist, sind insbesondere Aufgaben mit Diagonalmatrix $\boldsymbol{C}$ für die Behandlung mit dem Verfahren von Hildreth und d'Esopo geeignet. In praktischen Experimenten hat es sich als zweckmäßig erwiesen, $\boldsymbol{u}^0 = (0, \ldots, 0)^\mathsf{T}$ zu wählen, da gewisse Komponenten von $\boldsymbol{u}^*$ im allgemeinen den Wert Null besitzen.

5.2.2. Methode der aktiven Restriktionen

Grundlagen des Verfahrens

Das Verfahren, auch Verfahren von Fletscher genannt, dient zur Lösung einer streng konvexen quadratischen Optimierungsaufgabe

$$f(\boldsymbol{x}) = \frac{1}{2} \boldsymbol{x}^\mathsf{T}\boldsymbol{C}\boldsymbol{x} + \boldsymbol{p}^\mathsf{T}\boldsymbol{x} = \min! \tag{1}$$

bei

$$Ax - b \leqq 0.$$

Es stellt die Verbindung der Vorschrift zur Lösung quadratischer Optimierungsaufgaben mit Gleichheitsrestriktionen mit einer Aktive-Restriktionen-Strategie dar.

Im k-ten Schritt der Iteration wird unter Verwendung des Iterationspunktes x^k die Indexmenge

$$I_k = \{i: a_i x^k - b_i = 0\} \tag{2}$$

der aktiven Restriktionen bestimmt und die quadratische Optimierungsaufgabe

$$f(x) = \frac{1}{2}\, s^\mathsf{T} C s + (p^k)^\mathsf{T}\, s = \min! \tag{3}$$

bei

$$a_i s = 0, \quad i \in I_k,$$

mit

$$p^k = p + Cx^k$$

gelöst.

Hierzu betrachtet man die Kuhn-Tucker-Bedingungen für die Aufgabe (3): s^k sei Lösung von (3), dann existiert ein u^k derart, daß $(s^k, u^k)^\mathsf{T}$ Lösung des Gleichungssystems

$$\begin{aligned} Cs + A_k{}^\mathsf{T} u &= -p^k, \\ A_k s &= 0 \end{aligned} \tag{4}$$

ist. Hierbei bedeutet $p^k = p + Cx^k$, und A_k ist die Matrix, die aus den Zeilen a_i, $i \in I_k$ rix A besteht. In $(s^k, u^k)^\mathsf{T}$ können nun folgende Situationen auftreten:

1. Die dualen Variablen $u_i^k (i \in I_k)$ sind nichtnegativ und für die Lösung s^k gilt $s^k = 0$. Dann ist x^k Lösung der Aufgabe (1): Die Rechnung ist beendet.
2. Gewisse Werte dualer Variabler u_i^k $(i \in I_k)$ sind negativ. Dann sind die zugehörigen Nebenbedingungen im Lösungspunkt der Aufgabe (1) nicht aktiv. Die Indexmenge I_k muß abgeändert werden.
3. Im Punkt $x^k + s^k$ sind einige Nebenbedingungen der Aufgabe (1) verletzt. Die Indexmenge I_k muß abgeändert werden.

Hieraus ergibt sich folgende Vorgehensweise, die nach endlich vielen Wechseln von I_k eine Lösung der Aufgabe (1) liefert.

Aufbau des Algorithmus

S0: Wähle einen Punkt x^0 mit $Ax^0 - b \leqq 0$ und eine Abbruchschranke $\varepsilon > 0$. Setze $k = 0$.

S1: Bestimme I_k gemäß (2).

S2: Bestimme $\left(s^k, u_i^k\ (i \in I_k)\right)$ als Lösung von (3). Setze $u_i^k = 0$ $(i \notin I_k)$.

S3: Falls $\|s^k\| > \varepsilon$ ist, gehe zu S7.

S4: Ermittle eine Zahl μ_k und einen Index q_k gemäß

$$\mu_k = \min_{i \in I_k} u_i^k = u_{q_k}^k.$$

S5: Falls $\mu_k \geqq 0$, setze $\boldsymbol{x}^* = \boldsymbol{x}^k$. Stop.
S6: Setze $I_{k+1} = I_k \cup \{q_k\}$.
S7: Ermittle eine Zahl β_k und einen Index p_k gemäß

$$\beta_k = \min_{\substack{i \in I_k \\ \boldsymbol{a}_i \boldsymbol{s}^k > 0}} \left(-(\boldsymbol{a}_i \boldsymbol{x}^k - b_i)/\boldsymbol{a}_i \boldsymbol{s}^k\right) = \left(-(\boldsymbol{a}_{p_k} \boldsymbol{x}^k - b_{p_k})/\boldsymbol{a}_{p_k} \boldsymbol{s}^k\right).$$

S8: Bestimme $\alpha_k = \min\{1, \beta_k\}$ und setze

$$\boldsymbol{x}^{k+1} = \boldsymbol{x}^k + \alpha_k \boldsymbol{s}^k.$$

S9: Falls $\alpha_k < 1$, setze $I_{k+1} = I_k \cup \{p_k\}$.
S10: Setze $k = k + 1$ und gehe zu S2.

Das BASIC-Programm P.5.4 realisiert diesen Algorithmus.

Beispiel

Mit dem Verfahren von Fletcher wurde die quadratische Optimierungsaufgabe

$$f(\boldsymbol{x}) = 2x_1^2 + x_2^2 - 48x_1 - 40x_2 = \min!$$

bei

$$\begin{aligned} x_1 + x_2 &\leqq 8, \\ x_1 &\leqq 6, \\ x_1 + 3x_2 &\leqq 18, \\ x_1, x_2 &\geqq 0 \end{aligned}$$

gelöst. Im Optimalpunkt $\boldsymbol{x}^* = (4, 4)^T$ beträgt der Zielfunktionswert $f(\boldsymbol{x}^*) = -304$.

Die Rechnung wurde im Punkt $\boldsymbol{x}^0 = (0, 4)^T$ gestartet und nach viermaligem Wechsel der Menge der aktiven Restriktionen im Optimalpunkt $\boldsymbol{x}^*$ beendet.

Weiterführende Bemerkungen

Die Konvergenz des Fletcher-Verfahrens kann unter der Voraussetzung gezeigt werden, daß ähnlich wie in der linearen Optimierung Entartung hinsichtlich der Restriktionen ausgeschlossen wird.

Der Vorteil der Vorgehensweise besteht in der möglichen effektiven Behandlung der in jedem Schritt auftretenden Aufgabe (3) durch Ausnutzung bereits vorliegender Informationen beim Übergang von einer Indexmenge zu einer anderen.

Aktive-Restriktionen-Strategien, wie sie dem Fletcher-Verfahren zugrunde liegen, haben in den letzten Jahren für linear restringierte Probleme sehr starke Beachtung gefunden. Dabei wurde immer wieder an den dargestellten quadratischen Fall angeknüpft. Damit zusammenhängende Probleme findet man in übersichtlicher Form bei Fletcher [9] sowie bei Gill/Murray [10].

Für den quadratischen Fall werden im erstgenannten Buch insbesondere auf die Behandlung von Problemen mit positiv semidefiniter Matrix $\boldsymbol{C}$ und auf das Vorliegen von Schrankennebenbedingungen eingegangen.

5.3. Ableitungsbehaftete Verfahren

Für nichtlineare restringierte Optimierungsprobleme, für die Stetigkeits- und/oder Differenzierbarkeitsannahmen gelten, werden Verfahren beispielhaft aus mehreren Klassen von Lösungsmethoden dargestellt. Abschnitt 5.3.1 behandelt ein Verfahren, das auf der Idee der schrittweisen linearen Approximation des nichtlinearen Ausgangsproblems beruht. Als erfolgreich hat sich auch die sequentielle quadratische Approximation des Ursprungsproblems erwiesen. Ein entsprechendes Verfahren ist in 5.3.2 dargestellt.

Für große nichtlineare Optimierungsprobleme mit schwachbesetzten linearen oder nichtlinearen Nebenbedingungen hat sich das Vorgehen der verallgemeinerten reduzierten Gradienten als erfolgreich erwiesen. Ein bekanntes Softwarepaket ist MINOS oder MINOS/AUGMENTED (siehe auch [33]). Ein Verfahren dieser Klasse der verallgemeinerten reduzierten Gradienten wird in 5.3.4 behandelt.

Ein Beispiel für die Berücksichtigung von Nebenbedingungen durch Straffunktionen geben wir in 5.3.5.

5.3.1. Schnittebenenverfahren

Grundlagen des Verfahrens

Das Schnittebenenverfahren von Kelley [21] dient zur Lösung der nichtlinearen Optimierungsaufgabe

$$f(\boldsymbol{x}) = \boldsymbol{c}^{\mathsf{T}}\boldsymbol{x} = \min! \tag{1}$$

bei

$$\boldsymbol{x} \in G = \{\boldsymbol{x} \in \mathbb{R}_+^n : \boldsymbol{g}_i(\boldsymbol{x}) \leqq 0,\ i = 1, \ldots, m\},$$

mit konvexen Funktionen $g_i(\boldsymbol{x})$, $i = 1, \ldots, m$.

Es wird davon ausgegangen, daß ein Polyeder P_0 mit $G \subset P_0$ bekannt ist. Im vorliegenden BASIC-Programm ist dies ein Würfel mit der einzugebenden Seitenlänge A:

$$P_0 = \{\boldsymbol{x} \in \mathbb{R}^n : 0 \leqq x_i \leqq A,\ i = 1, \ldots, n\}.$$

Der Grundgedanke des Schnittebenenverfahrens besteht in der Approximation des zulässigen Bereichs mit Hilfe von Tangentialhyperebenen an den Graph der erzeugenden konvexen Funktionen.

Liegt ein Polyeder P_k ($k \geqq 0$) vor, so stellt die Minimierung der Funktion $f(\boldsymbol{x}) = \boldsymbol{c}^{\mathsf{T}}\boldsymbol{x}$ über P_k eine lineare Optimierungsaufgabe dar, welche $\boldsymbol{x}^k$ liefert.

Der in $\boldsymbol{x}^k$ unter Verwendung von $g_{i_k}(\boldsymbol{x})$ mit $g_{i_k}(\boldsymbol{x}^k) = \max\limits_{1 \leqq i \leqq m} g_i(\boldsymbol{x}^k)$ erzeugte Halbraum

$$H_k = \left\{\boldsymbol{x} : g_{i_k}(\boldsymbol{x}^k) + \left(\nabla g_{i_k}(\boldsymbol{x}^k)\right)^{\mathsf{T}} (\boldsymbol{x} - \boldsymbol{x}^k) \leqq 0\right\}$$

wird mit P_k geschnitten, und wir erhalten P_{k+1}. Die so entstehende Folge von Polyedern $\{P_k\}$ besitzt die Eigenschaft,

$$P_0 \supset P_1 \cdots \supset P_k \supset P_{k+1} \supset G,$$

woraus sich für die Folge von Näherungslösungen $\{\boldsymbol{x}^k\}$

$$\boldsymbol{c}^{\mathsf{T}}\boldsymbol{x}^k \leqq \boldsymbol{c}^{\mathsf{T}}\boldsymbol{x}^{k+1} \leqq \boldsymbol{c}^{\mathsf{T}}\boldsymbol{x}^*$$

ergibt. Da außerdem für den Fall, daß $\boldsymbol{x}^k$ keine Lösung der Aufgabe (1) ist, $\boldsymbol{x}^k \notin G$ gilt, ergibt sich $\boldsymbol{x}^k \notin H_k$ und damit $\boldsymbol{x}^k \notin P_{k+1}$. Diese Tatsache wird beim Beweis der Aussage ausgenutzt, daß für $\boldsymbol{x}^k \notin G \;\forall\; k$ jeder Häufungspunkt von $\{\boldsymbol{x}^k\}$ Lösung der Aufgabe (1) ist.

Das Prinzip des Verfahrens ist aus Abb. 14 ersichtlich.

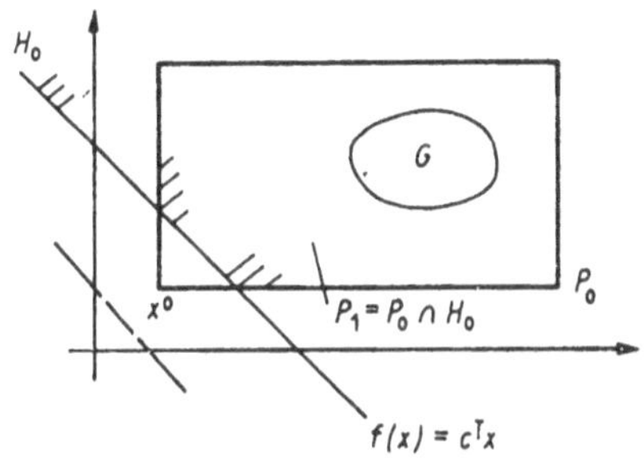

Abb. 14. Prinzip des Schnittebenenverfahrens

Aufbau des Algorithmus

S0: Wähle $A > 0$ und $\varepsilon > 0$.
Setze $P_0 = \{\boldsymbol{x} \in \mathbb{R}^n : 0 \leqq x_i \leqq A,\ i = 1, \ldots, n\}$ und $k = 0$.

S1: Berechne $\boldsymbol{x}^k$ als eine Lösung der linearen Optimierungsaufgabe

$$f(\boldsymbol{x}) = \boldsymbol{c}^{\mathrm{T}}\boldsymbol{x} = \min!$$

bei $\boldsymbol{x} \in P_k$.

S2: Ermittle μ_k und i_k gemäß

$$\mu_k = \max_{1 \leqq i \leqq m} g_i(\boldsymbol{x}^k) = g_{i_k}(\boldsymbol{x}^k).$$

S3: Falls $\mu_k \leqq \varepsilon$ ist, setze $\boldsymbol{x}^* = \boldsymbol{x}^k$. Stop.

S4: Bestimme

$$H_k = \{\boldsymbol{x} : g_{i_k}(\boldsymbol{x}^k) + \left(\nabla g_{i_k}(\boldsymbol{x}^k)\right)^{\mathrm{T}} (\boldsymbol{x} - \boldsymbol{x}^k) \leqq 0\}$$

und

$$P_{k+1} = P_k \cap H_k.$$

Setze $k = k + 1$ und gehe zu S1.

Das BASIC-Programm P.4.5 realisiert den vorgestellten Algorithmus.

Beispiel

Gesucht ist die Lösung der nichtlinearen Optimierungsaufgabe

$$f(\boldsymbol{x}) = -x_1 - x_2 = \min!$$

bei

$$g(\boldsymbol{x}) = (x_1 - 2)^2 + (x_2 - 2)^2 - 1 \leqq 0, \quad \boldsymbol{x} \geqq \boldsymbol{0}.$$

Die Koeffizienten der Zielfunktion werden als Eingangsgrößen eingegeben. Ebenso die Schranken für das Anfangspolyeder

$$P_0 = \{x : 0 \leqq x_k \leqq 10,\ k = 1, 2\}.$$

Die Rechnung wird beendet, falls

$$\max_{1 \leqq i \leqq m} g_i(x) \leqq \varepsilon$$

oder die maximale Iterationszahl erreicht ist.

Mit einer vorgegebenen Genauigkeit von $\varepsilon = 0.001$ wurde nach 17 Iterationen die Näherung

$$x^{17} = \begin{pmatrix} 2.71361 \\ 2.70111 \end{pmatrix}$$

mit dem Zielfunktionswert $f(x^{17}) = -5.41472$ erreicht. Die exakte Optimallösung ist

$$x^* = \begin{pmatrix} 2.707107 \\ 2.707107 \end{pmatrix}$$

mit dem Zielfunktionswert $f(x^*) = -5.414214$.

Weiterführende Bemerkungen

Liegt eine Optimierungsaufgabe mit nichtlinearer Zielfunktion $f(x)$ vor, so kann man durch die Transformation

$$x_{n+1} = \min!$$
$$f(x) - x_{n+1} \leqq 0, \quad x \in G$$

ein Problem der Gestalt (1) erhalten.

Die entstehende lineare Optimierungsaufgabe (2) kann in Abänderung des vorliegenden BASIC-Programms mit dem dual-revidierten Simplexverfahren gelöst werden. Hieraus ergibt sich der Vorteil, das Hinzufügen einer neuen Restriktion ohne Komplikationen realisieren zu können.

Die Konstruktion eines Polyeders P_0 und das Weglassen von linearen Restriktionen wird bei Richter [39] erörtert. Auf eine Realisierung der darin enthaltenen Vorschläge im vorliegenden BASIC-Programm wurde aus Platzgründen verzichtet. Die Modifikationen für die Wahl des Linearisierungspunktes nach Kleibohm [24], Topkis [48] und anderen Autoren bringen in praktischen Tests keine Steigerung der Effektivität. Theoretisch kann höchstens lineare Konvergenz des Verfahrens erwartet werden.

5.3.2. Das Verfahren der sequentiellen quadratischen Approximation

Grundlagen des Verfahrens

Das Wilson-Verfahren dient zur Bestimmung eines Kuhn-Tucker-Punktes $z^* = (u^*, x^*)^T$ der nichtlinearen Optimierungsaufgabe

$$f(x) = \min! \tag{1}$$

bei

$$x \in \mathbb{R}^n, \quad g_i(x) \leqq 0, \quad i = 1, \ldots, m.$$

Ein solcher Punkt ist dadurch gekennzeichnet, daß für ihn die folgenden Gleichungen und Ungleichungen erfüllt sind (*Kuhn-Tucker-Bedingungen*):

$$\begin{aligned} &L_x(x^*, u^*) = 0, \quad g_i(x^*) \leqq 0, \quad i = 1, \dots, m, \\ &u_i^* g_i(x^*) = 0, \quad i = 1, \dots, m, \quad u_i^* \geqq 0, \quad i = 1, \dots, m, \end{aligned} \tag{2}$$

wobei $L(x, u) = f(x) + \sum_{i=1}^{m} u_i g_i(x)$ die zu (1) gehörende Lagrange-Funktion ist.

Das System (2) stellt notwendige Optimalitätsbedingungen für die Aufgabe (1) dar, d. h., es gilt:

Ist x^* Lösung der Aufgabe (1), existiert ein Vektor $u^* \in \mathbb{R}^m$, so daß $z^* = (x^*, u^*)^\mathsf{T}$ den Beziehungen (2) genügt. Eine Linearisierung der nichtlinearen Funktionen in (2) in der vorliegenden Näherung $z^k = (x^k, u^k)^\mathsf{T}$ eines Kuhn-Tucker-Punktes $z^* = (x^*, u^*)^\mathsf{T}$ führt auf notwendige Optimalitätsbedingungen für die folgende quadratische Optimierungsaufgabe:

$$\left(\nabla f(x^k)\right)^\mathsf{T} (x - x^k) + \frac{1}{2} (x - x^k)^\mathsf{T} L_{xx}(x^k, u^k) (x - x^k) = \min! \tag{3}$$

bei

$$g_i(x^k) + \left(\nabla g_i(x^k)\right)^\mathsf{T} (x - x^k) \leqq 0, \quad i = 1, \dots, m.$$

Unter Verwendung eines Kuhn-Tucker-Punktes $w^k = (y^k, v^k)^\mathsf{T}$ von (3) bestimmt man $z^{k+1} = (x^{k+1}, u^{k+1})^\mathsf{T}$. Im vorliegenden BASIC-Programm P.5.6 erfolgt dies gemäß

$$z^{k+1} = w^k.$$

Dann wiederholt man die Linearisierung.

Zur Lösung des quadratischen Teilproblems (3) steht das im Buch BASIC-Programm P.5.4 des Verfahrens von Fletcher zur Verfügung.

Das Wilson-Verfahren hat sich als eine sehr leistungsfähige Methode zur Lösung nichtlinearer Optimierungsaufgaben erwiesen. Aus der Interpretation als Newton-Verfahren zur Bestimmung einer Lösung von (3) resultiert die lokale quadratische Konvergenz des Verfahrens (vgl. Robinson [42], [43]).

Aufbau des Algorithmus

S0: Wähle einen Punkt $z^0 = (x^0, u^0)^\mathsf{T} \in \mathbb{R}^n \times \mathbb{R}_+^m$ sowie eine Abbruchschranke $\varepsilon > 0$.

S1: Bestimme $w^k = (y^k, v^k)^\mathsf{T}$ als Kuhn-Tucker-Punkt der quadratischen Optimierungsaufgabe

$$\left(\nabla f(x^k)\right)^\mathsf{T} (x - x^k) + \frac{1}{2} (x - x^k)^\mathsf{T} L_{xx}(x^k, u^k) (x - x^k) = \min!$$

bei

$$g_i(x^k) + \left(\nabla g_i(x^k)\right)^\mathsf{T} (x - x^k) \leqq 0, \quad i = 1, \dots, m.$$

S2: Falls $\|w^k - z^k\| \leqq \varepsilon$ ist, setze $z^* = w^k$. Stop.

S3: Setze $z^{k+1} = w^k$, $k = k + 1$ und gehe zu S1.

Das BASIC-Programm P.5.6 realisiert diesen Algorithmus.

Beispiel

Gesucht ist das Minimum der Funktion

$$f(x) = (x_1 - 4)^2 + (x_2 - 4)^2$$

unter der Nebenbedingung

$$g(\boldsymbol{x}) = x_1^2 + x_2^2 - 1 \leqq 0 .$$

Mit dem Startpunkt $\boldsymbol{z}^0 = (\boldsymbol{x}^0, \boldsymbol{u}^0)^T = (1, 1, 1)^T$ wurde nach 4 Iterationsschritten die Näherung $\boldsymbol{z}^4 = (\boldsymbol{x}^4, \boldsymbol{u}^4)^T = (0.707107, 0.707107, 4.66487)^T$ erreicht. Der Zielfunktionswert beträgt

$$f(\boldsymbol{x}^4) = 21.6863 .$$

Die exakte Lösung der Aufgabe ist der Punkt

$$\boldsymbol{x}^* = \begin{pmatrix} 0.707107 \\ 0.707107 \end{pmatrix}$$

mit dem minimalen Zielfunktionswert

$$f(\boldsymbol{x}^*) = 21.6863 .$$

Weiterführende Bemerkungen

Eine ganze Reihe von Arbeiten zum Wilson-Verfahren beschäftigen sich mit der Approximation der Hesse-Matrix der Lagrange-Funktion ([16, 25, 41, 46]).
Die vorgeschlagenen Modifikationen beinhalten Rang-Eins-Aufdatierungen bzw. konsistente Approximationen. Sie können durch geringfügige Änderungen des vorliegenden BASIC-Programms realisiert werden (vgl. Abschnitt 4.2.4 und 4.2.5).

Die lokal überlineare Konvergenz des Verfahrens bleibt erhalten. Die Konvergenz von einem beliebigen Startpunkt aus kann durch eine Globalisierungsvorschrift erreicht werden. Eine einfache Möglichkeit hierzu bietet die Dämpfung in Fortschreitungsrichtung. S2 des Verfahrens wird so abgeändert, daß als Iterierte $\boldsymbol{z}^{k+1}$ ein Punkt gewählt wird, welcher auf der Verbindungsgeraden zwischen $\boldsymbol{z}^k$ und $\boldsymbol{w}^k$ liegt. In ihm muß ein Bewertungsfunktional, z. B.

$$F(\boldsymbol{z}) = \|L_x\|^2 + \sum g_i^+(\boldsymbol{x})^2 + |\boldsymbol{x}^T g(\boldsymbol{x})|$$

hinreichend starken Abstieg gegenüber $\boldsymbol{z}^k$ aufweisen.
S2 geht damit über in

S2': $\quad \boldsymbol{z}^{k+1} = \boldsymbol{z}^k + \lambda_k(\boldsymbol{w}^k - \boldsymbol{z}^k)$

mit $\lambda_k = \operatorname*{argmin}_{0 \leqq \lambda \leqq 1} F\big(\boldsymbol{z}^k + \lambda(\boldsymbol{w}^k - \boldsymbol{z}^k)\big)$.
Die Einbeziehung in das Programm kann durch Einfügen des BASIC-Programms zur Methode des Goldenen Schnittes als Unterprogramm in das BASIC-Programm zum Wilson-Verfahren erfolgen.

Andere Globalisierungsmöglichkeiten, wie

- Einbettungsverfahren
- hybride Verfahren
- Regularisierungsvarianten,

welche auf das Wilson-Verfahren zurückgreifen, sind in den vergangenen Jahren erfolgreich auf Großrechnern erprobt worden. Weiterführende Informationen hierzu findet man in [5], [27], [28] und [46].

In der Endphase des Wilson-Verfahrens bleibt unter bestimmten Bedingungen die Menge der aktiven Restriktionen der quadratischen Teilprobleme konstant. Sie stimmt dann mit der Menge der aktiven Restriktionen im Optimalpunkt überein. Hieraus resultiert die Möglichkeit, lokal nur noch quadratische Optimierungsaufgaben mit Gleichungsrestriktionen zu betrachten.

Dies führt auf die Behandlung von Gleichungssystemen in der Endphase der Rechnung. Diese bei Best/Bräuninger/Ritter/Robinson [2] bzw. bei Kleinmichel/Richter/Schönefeld [28] diskutierte Vorgehensweise kann hier nicht ausführlicher beschrieben werden.

5.3.3. Erweitertes Newton-Verfahren

Grundlagen des Verfahrens

Bei dem in diesem Abschnitt vorgeschlagenen Verfahren zur Lösung der Aufgabe

$$f(\boldsymbol{x}) = \min! \tag{1}$$

bei

$$g_i(\boldsymbol{x}) \leqq 0, \quad i = 1, \dots, m,$$

geht man ebenfalls (vgl. 5.3.2) von den Kuhn-Tucker-Bedingungen aus. Ein Teil dieses Systems von Gleichungen und Ungleichungen

$$L_x(\boldsymbol{x}, \boldsymbol{u}) = \nabla f(\boldsymbol{x}) + \sum_{i=1}^{m} u_i \nabla g_i(\boldsymbol{x}) = 0, \tag{2}$$

$$u_i \geqq 0, \quad g_i(\boldsymbol{x}) \leqq 0, \quad u_i g_i(\boldsymbol{x}) = 0$$

wird durch Einführung von Schlupfvariablen $\boldsymbol{t} = (t_1, \dots, t_m)^{\mathsf{T}}$ in ein nichtlineares Gleichungssystem verwandelt:

$$f(\boldsymbol{x}) + \sum_{i=1}^{m} u_i g_i(\boldsymbol{x}) = 0, \tag{3}$$

$$g_i(\boldsymbol{x}) + t_i = 0, \quad i = 1, \dots, m,$$

$$u_i t_i = 0, \quad i = 1, \dots, m.$$

Bei der Behandlung von (3) ist dann „nur“ darauf zu achten, daß lediglich Lösungen interessieren, welche den zusätzlichen Bedingungen $u_i \geqq 0$, $i = 1, \dots, m$, und $t_i \geqq 0$, $i = 1, \dots, m$, genügen.

Hierfür wird das Newton-Verfahren zur Lösung von (3) gerade so modifiziert, daß ausgehend von positiven Startwerten u_i^0, $i = 1, \dots, m$, und t_i^0, $i = 1, \dots, m$, die Nichtnegativitätsbedingung erhalten bleibt.

Unter den Standardvoraussetzungen

a) die Vektoren $\nabla g_i(\boldsymbol{x})$ sind linear unabhängig für $i \in I$ (Regularitätsbedingung),
b) aus $u_i > 0$ folgt $t_i = 0$ (strenge Komplementaritätsbedingung),
c) $\boldsymbol{y}^{\mathsf{T}} L_{xx}(\boldsymbol{x}^*, \boldsymbol{u}^*) \, \boldsymbol{y} > 0$ für $\boldsymbol{y} \neq \boldsymbol{0}$ mit $\boldsymbol{y}^{\mathsf{T}} \nabla g_i(\boldsymbol{x}) = 0$ $(i \in I)$, (hinreichende Kuhn-Tucker-Bedingung 2. Ordnung)

erreicht man lokal quadratische Konvergenz, d. h., bei hinreichend nahe an $(\boldsymbol{x}^*, \boldsymbol{u}^*, \boldsymbol{t}^*)^{\mathsf{T}}$

gelegenen Startpunkten $(\boldsymbol{x}^0, \boldsymbol{u}^0, \boldsymbol{t}^0)^\mathrm{T}$ besitzt die erzeugte Folge von Iterierten $\{\boldsymbol{z}^k\} = \{(\boldsymbol{x}^k, \boldsymbol{u}^k)^\mathrm{T}\}$ die Eigenschaft, daß

$$\|\boldsymbol{z}^{k+1} - \boldsymbol{z}^*\| \leqq C \, \|\boldsymbol{z}^k - \boldsymbol{z}^*\|^2$$

gilt.

Aufbau des Algorithmus

S0: Wähle $\varepsilon > 0$ und Startvektoren $\boldsymbol{x}^0$, $u_i^0 > 0$, $t_i^0 > 0$, $i = 1, \ldots, m$. Setze $k = 0$.

S1: Setze $I_k = \{i \in \{1, \ldots, m\} : u_i^k > \varepsilon\}$.
Bestimme $\mathbf{s}^k$, $\boldsymbol{p}^k = (p_i^k)$ mit $i \in I_k$ als Lösung von

$$\begin{bmatrix} \boldsymbol{H}_k & \boldsymbol{A}_k \\ \boldsymbol{A}_k^\mathrm{T} & -\boldsymbol{D}_k m \end{bmatrix} \begin{bmatrix} \mathbf{s} \\ \boldsymbol{p} \end{bmatrix} + \begin{bmatrix} L_x(\boldsymbol{x}^k, \boldsymbol{u}^k) \\ \bar{\boldsymbol{g}}^k \end{bmatrix} = 0,$$

wobei $\boldsymbol{H}_k = H(\boldsymbol{x}^k, \boldsymbol{u}^k) = L_{xx}(\boldsymbol{x}^k, \boldsymbol{u}^k)$ ist und die Matrix $\boldsymbol{A}_k$ die Gradienten der Restriktionen enthält, deren Indizes i zu I_k gehören:

$$\boldsymbol{A}_k = \left(\cdots \; \nabla g_i(\boldsymbol{x}^k) \; \cdots \right).$$

Außerdem ist hierbei

$$\bar{g}_i^k = \left(g_i(\boldsymbol{x}^k) - t_i^k \right) \quad (i \in I_k),$$

$$\boldsymbol{D}_k = \operatorname{diag}(\bar{\boldsymbol{t}}^k)$$

wobei die Komponenten von $\bar{\boldsymbol{t}}^k$ berechnet werden aus $\bar{t}_i^k = t_i^k / u_i^k$ $(i \in I_k)$.

S2: Falls $\|\mathbf{s}^k\| \leqq \varepsilon$, ist setze $\boldsymbol{x}^* = \boldsymbol{x}^k$. Stop.

S3: Setze $\boldsymbol{x}^{k+1} = \boldsymbol{x}^k + \mathbf{s}^k$ und für $i \in I_k$:

$$u_i^{k+1} = u_i^k \left(1 + \frac{p_i^k}{2u_i^k}\right)^2, \quad t_i^{k+1} = t_i^k \left(\frac{p_i^k}{2u_i^k}\right)^2.$$

S4: Setze für $i \notin I_k$:

$$q_i^k = -[\nabla g_i(\boldsymbol{x}^k)^\mathrm{T} \, \mathbf{s}^k + g_i(\boldsymbol{x}^k) + t_i^k]$$

und

$$u_i^{k+1} = u_i^k \left(\frac{q_i^k}{2t_i^k}\right)^2, \quad t_i^{k+1} = t_i^k \left(1 + \frac{q_i^k}{2t_i^k}\right)^2.$$

S5: Setze $k = k + 1$ und gehe zu S1.

Das BASIC-Programm P.5.7 realisiert diesen Algorithmus.

Beispiel

Mit dem erweiterten Newton-Verfahren wurde eine Näherungslösung für einen Kuhn-Tucker-Punkt des Rosen-Suzuki-Problems

$$f(\boldsymbol{x}) = x_1^2 + x_2^2 + 2x_3^2 + x_4^2 - 5x_1 - 5x_2 - 21x_3 + 7x_4 = \min!$$

bei

$$g_1(\boldsymbol{x}) = x_1^2 + x_2^2 + x_3^2 + x_4^2 + x_1 - x_2 + x_3 - x_4 - 8 \leqq 0,$$

$$g_2(\boldsymbol{x}) = x_1^2 + x_2^2 + x_3^2 + 2x_4^2 - x_1 - x_2 - x_4 - 10 \leqq 0,$$

$$g_3(\boldsymbol{x}) = 2x_1^2 + x_2^2 + x_3^2 + 2x_1 - x_2 - x_4 - 5 \leqq 0$$

ermittelt. Der exakte Lösungspunkt ist $x^* = (0, 1, 2, -1)^T$; der Vektor der zugehörigen dualen Variablen lautet $u^* = (1, 0, 2)^T$. Die Zielfunktion besitzt in x^* den Wert $f(x^*) = -44.0$ Begonnen wurde die Rechnung im Punkt

$$(x^0, u^0, t^0)^T = (0, 0, 0, 0, 1, 1, 1, 1, 1, 1)^T$$

und nach 9 Iterationen mit der exakten Lösung beendet. Dabei war $\varepsilon = 10^{-4}$.

Weiterführende Bemerkungen

Die Transformation von Optimierungsaufgaben in nichtlineare Gleichungssysteme durch das Einführen von Schlupfvariablen ist seit längerer Zeit bekannt (vgl. z. B. [8]).

Die hier gewählte Möglichkeit ist wegen der Steuerung der Komponenten des Vektors t bemerkenswert. Sie wurde in [26] publiziert, wo man auch Teile der angegebenen Implementierung wiederfindet.

Außerdem ist bemerkenswert, daß sich das erweiterte Newton-Verfahren zur Optimierung als eine Kombination von Aktive-Restriktionen-Strategie und Regularisierungsmethode interpretieren läßt. Da auf beiden Gebieten in letzter Zeit eine ganze Reihe von Publikationen erschienen sind, ist mit einer beachtenswerten Weiterentwicklung der dargestellten Vorgehensweise zu rechnen. Interessierende Fragen sind hierbei die Abschwächung der Konvergenzvoraussetzungen und die Globalisierung des Verfahrens.

5.3.4. Verfahren der verallgemeinerten reduzierten Gradienten

Grundlagen des Verfahrens

Das Verfahren der reduzierten Gradienten dient zur Lösung der Aufgabe

$$f(x) = \min!$$

bei

$$g_i(x) \leqq 0. \tag{1}$$

Es verwendet zwei Grundideen, welche für linear restringierte Aufgaben sehr effektiv ausgenutzt werden konnten:

- Strategie der aktiven Restriktionen und
- Optimierung in Unterräumen

und berücksichtigt den nichtlinearen Charakter der Nebenbedingungen in (1).

Geht man von der linearen Optimierungsaufgabe

$$f(x) = \min! \tag{2}$$

bei

$$Ax \leqq b$$

aus, so kann man (2) dadurch lösen, daß nacheinander Probleme mit Gleichungsnebenbedingungen behandelt werden:

$$f(x) = \min! \tag{3}$$

bei

$$a_i x = b_i, \quad i \in I_k.$$

Die Nebenbedingungen in (3) werden als Schätzung der im Optimalpunkt aktiven angesehen und nach Lösung von (3) geändert, falls

a) für die dualen Variablen u_i die Bedingung $u_i \geqq 0$ $(i \in I_k)$ nicht erfüllt ist oder
b) die Nebenbedingungen $\boldsymbol{a}_i\boldsymbol{x} \leqq b_i$ $(i \notin I_k)$ verletzt sind.

Zur Lösung von (3) betrachtet man das System von Nebenbedingungen

$$\boldsymbol{a}_i\boldsymbol{x} = b_i \quad (i \in I_k). \tag{4}$$

Eine verallgemeinerte Elimination von Variablen aus dem System (4) besteht darin, daß Matrizen $\boldsymbol{S}$ und $\boldsymbol{Z}$ mit den Eigenschaften $\boldsymbol{AS} = \boldsymbol{I}$, $\boldsymbol{AZ} = \boldsymbol{0}$ konstruiert werden. Eine spezielle Lösung von (4) kann dann durch

$$\boldsymbol{x} = \boldsymbol{Sb}$$

beschrieben werden. Alle Punkte $\boldsymbol{x} = \boldsymbol{Sb} + \boldsymbol{\delta}$ mit $\boldsymbol{A\delta} = \boldsymbol{0}$ genügen darüber hinaus ebenfalls den Nebenbedingungen (4). Unter Verwendung der Darstellung von

$$\boldsymbol{\delta} = \boldsymbol{Zy}$$

wird im Unterraum der reduzierten Variablen $\boldsymbol{y}$ ohne Nebenbedingungen gerechnet.

Stellt man $\boldsymbol{x}^k$ einen zulässigen Punkt bezüglich der Nebenbedingungen in (3) dar, so ist der Vektor

$$\boldsymbol{x} = \boldsymbol{x}^k + \boldsymbol{Zy} \tag{5}$$

ebenfalls zulässig. Als äquivalente Aufgabe zu (3) ergibt sich hieraus das reduzierte Problem

$$\varphi(\boldsymbol{y}) = f(\boldsymbol{x}^k + \boldsymbol{Zy}) = \min! \tag{6}$$

Unter Verwendung des „reduzierten Gradienten"

$$\nabla_y\varphi(\boldsymbol{y}) = \boldsymbol{Z}^\mathrm{T}\, \nabla_x f(\boldsymbol{x})$$

bzw. der „reduzierten Hesse-Matrix"

$$\nabla^2{}_y\varphi(\boldsymbol{y}) = \boldsymbol{Z}^\mathrm{T}\, \nabla^2{}_x f(\boldsymbol{x})\, \boldsymbol{Z}$$

bestimmt man die Abstiegsrichtung $\boldsymbol{s}^k$ durch einen Iterationsschritt des gewählten Verfahrens der unrestringierten Minimierung zur Lösung der Aufgabe (6) und anschließende Transformation gemäß (5).

Die Übertragung der angegebenen Vorgehensweise auf Optimierungsaufgaben mit nichtlinearen Ungleichungsnebenbedingungen erfordert neben der Angabe einer Aktive-Restriktionen-Strategie noch Überlegungen hinsichtlich der Zulässigkeit der Fortschreitungsrichtung.

Bewegt man sich in der Mannigfaltigkeit, welche durch die Tangentialhyperebenen im aktuellen Iterationspunkt aktiven Restriktionen erzeugt werden, verläßt man im allgemeinen den zulässigen Bereich. Einen Ausweg bietet die Modifikation der Suchrichtung, wie sie im folgenden Verfahren realisiert wird. Es wird davon ausgegangen, daß es im Punkt $\boldsymbol{x}^k$ höchstens n aktive Restriktionen gibt:

$$g_i(\boldsymbol{x}^k) = 0, \quad i = h^k{}_1, \ldots, h^k_{i_k}; \quad i_k \leqq n.$$

In Abhängigkeit vom Verhalten der Nebenbedingungen im zulässigen Punkt $\boldsymbol{x}^k$ werden die Indizes der Restriktionen g_i, $i = 1, \ldots, m$, in zwei Mengen aufgeteilt. Die Menge $\hat{Z}_k$ umfaßt n Elemente, darunter $\{h_1{}^k, \ldots, h_{i_k}^k\}$. Die Indexmenge $\tilde{Z}_k$ stellt gerade das Komplement zu $\hat{Z}_k{}^k$ dar: $\tilde{Z}_k = \{1, \ldots, m\} \setminus \hat{Z}_k$. Da $m > n$ vorausgesetzt wird, ist $\tilde{Z}_k$ nichtleer.

Die Gradienten der Restriktionen, deren Indizes in $\hat{Z}_k$ enthalten sind, werden zu einer $n \times n$-Matrix $\hat{\boldsymbol{A}}(\boldsymbol{x}^k)$ zusammengefaßt. Aus $\hat{\boldsymbol{A}}(\boldsymbol{x}^k)$ und dem Gradienten der Zielfunktion wird ein Vektor $\boldsymbol{v}^k = (v_1{}^k, \ldots, v_n{}^k)^\mathsf{T}$ nach folgender Vorschrift bestimmt:

$$\boldsymbol{v}^k = -\left(\hat{\boldsymbol{A}}(\boldsymbol{x}^k)^{-1}\right)^\mathsf{T} \nabla f(\boldsymbol{x}^k). \tag{7}$$

Falls $\boldsymbol{x}^k$ nicht optimal ist, wird ein Vektor $\boldsymbol{y}^k = (y_1{}^k, \ldots, y_n{}^k)^\mathsf{T}$ aus $\boldsymbol{v}^k$ gemäß

$$y_i{}^k = \begin{cases} 0, & \text{falls } i \in I_{\varepsilon_k}^k = \{i \in I\colon -\varepsilon_k \leqq g_i(\boldsymbol{x}^k) \leqq 0,\ v_i{}^k \geqq -\varepsilon_k\} \\ -v_i{}^k & \text{sonst} \end{cases}$$

gebildet, der schließlich dazu dient, die Abstiegsrichtung $\hat{\mathbf{s}}^k = (s_1{}^k, \ldots, s_N{}^k)^\mathsf{T}$ durch $\hat{\mathbf{s}}^k = \hat{\boldsymbol{A}}(\boldsymbol{x}^k)^{-1} \boldsymbol{y}^k$ festzulegen. Danach erfolgt die Wahl von λ_k gemäß

$$f(\boldsymbol{x}^k + \lambda_k \hat{\mathbf{s}}^k) = \min_{\boldsymbol{x}^k + \lambda \hat{\mathbf{s}}^k \in G} f(\boldsymbol{x}^k + \lambda \mathbf{s}^k) + \varepsilon_k. \tag{9}$$

Anschließend setzt man

$$\boldsymbol{x}^{k+1} = \boldsymbol{x}^k + \lambda_k \hat{\mathbf{s}}^k.$$

Außerdem sind die Indexmengen $\hat{Z}_{k+1}$ und $\tilde{Z}_{k+1}$ in Abhängigkeit von $\boldsymbol{x}^{k+1}$ neu zu bestimmen und der Algorithmus wird durch Erhöhung von k fortgesetzt.

Aufbau des Algorithmus

S0: Wähle $\boldsymbol{x}^0 \in G$ derart, daß für höchstens n Restriktionen $g_i(\boldsymbol{x})$, $i = h_1{}^0, \ldots, h_{i_0}^0$, $i_0 \leqq n$ gilt: $g_i(\boldsymbol{x}^0) = 0$. Bestimme die Indexmengen $\hat{Z}_0$ und $\tilde{Z}_0$ mit den definierenden Eigenschaften

(i) $\operatorname{card} \hat{Z}_0 = n$,

(ii) $\{h_1{}^0, \ldots, h_{i_0}^0\} \subset \hat{Z}_0$,

(iii) $\tilde{Z}_0 = \{1, \ldots, m\} \setminus \hat{Z}_0$.

Wähle eine Abbruchschranke $\varepsilon_0 > 0$ und setze $k = 0$.

S1: Berechne

$$\hat{\boldsymbol{A}}(\boldsymbol{x}^k)^{-1} = \left(\left(\nabla g_{h_1{}^k}(\boldsymbol{x}^k), \ldots, \nabla g_{h_n{}^k}(\boldsymbol{x}^k)\right)^\mathsf{T}\right)^{-1}$$

S2: Bestimme den Vektor $\boldsymbol{v}^k$ aller Elemente $v_i{}^k$, deren Indizes zu $\hat{Z}_k$ gehören gemäß

$$\boldsymbol{v}^k = -\left(\hat{\boldsymbol{A}}(\boldsymbol{x}^k)^{-1}\right)^\mathsf{T} \nabla f(\boldsymbol{x}^k).$$

Bestimmung der Abstiegsrichtung:

S3: Bestimme

$$H(\boldsymbol{x}^k) = \{i \in \hat{Z}_k\colon g_i(\boldsymbol{x}^k) < 0 \quad \text{oder } v_i{}^k < 0\}$$

und

$$H(\boldsymbol{x}^k, \varepsilon_k) = \{i \in \hat{Z}_k\colon g_i(\boldsymbol{x}^k) < -\varepsilon_k \text{ oder } v_i{}^k < -\varepsilon_k\}.$$

S4: Ist $H(\boldsymbol{x}^k) = \emptyset$, so setze $\boldsymbol{x}^* = \boldsymbol{x}^k$. Stop.
S5: Ist $H(\boldsymbol{x}^k, \varepsilon_k) = \emptyset$, so setze $\varepsilon_{k+1} = \varepsilon_k/2$. Gehe zu S3.
S6: Setze $y_i^k = -v_i^k$ falls $i \in H(\boldsymbol{x}^k, \varepsilon_k)$.
S7: Berechne $c_k = \sum_{i \in H(\boldsymbol{x}^k, \varepsilon_k)} (y_i^k)^2$.
S8: Falls

$$c_k \begin{cases} \geqq \varepsilon_k \text{ ist, setze } \varepsilon_{k+1} = \varepsilon_k. \text{ Gehe zu S9.} \\ \in (0, \varepsilon_k) \text{ ist, setze } \varepsilon_{k+1} = \varepsilon_k/2. \text{ Gehe zu S3.} \\ = 0 \text{ ist und } H(\boldsymbol{x}^k, \varepsilon_k) = H(\boldsymbol{x}^k). \text{ Setze } \boldsymbol{x}^* = \boldsymbol{x}^k. \text{ Stop.} \end{cases}$$

S9: Berechne

$$d_k = \sum_{i \notin H(\boldsymbol{x}^k, \varepsilon_k)} v_i^k,$$

und bestimme den Vektor $\boldsymbol{u}^k$ aller Elemente u_i^k, deren Indizes zu $\hat{\boldsymbol{Z}}_k$ gehören, gemäß der Vorschrift

$$u_i^k = \begin{cases} c_k/2, & \text{falls } d_k \leqq 1 \text{ und } i \notin H(\boldsymbol{x}^k, \varepsilon_k), \\ c_k/2d_k, & \text{falls } d_k > 1 \text{ und } i \notin H(\boldsymbol{x}^k, \varepsilon_k), \\ y_i^k, & \text{falls } i \in H(\boldsymbol{x}^k, \varepsilon_k). \end{cases}$$

S10: Berechne $\hat{\mathbf{s}}^k$ durch

$$\hat{\mathbf{s}}^k = -\boldsymbol{A}(\boldsymbol{x}^k)^{-1} \boldsymbol{u}^k.$$

Bestimmung der Schrittweite:

S11: Bestimme die Zahl μ_k als größte Zahl, für welche gilt: Alle Punkte $\boldsymbol{x} = \boldsymbol{x}^k + \mu\hat{\mathbf{s}}^k$, $\mu \in (0, \mu_k)$, erfüllen die Nebenbedingungen g_i in der Form $g_i(\boldsymbol{x}) < 0$.
Falls eine solche Zahl nicht existiert, setze $\mu_k = +\infty$.
S12: Berechne α_k gemäß der Vorschrift

$$f(\boldsymbol{x}^k + \alpha_k\hat{\mathbf{s}}^k) \leqq \min_{0 \leqq \alpha \leqq \mu_k} f(\boldsymbol{x}^k + \alpha\hat{\mathbf{s}}^k) + \varepsilon_k. \tag{10}$$

S13: Falls $\mu_k = \infty$ ist und das Minimum in (10) nicht existiert, besitzt die Aufgabe (1) keine Lösung. Stop.

Bestimmung der neuen Iterierten und der neuen Indexmenge

S14: Setze $\boldsymbol{x}^{k+1} = \boldsymbol{x}^k + \alpha_k\hat{\mathbf{s}}^k$.
S15: Falls $\alpha_k < \mu_k$, setze $\hat{\boldsymbol{Z}}_{k+1} = \hat{\boldsymbol{Z}}_k$, $k = k + 1$ und gehe zu S1.
S16: Falls $\alpha_k = \mu_k$ und $g_i(\boldsymbol{x}^{k+1}) < 0$ für alle $i \in \tilde{\boldsymbol{Z}}_k$, setze $\hat{\boldsymbol{Z}}_{k+1} = \hat{\boldsymbol{Z}}_k$, $k = k + 1$ und gehe zu S1.
S17: Bestimme die Menge der Indizes $i \in \tilde{\boldsymbol{Z}}_k$ für die gilt:

$$g_i(\boldsymbol{x}^{k+1}) = 0.$$

S18: Tausche die Restriktionen $g_i(\boldsymbol{x})$, deren Indizes zu $\tilde{\tilde{\boldsymbol{Z}}}_k$ gehören, gegen Restriktionen $g_i(\boldsymbol{x})$, deren Indizes zu $\hat{\boldsymbol{Z}}_k$ gehören (diese Menge sei mit $\mathring{\boldsymbol{Z}}_k$ bezeichnet):

Setze $\hat{\boldsymbol{Z}}_{k+1} = (\hat{\boldsymbol{Z}}_k \setminus \mathring{\boldsymbol{Z}}_k) \cup \tilde{\tilde{\boldsymbol{Z}}}_k$,
$\tilde{\boldsymbol{Z}}_{k+1} = (\tilde{\boldsymbol{Z}}_k \setminus \tilde{\tilde{\boldsymbol{Z}}}_k) \cup \mathring{\boldsymbol{Z}}_k$,
$k = k + 1$ und gehe zu S1.

Das BASIC-Programm P.5.8 realisiert diesen Algorithmus.

Beispiel

Gesucht ist die Lösung der nichtlinearen Optimierungsaufgabe

$$f(\boldsymbol{x}) = x_1^2 + x_2^2 = \min!$$

bei

$$g_1(\boldsymbol{x}) = x_1^2 - 6x_1 + x_2 + 5 \leqq 0,$$
$$g_2(\boldsymbol{x}) = x_1^2 - 6x_1 - 2x_2 + 5 \leqq 0,$$
$$g_3(\boldsymbol{x}) = (x_1 - 3)^3 - x_2 - 2.5 \leqq 0,$$
$$g_4(\boldsymbol{x}) = -(x_1 - 4)^3 + x_2 - 3 \leqq 0$$

von den in der Tabelle angegebenen Startpunkten wurde nach einer unterschiedlichen Anzahl von Iterationsschritten eine Näherung für die Optimallösung $\boldsymbol{x}^* = (2.5, -0.370)^\mathrm{T}$ erreicht, welche den Abbruchtest in S 8 mit $\varepsilon = 10^{-5}$ erfüllt.

Startpunkt $\boldsymbol{x}^0$	Iterationszahl	Näherung	Zielfunktionswert
$(4, 3)^\mathrm{T}$	11	$(2.50069, -0.37037)^\mathrm{T}$	6.39060
$(4, 0)^\mathrm{T}$	15	$(2.50060, -0.37097)^\mathrm{T}$	6.39060
$(3, 1)^\mathrm{T}$	13	$(2.50066, -0.37056)^\mathrm{T}$	6.39060
$(4, 1)^\mathrm{T}$	15	$(2.50058, -0.37106)^\mathrm{T}$	6.39060

Weiterführende Bemerkungen

Ausführliche Erörterungen zu Verfahren der reduzierten Gradienten findet man in [9], [10], [12], [14].

Implementierungen von Vertretern dieser Verfahrensklasse haben in vielen Programmsystemen Eingang gefunden. In vergleichenden Studien (z. B. [45]) nehmen sie Spitzenplätze ein. Dabei ist zu bemerken, daß die hierdurch nachgewiesenen vorteilhaften Eigenschaften nicht nur bei der Lösung kleiner nichtlinearer Aufgaben zum Tragen kommen. Robustheit und rasche Verbesserung der Genauigkeit wirken sich auch bei der Anwendung auf große schwach besetzte Probleme (wenige Nichtnullelemente in den Ableitungen) aus. Hierbei ist, wie üblich, eine die Struktur der Optimierungsaufgabe berücksichtigende Implementierung günstig. So läßt sich z. B. die Implementierung in P.5.8 noch dadurch verbessern, daß man zwischen linearen und nichtlinearen Nebenbedingungen unterscheidet. Dadurch erfordert der Schritt S11 allein die Ausführung einer Division für jede betrachtete lineare Nebenbedingung. Verfahren der reduzierten Gradienten wurden zur Lösung einer ganzen Reihe technischer und technologischer Probleme angewendet. Exemplarisch sei hier auf die Optimierung verfahrenstechnischer Systeme verwiesen, welche in [13] betrachtet wird. Um die Umsetzung der obigen Aussagen zu belegen, sei die Implementierung dieser Ideen am Programmpaket MINOS aufgezeigt. Das Programmpaket MINOS [10, 33] ist in FORTRAN realisiert und geht von folgender Aufgabenstellung aus:

$$f(\boldsymbol{x}) + \boldsymbol{c}^\mathrm{T}\boldsymbol{x} + \boldsymbol{d}^\mathrm{T}\boldsymbol{y} = \min! \qquad \boldsymbol{x} \in \mathbb{R}^{n_1}, \boldsymbol{y} \in \mathbb{R}^{n_2}, \tag{11}$$

mit

$$g(\boldsymbol{x}) + \boldsymbol{A}_1\boldsymbol{y} = \boldsymbol{b}_1, \tag{12}$$
$$\boldsymbol{A}_2\boldsymbol{x} + \boldsymbol{A}_3\boldsymbol{y} = \boldsymbol{b}_2, \tag{13}$$
$$\boldsymbol{l} \leqq \begin{pmatrix} \boldsymbol{x} \\ \boldsymbol{y} \end{pmatrix} \leqq \boldsymbol{u}, \tag{14}$$

wobei $\boldsymbol{c}, \boldsymbol{d}, \boldsymbol{b}_1, \boldsymbol{b}_2, \boldsymbol{l}, \boldsymbol{u}$ Vektoren sind und $\boldsymbol{A}_1, \boldsymbol{A}_2, \boldsymbol{A}_3$ Matrizen mit konstanten Elementen. $f(\boldsymbol{x})$ ist eine skalare und $g(\boldsymbol{x})$ ist eine vektorielle nichtlineare Funktion. Die n_1 Komponenten von $\boldsymbol{x}$ werden als „nichtlineare" Variable und die n_2 Komponenten von $\boldsymbol{y}$ als „lineare" Variable bezeichnet. In Analogie dazu seien die m_1 Gleichungen in (12) als „nichtlineare" Nebenbedingungen und die m_2 Gleichungen in (13) als „lineare" Nebenbedingungen bezeichnet. Insgesamt sind dann $m = m_1 + m_2$ Nebenbedingungen vorhanden und $n = n_1 + n_2$ Variable.

Die Unterscheidung zwischen linearen und nichtlinearen Nebenbedingungen sei hier ganz besonders hervorgehoben. Der Algorithmus besteht aus einer Reihe von äußeren Iterationen, in denen jeweils linear begrenzte Unterprobleme gelöst werden. Diese Unterprobleme bestehen aus den ursprünglichen linearen Nebenbedingungen (13) und der Linearisierung der Nebenbedingungen (12). Das bedeutet, daß $g(\boldsymbol{x})$ im Iterationspunkt linear approximiert wird. Diese Approximation wird folgendermaßen bezeichnet:

$$\tilde{g}(\boldsymbol{x}, \boldsymbol{x}^k) = \tilde{\boldsymbol{g}} = g(\boldsymbol{x}^k) + J(\boldsymbol{x}^k)\,(\boldsymbol{x} - \boldsymbol{x}^k) = \boldsymbol{g}^k + \boldsymbol{J}_k(\boldsymbol{x} - \boldsymbol{x}^k). \tag{15}$$

Dabei ist $\boldsymbol{x}^k$ der Wert der nichtlinearen Variablen auf der k-ten Iteration. Das linear beschränkte Unterproblem ergibt sich dann zu:

$$f(\boldsymbol{x}) + \boldsymbol{c}^\mathsf{T}\boldsymbol{x} + \boldsymbol{d}^\mathsf{T}\boldsymbol{y} - \boldsymbol{\lambda}_k^\mathsf{T}(\boldsymbol{g} - \tilde{\boldsymbol{g}}) + 1/2\varrho(\boldsymbol{g} - \tilde{\boldsymbol{g}})^\mathsf{T}\,(\boldsymbol{g} - \tilde{\boldsymbol{g}}) = \text{min!} \tag{16}$$

mit

$$\tilde{\boldsymbol{g}} + \boldsymbol{A}_1\boldsymbol{y} = \boldsymbol{b}_1, \tag{17}$$

$$\boldsymbol{A}_2\boldsymbol{x} + \boldsymbol{A}_3\boldsymbol{y} = \boldsymbol{b}_2, \tag{18}$$

und

$$\boldsymbol{l} \leqq \begin{pmatrix}\boldsymbol{x}\\ \boldsymbol{y}\end{pmatrix} \leqq \boldsymbol{u}. \tag{19}$$

Die Zielfunktion in (16) ist die sogenannte erweiterte oder modifizierte Lagrange-Funktion. Sie kann als eine Erweiterung der Straffunktionstechnik (s. auch Abschnitt 5.3.5) verstanden werden. So ist $\boldsymbol{\lambda}_k$ eine Schätzung des Lagrange-Multiplikators der nichtlinearen Nebenbedingungen (12) und der Skalar ϱ ein Straffunktionskoeffizient der hier quadratischen Straffunktion. Verwendet man (15) in (17) und (18) erhalten die linearisierten Nebenbedingungen die Form

$$\begin{pmatrix}\boldsymbol{J}_k & \boldsymbol{A}_1\\ \boldsymbol{A}_2 & \boldsymbol{A}_3\end{pmatrix}\cdot\begin{pmatrix}\boldsymbol{x}\\ \boldsymbol{y}\end{pmatrix} + \begin{pmatrix}\boldsymbol{I} & 0\\ 0 & \boldsymbol{I}\end{pmatrix}\begin{pmatrix}\mathbf{s}_1\\ \mathbf{s}_2\end{pmatrix} = \begin{pmatrix}\boldsymbol{J}_k\boldsymbol{x}^k & -\boldsymbol{g}^k\\ & 0\end{pmatrix}. \tag{20}$$

Das Unterproblem (16) mit den Nebenbedingungen (20) und den oberen und unteren Schranken für die Variablen $\boldsymbol{x}$ und $\boldsymbol{y}$ in der Form (14) und den Schlupfvariablen $\mathbf{s}_1$ und $\mathbf{s}_2$ wird mit dem Verfahren der reduzierten Gradienten gelöst.

Mit einem solchen Verfahren und der beschriebenen Umsetzung konnten erfolgreich große schwachbesetzte Optimierungsprobleme mit über 1000 Variablen bearbeitet werden.

5.3.5. Verfahren mit Straffunktionen

Grundlagen des Verfahrens

Klassische Verfahren mit Straffunktionen lösen die Aufgabe

$$f(\boldsymbol{x}) = \min! \tag{1}$$

bei

$$g_i(\boldsymbol{x}) \leqq 0, \qquad i = 1, \ldots, m, \boldsymbol{x} \in \mathbb{R}^n,$$

dadurch, daß eine Folge von Minimierungsproblemen ohne Nebenbedingungen behandelt wird. Bei diesen Problemen ändert man die Zielfunktion derart ab, daß durch hinzugefügte Strafterme das Verletzen gewisser Nebenbedingungen bestraft wird und man durch hinzugefügte Barriereterme das Erfülltsein der restlichen Nebenbedingungen erzwingt.

Ein Beispiel für eine Familie solcher Straf-Barriere-Funktionen ist

$$E(\boldsymbol{x}, r) = f(\boldsymbol{x}) + r \sum_{i \in I_S} \max\{0, g_i(\boldsymbol{x})\} + \frac{1}{r} \sum_{i \in I_B} \left(-\frac{1}{g_i(\boldsymbol{x})}\right), \tag{2}$$

welche vom Parameter r abhängt. Für $m = n = 1$ und $I_S = \emptyset$ bzw. $I_B = \emptyset$ sind Ausgangsproblem und zugehörige Straf-Barriere-Funktionen in Abb. 15 dargestellt.

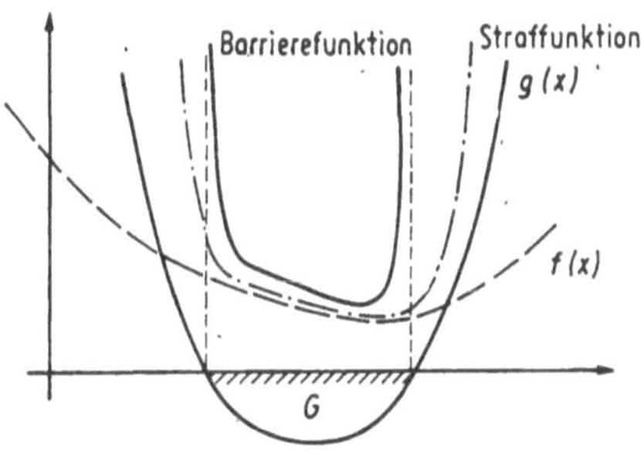

Abb. 15. Prinzip des Straf-Barriere-Verfahrens

Ausgehend von einem Startpunkt $\boldsymbol{x}^0$ mit $g_i(\boldsymbol{x}^0) < 0$ wird der Iterationspunkt $\boldsymbol{x}^{k+1}$ dadurch ermittelt, daß man die Aufgabe

$$E(\boldsymbol{x}, r_k) = \min! \tag{3}$$

mit dem Startpunkt $\boldsymbol{x}^k$ näherungsweise löst und anschließend $r_{k+1} = c r_k$ mit $c > 1$ setzt. Zur besseren Berücksichtigung von Straf- bzw. Barriereeinfluß wird oft, so auch im folgenden, zwischen Strafparameter r_{Sk} und Barriereparameter r_{Bk} unterschieden. Es wird also anstelle von (2)

$$E(\boldsymbol{x}, r_S, r_B) = f(\boldsymbol{x}) + r_S \sum_{i \in I_S} \max\{0, g_i(\boldsymbol{x})\} - r_B \sum_{j \in I_B} \left(g_j(\boldsymbol{x})\right)^{-1} \tag{2'}$$

verwendet. Von der erzeugten Folge $\{\boldsymbol{x}^k\}$ kann gezeigt werden, daß sie unter Standardvoraussetzungen gegen eine Lösung $\boldsymbol{x}^*$ der Aufgabe (1) konvergiert.

Die skizzierte Vorgehensweise hat den Nachteil, daß die Parameterfolgen $\{r_{Sk}\}$ und $\{r_{Bk}\}$ gegen Unendlich bzw. gegen Null streben. Dies bringt Probleme in der numerischen Behandlung von (3) mit sich. Deshalb sind Modifikationen sinnvoll, welche schon für endliche Parameterwerte $\{r_B, r_S\}$ eine beliebig genaue Annäherung an die Lösung in (1) erlauben.

Die auf der Proximal-Point-Idee [44] beruhende Shifting-Technik betrachtet hierzu gestörte Probleme der Form

$$f(\boldsymbol{x}) = \min!$$

bei

$$g_i(\boldsymbol{x}) - v_i \leqq 0, \qquad i = 1, \ldots, m,$$

und ändert nicht nur die Parameter r_B und r_S, sondern auch den Störungsvektor $\boldsymbol{v}$, betrachtet also Teilprobleme mit

$$E(\boldsymbol{x}, \boldsymbol{v}^k, r_{S,k}, r_{B,k}) = f(\boldsymbol{x}) + r_{B,k} \sum_{i \in I_B} \left(- \frac{1}{g_i(\boldsymbol{x}) + v_i^k} \right) + r_{S,k} \sum_{i \in I_S} \max \left(0, g_i(\boldsymbol{x}) + v_i^k\right). \tag{4}$$

Hierbei können die Werte $r_{S,k}$ bzw. $r_{B,k}$ für mehrere Teilprobleme konstant bleiben, während sich die Störung $\boldsymbol{v}^k$ ändert.

Auf der dargestellten Shifting-Technik beruht die im BASIC-Programm P.5.9 vorliegende Implementierung. Ausgehend von Anfangsbelegungen $r_{S,0} = 10$ und $r_{B,0} = 0.1$ werden zwei Situationen unterschieden.

1. Es werden Straf-Barriere-Parameter und Störungen geändert. Dann ergibt sich

$$r_{B,k+1} = 0.1 r_{B,k}, \qquad r_{S,k+1} = 10 r_{S,k},$$
$$v_i^{k+1} = 0.1 v_i^k$$

2. Es wird nur die Störung geändert. Man erhält

$$r_{B,k+1} = r_{B,k}, \qquad r_{S,k+1} = r_{S,k},$$
$$v_i^{k+1} = v_i^k + g_i(\boldsymbol{x}^k) \quad \text{für} \quad i \in I_B,$$
$$v_i^{k+1} = \max\{0, v_i^k + g_i(\boldsymbol{x}^k)\} \quad \text{für} \quad i \in I_S.$$

Die Einteilung der Indexmengen I_S und I_B ist vom Nutzer des Programms selbst vorzugeben, desgleichen die Anzahl der zu jedem Störungsparameter zu lösenden gestörten Probleme.

Zur Behandlung der Minimierungsaufgabe ohne Nebenbedingungen wird die Rang-Eins-Aufdatierung genutzt, welche im Abschnitt 4.2.4 beschrieben ist.

Aufbau des Algorithmus

S0: Wähle einen Startpunkt $\boldsymbol{x}^0 \in \mathbb{R}^n$ ein $\varepsilon > 0$ und Indexmengen I_S, I_B mit $g_i(\boldsymbol{x}^0) < 0$ für $i \in I_B$ sowie Parameter $r_{B,0}$, $r_{S,0}$ und Störungen v_i^0, $i = 1, \ldots, m$.
Gib eine Zahl p von Teilproblemen vor, welche zu festen Straf- und Barriereparameter gelöst werden.
Setze $t = 0$, $k = 0$.

S1: Setze $t = t + 1$

S2: Ermittle ausgehend von $\boldsymbol{x}^k$ den Punkt $\boldsymbol{x}^{k+1}$ als Minimum der Funktion (4).

S3: Falls $|E(\boldsymbol{x}^{k+1}, \boldsymbol{v}^k, r_{S,k}, r_{B,k}) - f(\boldsymbol{x}^k)| \leqq \varepsilon$, so ist $\boldsymbol{x}^* = \boldsymbol{x}^{k+1}$ Lösung. Stop.

S4: Falls $t < p$: Setze

$$v_i^{k+1} = v_i^k + g_i(\boldsymbol{x}^k) \ (i \in I_B),$$

$$v_i^{k+1} = \max\{0, v_i^k + g_i(\boldsymbol{x}^k)\} \quad (i \in I_S).$$

S5: Falls $t = p$: Setze

$$v_i^{k+1} = 0.1 v_i^k,$$

$$r_{B,k+1} = 0.1 r_{B,k},$$

$$r_{S,k+1} = 10 r_{S,k},$$

$$t = 0.$$

S6: Setze $k = k + 1$ und gehe zu S1.

Das BASIC-Programm P.5.9 realisiert diesen Algorithmus.

Weiterführende Bemerkungen

Die Idee der Verwendung von Straffunktionen geht bereits auf Courant [6] zurück.

Besonders durch das Buch von Fiacco-McCormick [8] im Jahre 1968 wurde eine intensive Untersuchung von Straf-Barriere-Methoden eingeleitet. Sie führte zu

- Multiplikatoren-Methoden (Powell 1969 [38])
- Verschiebungsmethoden (Wierzbicki [49])
- Proximal-Point-Algorithmen (Rockafellar [44]).

Die dabei aufgezeigten Lösungstechniken zeichnen sich durch ein global robustes Verhalten aus, d. h., mit ihnen lassen sich auch relativ komplizierte Optimierungsaufgaben behandeln. Die Konvergenz ist jedoch oft lokal recht langsam. Deshalb wurden in jüngster Zeit derartige Methoden mit lokal überlinear konvergenten Verfahren gekoppelt (vgl. [2], [28]). Straf-Barriere-Techniken haben auch für Optimierungsprobleme in allgemeinen Räumen Bedeutung.

Eine Übersicht über Straf-Barriere-Methoden wird in [14] und [10] gegeben.

Anhang. Lösung eines linearen Least-Square-Problems bzw. eines linearen Gleichungssystems

Gegeben sei eine $m \times n$-Matrix $\boldsymbol{A}$ mit $m \geqq n$ und ein Vektor $\boldsymbol{b} \in \mathbb{R}^m$. Gesucht ist ein Vektor $\boldsymbol{x} \in \mathbb{R}^n$, für welchen gilt:

$$\|\boldsymbol{A}\boldsymbol{x} - \boldsymbol{b}\| = \min_{\boldsymbol{y} \in \mathbb{R}^n} \|\boldsymbol{A}\boldsymbol{y} - \boldsymbol{b}\|. \tag{1}$$

Besitzt die Matrix $\boldsymbol{A}$ den Rang n, so kann die Existenz eines eindeutigen Minimalelementes von (1) nachgewiesen werden. Für $m = n$ ist dieses gerade die Lösung des Gleichungssystems

$$\boldsymbol{A}\boldsymbol{x} = \boldsymbol{b}. \tag{2}$$

Die Bestimmung von $\boldsymbol{x}$ ist auf unterschiedliche Weise möglich. Nahe liegt die Behandlung der aus (1) resultierenden Normalengleichung

$$\boldsymbol{A}^{\mathsf{T}}\boldsymbol{A}\boldsymbol{x} - \boldsymbol{A}^{\mathsf{T}}\boldsymbol{b} = \boldsymbol{0} \tag{3}$$

mit dem Cholesky-Verfahren.

Dabei wird die Matrix $\boldsymbol{A}^{\mathsf{T}}\boldsymbol{A}$ in das Produkt einer Dreiecksmatrix mit ihrer Transponierten zerlegt. Als Vorteil erweist sich insbesondere für $m \gg n$ die wesentlich kleinere Dimension von $\boldsymbol{A}^{\mathsf{T}}\boldsymbol{A}$ gegenüber der von $\boldsymbol{A}$.

Hat z. B. in einem linearen Ausgleichsproblem mit 3 Parametern und 1000 Meßstellen für $n = 3$ und $m = 1000$ die Matrix $\boldsymbol{A}$ 3000 Elemente, so besitzt $\boldsymbol{A}^{\mathsf{T}}\boldsymbol{A}$ nur 9 Elemente. Nachteilig wirkt sich hingegen bei der Behandlung von (3) eine eventuell vorliegende schlechte Kondition der Matrix $\boldsymbol{A}$ aus. Diese Eigenschaft überträgt sich im Quadrat auf die Matrix $\boldsymbol{A}^{\mathsf{T}}\boldsymbol{A}$. Da die Stabilität von Lösungsverfahren der linearen Algebra von der Kondition der auftretenden Matrizen abhängt, sind Komplikationen unausbleiblich. Im Jahre 1958 gab Householder für den Fall $m = n$ und im Jahre 1965 Golub für den Fall $m > n$ eine Vorschrift an, bei welcher die Matrix $\boldsymbol{A}$ durch Muliplikation mit einer orthogonalen $m \times m$-Matrix $\boldsymbol{Q}$ in eine Dreiecksmatrix $\boldsymbol{R}$ transformiert wird. Wegen der Eigenschaften von $\boldsymbol{Q}$ ist die Kondition von $\boldsymbol{A}$ gleich derjenigen von $\boldsymbol{Q}$.

Diese unter dem Namen QR-Zerlegung im folgenden beschriebene Vorschrift hat eine weite Verbreitung in Programmsammlungen der linearen Algebra gefunden.

Beiden Vorgehensweisen ist eigen, daß die zugrunde liegenden Gleichungssysteme auf eine Form gebracht werden, bei der jeweils Gleichungssysteme mit Dreiecksmatrizen zu behandeln sind.

A.1. QR-Zerlegung

Grundlagen des Verfahrens

Die QR-Zerlegung dient zur Lösung der Aufgabe (1). Sie basiert auf der Möglichkeit, jede $m \times n$-Matrix mit $m \geqq n$ und maximalem Rang mit Hilfe einer Orthogonalmatrix $\boldsymbol{Q}$ in eine Matrix $\boldsymbol{R}$ zu transformieren, welche eine obere Dreiecksmatrix $\tilde{\boldsymbol{R}}$ enthält. Im Falle $m = n$ fällt $\tilde{\boldsymbol{R}}$ mit $\boldsymbol{R}$ zusammen; ist $m > n$, enthalten die letzten $m - n$ Zeilen von $\boldsymbol{R}$ Nullelemente. Der beschriebene Sachverhalt läßt sich mit dem Schmidtschen Orthogonalisierungsverfahren konstruktiv beweisen; zur praktischen Rechnung erweist es sich jedoch als zweckmäßig, die Matrix $\boldsymbol{R}$ mit Hilfe einer Householder-Transformation zu ermitteln. Die Matrix $\boldsymbol{A}^0 = \boldsymbol{A}$ wird dabei mit einer Matrix $\boldsymbol{P}^0$ so multipliziert, daß man eine Matrix

$$\boldsymbol{A}^1 = \boldsymbol{P}^0\boldsymbol{A}^0$$

erhält, deren erster Spaltenvektor gerade ein Vielfaches des m-dimensionalen Einheitsvektors $\boldsymbol{e}_1 \in \mathbb{R}^m$ darstellt. Anschließend wird $\boldsymbol{A}^1$ mit einer Matrix $\boldsymbol{P}^1$ so multipliziert, daß die erste Spalte unverändert bleibt, die Elemente der zweiten Spalte unterhalb der Diagonalen aber zu Null werden. Die Fortsetzung dieser Vorgehensweise liefert

$$\boldsymbol{R} = \boldsymbol{P}^{n-1} \dots \boldsymbol{P}^1\boldsymbol{P}^0\boldsymbol{A}$$

und

$$\boldsymbol{Q} = \boldsymbol{P}^{n-1} \dots \boldsymbol{P}^1\boldsymbol{P}^0.$$

Aus den geforderten Eigenschaften für die Folge der Matrizen $\{\boldsymbol{A}^k\}$, $k = 1, \dots, n$, ergibt sich die Gestalt der Matrix $\boldsymbol{P}^k$:

$$\boldsymbol{P}^k = \boldsymbol{I} - 2\boldsymbol{u}^k(\boldsymbol{u}^k)^{\mathsf{T}}$$

mit $\boldsymbol{u}^k = (0, \dots, 0, u_k{}^k, \dots, u_m{}^k)^{\mathsf{T}}$ Dabei ist

$$(\boldsymbol{u}^k)_i = \begin{cases} \dfrac{(|a_{kk}^{k-1}| + s_k) \operatorname{sgn}(a_{kk}^{k-1})}{\sqrt{\beta_k}} & \text{für} \quad i = k, \\[2ex] \dfrac{a_{ik}}{\sqrt{\beta_k}} & \text{für} \quad i > k, \end{cases}$$

$$s_k = \left(\sum_{i=k}^{m} (a_{ik}^{k-1})^2\right)^{1/2},$$

$$\beta_k = 2s_k(s_k + |a_{kk}^{k-1}|).$$

Im Ergebnis der Transformation ändert sich der in (1) zu minimierende Ausdruck wie folgt:

$$\|\boldsymbol{A}\boldsymbol{x} - \boldsymbol{b}\|^2 = \|\boldsymbol{Q}\boldsymbol{A}\boldsymbol{x} - \boldsymbol{Q}\boldsymbol{b}\|^2 = \|\boldsymbol{R}\boldsymbol{x} - \boldsymbol{c}\|^2$$
$$= \left\|\begin{pmatrix}\tilde{\boldsymbol{R}}\boldsymbol{x} \\ 0\end{pmatrix} - \begin{pmatrix}\tilde{\boldsymbol{c}} \\ \hat{\boldsymbol{c}}\end{pmatrix}\right\|^2 = \|\tilde{\boldsymbol{R}}\boldsymbol{x} - \tilde{\boldsymbol{c}}\|^2 + \|\hat{\boldsymbol{c}}\|^2. \tag{4}$$

Hierbei wurde die Norminvarianz bei Multiplikation mit einer orthogonalen Matrix ausgenutzt und $\boldsymbol{Q}\boldsymbol{b} = \boldsymbol{c} = \begin{pmatrix}\tilde{\boldsymbol{c}} \\ \hat{\boldsymbol{c}}\end{pmatrix}$ gesetzt. Der zweite Teil der rechten Seite von (4) ist von

x unabhängig und verschwindet im Falle $m = n$. Der erste Term ist wegen der Normeigenschaft nicht negativ und für die Lösung x^* des Gleichungssystems

$$\tilde{R}x - \tilde{c} = 0$$

minimal. Damit ist x^* Lösung der Aufgabe (1). Der Wert $\|\hat{c}\|$ liefert gerade eine Aussage über den Defekt des für $m > n$ überbestimmten Gleichungssystems.

Aufbau des Algorithmus

S0: Eingabe der Dimensionen m und n $(m > n)$ der Matrix A, der rechten Seite b und einer Abbruchgenauigkeit $\varepsilon > 0$. Setze $A^0 = A$, $b^0 = b$ und $k = 1$.

S1: Berechne $s_k = \left(\sum_{i=k}^{m} (a_{ik}^{k-1})^2\right)^{1/2}$

und

$$\beta_k = 2s_k(s_k + |a_{kk}^{k-1}|).$$

S2: Falls $|\beta_k| \leqq \varepsilon$ ist. Stop. Rang von $A \leqq n$.

S3: Bestimme $P^k = I_m - 2u^k(u^k)^T$

mit

$$u^k = (0, \ldots, 0, u_k^k, \ldots, u_m^k)$$

und

$$u_i^k = \begin{cases} \dfrac{(|a_{kk}^{k-1}| + s_k)\operatorname{sgn}(a_{kk}^{k-1})}{\sqrt{\beta_k}}, & i = k, \\ \dfrac{a_{ik}}{\sqrt{\beta_k}}, & i > k, \end{cases}$$

S4: Setze $A^k = P^kA^{k-1}$, $b^k = P^kb^{k-1}$.

S5: Falls $k < n$, setze $k = k + 1$ und gehe zu S1.

S6: Ermittle die Lösung von (1) durch Behandlung des Gleichungssystems mit Dreiecksmatrix

$$a_i^n x = b_i^n, \qquad i = 1, \ldots, n.$$

Berechne im Fall $m > n$ den Defekt $d = \left(\sum_{i=n+1}^{m} (b_i^n)^2\right)^{1/2}$. Stop.

Das BASIC-Programm P.A.1 realisiert diesen Algorithmus.

Beispiel

Gegeben ist eine Meßreihe

i	1	2	3	4
t_i	-1	0	1	2
y_i	1	2	4	7

Gesucht ist die Parabel

$$y = x_0 + x_1t + x_2t^2, \tag{5}$$

welche die Menge von Punkten (t_i, y_i), $i = 1, \ldots, 4$, im Sinne der kleinsten Quadrate am besten annähert.

Die Meßwerte und Meßpunkte in (5) eingesetzt liefert das überbestimmte lineare Gleichungssystem

$$y_i = x_0 + x_1 t_i + x_2 t_i^2, \qquad i = 1, \ldots, 4,$$

also

$$1 = x_0 - x_1 + x_2,$$

$$2 = x_0,$$

$$4 = x_0 + x_1 + x_2,$$

$$7 = x_0 + 2x_1 + 4x_2.$$

Mit der QR-Zerlegung wurde das Resultat

$$x_0 = 2, \qquad x_1 = 1.5, \qquad x_2 = 0.5$$

erhalten. Die Ausgleichsparabel hat die Gestalt

$$y = 2 + 1.55t + 0.5t^2.$$

A.2. Cholesky-Zerlegung

Grundlagen des Verfahrens

Das Cholesky-Verfahren dient zur Lösung des Gleichungssystems (2) mit positiv definiter symmetrischer Matrix $\boldsymbol{A}$. Es beruht darauf, daß jede derartige Matrix in eindeutiger Weise in das Produkt einer linken unteren Dreiecksmatrix $\boldsymbol{L}$ und ihrer Transponierten $\boldsymbol{L}^\mathsf{T}$ aufgespalten werden kann. Die zur Herleitung notwendigen Überlegungen gehen von der möglichen Zerlegung jeder regulären Matrix $\boldsymbol{A}$ in eine obere Dreiecksmatrix $\hat{\boldsymbol{L}}$ und eine untere Dreiecksmatrix $\boldsymbol{U}$ aus:

$$\boldsymbol{A} = \hat{\boldsymbol{L}}\boldsymbol{U}.$$

Klammert man die Diagonalelemente u_{jj} $(j = 1, \ldots, n)$ aus den Zeilen der oberen Dreiecksmatrix aus, so ergibt sich

$$\boldsymbol{U} = \boldsymbol{D}\hat{\boldsymbol{U}},$$

und wir erhalten

$$\boldsymbol{A} = \hat{\boldsymbol{L}}\boldsymbol{D}\hat{\boldsymbol{U}}.$$

Transponieren der Gleichung und Symmetrie von $\boldsymbol{A}$ liefert

$$\boldsymbol{A} = \hat{\boldsymbol{L}}^\mathsf{T}\boldsymbol{D}\hat{\boldsymbol{L}}. \tag{6}$$

Die Diagonalelemente von $\boldsymbol{D}$ kann man wegen $d_{jj} \geqq 0$ $(j = 1, \ldots, n)$ symmetrisch auf die beiden Dreiecksmatrizen $\boldsymbol{L}^\mathsf{T}$ und $\boldsymbol{L}$ verteilen

$$\boldsymbol{A} = \hat{\boldsymbol{L}}^\mathsf{T}\boldsymbol{D}^{1/2}\boldsymbol{D}^{1/2}\hat{\boldsymbol{L}}, \tag{7}$$

woraus sich mit $\boldsymbol{L} = \boldsymbol{D}^{1/2}\hat{\boldsymbol{L}}$

$$\boldsymbol{A} = \boldsymbol{L}^\mathsf{T}\boldsymbol{L} \tag{8}$$

ergibt.

Das Gleichungssystem (2) wird dann dadurch gelöst, daß zunächst $\boldsymbol{y}$ aus

$$\boldsymbol{L}^{\mathsf{T}}\boldsymbol{y} = \boldsymbol{b} \qquad \text{(Vorwärtselimination)} \tag{9}$$

bestimmt wird und man anschließend $\boldsymbol{x}$ aus dem System

$$\boldsymbol{L}\boldsymbol{x} = \boldsymbol{y} \qquad \text{(Rückwärtselimination)} \tag{10}$$

berechnet. Für Implementierungen ist es besser, von (7) statt von (8) auszugehen.

Aufbau des Algorithmus

S0: Eingabe des Gleichungssystems (2).
S1: Berechne für $i = 1, \ldots, n$

$$d_i = a_{ii} - \sum_{m=1}^{i-1} l_{im}^2 d_m,$$

$$l_{ji} = \left\{a_{ji} - \sum_{m=1}^{i-1} l_{jm} l_{im} d_m\right\} \Big/ d_i \qquad (j = i+1, \ldots, n).$$

S2: Bestimme $\hat{\boldsymbol{L}} = \boldsymbol{L}\boldsymbol{D}^{1/2}$.
S3: Ermittle $\boldsymbol{y}$ als Lösung des Gleichungssystems (9).
S4: Berechne $\boldsymbol{x}$ als Lösung des Gleichungssystems (10).

Das BASIC-Programm P.A.2 realisiert diesen Algorithmus.

Beispiel

Mit dem Cholesky-Verfahren wurde das lineare Gleichungssystem

$$\begin{aligned} 6x_1 + 2x_2 + x_3 &= 9 \\ 2x_1 + 4x_2 + x_3 &= 7 \\ x_1 + x_2 + 6x_3 &= 8 \end{aligned}$$

gelöst. Der Punkt $\boldsymbol{x}^* = (1, 1, 1)^{\mathsf{T}}$, welcher offensichtlich alle 3 Gleichungen erfüllt, wurde exakt ermittelt.

Weiterführende Bemerkungen

Das Cholesky-Verfahren arbeitet für positiv definite Matrizen $\boldsymbol{A}$. Schon einfache Beispiele zeigen, daß diese Bedingung wesentlich für das Funktionieren des Programms ist. In der angegebenen Implementierung wurde die Eingabe der gesamten Matrix vorgesehen. Es ist jedoch durch leichte Abänderung des Programms möglich, den Eingabeaufwand durch Beschränkung auf eine obere Dreiecksmatrix zu reduzieren. Das Gleichungssystem ist dann wegen der Symmetrie seiner Koeffizientenmatrix eindeutig dargestellt.

Das Cholesky-Verfahren ist mit einem Aufwand von $n^3/6$ Operationen dem Algorithmus von Gauß und seinen Modifikationen (Gauß-Jordan, Gauß-Banachiewicz) leicht überlegen.

Literatur

[1] Best, M. J.: Equivalent of some quadratic programming algorithms. Working paper. Univ. of Waterloo, Ontario **1982**.

[2] Best, M. J., Bräuninger, J., Ritter, K., Robinson, S. M.: A globally an quadratically convergent algorithm for general nonlinear programming problems. Computing **26** (1981), 141–153.

[3] Box, M. J.: A new method of constrained optimization and a comparison with other methods. The Comp. J. **8** (1965), 42–52.

[4] Burger, R. M., Cavin, R. K., Holton, W. C., Lumney, L. W.: The impact of IC's on computer technology, Computer **17** (1984), 88–95.

[5] Burkhardt, S., Lehmann, R.: Zur numerischen Durchführbarkeit von Prädiktor-Korrektor-Verfahren nichtlinearer Optimierung. Studie, TU Dresden, Sektion Mathematik, 1983.

[6] Courant, R.: Variational methods for the solution of problems of equilibrium and vibration. Bulletin An. Math. Soc. **49** (43), 1–23.

[7] Dennis, J. R., Schnabel, B.: Numerical methods for unconstrained optimization and nonlinear equations. Prentice Hall, New Jersey 1983.

[8] Fiacco, A. V., McCormick, G. P.: Nonlinear programming: sequential unconstrained minimization techniques. Wiley, 1968 und Mir, Moskau 1972.

[9] Fletcher, R.: Practical methods of optimization. Vol. 2: Constrained optimization. Wiley, Chicester 1981.

[10] Gill, Ph. E., Murray, W., Wright, M. H.: Practical optimization, Academic Press, 1981.

[11] Goldmann, M.: Einige Erläuterungen zum Khachiyan-Verfahren. Zeitschr. für Operations Research **25** (1981), B 95–B 112.

[12] Grauer, M.: Optimierung verfahrenstechnischer Systeme. In: Verfahrenstechnische Berechnungsmethoden, Teil 6, Verfahren und Anlagen, Deutscher Verlag für Grundstoffindustrie, Leipzig 1983, 110–151.

[13] Grauer, M., Gruhn, G., Pollmer, L.: Optimization of a complex plant by a GRG algorithm. Comp. & Chem. Eng. **3** (1979), 597–602.

[14] Grossmann, Ch., Kaplan, A. A.: Verallgemeinerte Straf- und Barriereverfahren. Teubner-Verlag, Leipzig 1981.

[15] Gruhn, G., Grauer, M., Pollmer, L.: Eine Verfahrens- und Anlagenoptimierung mit einem modifizierten Complex-Verfahren. Chem. Technik **31** (1979), 603–607.

[16] Han, S. P.: Superlinearly convergent variable metric algorithms for general nonlinear programming problems. Math. Programming **11** (1976), 263–282.

[17] Heuckroth, M. W., Gaddy, J. L., Gaines, L. D.: An adaptive random search technique, AICHE-J. **22** (1976), pp. 744–750.

[18] Himmelblau, D. M.: Applied nonlinear programming. McGraw-Hill, New York 1972 und Mir, Moskau 1975.

[19] Hooke, R., Jeeves, T. A.: Direct search solution of numerical and statistical problems. J. Assn. Comp. Mach. **8** (1961), pp. 212–229.

[20] JUNGNICKEL, H.-G.: 15 Jahre erfolgreiche Beteiligung der DDR am Einheitlichen System Elektronischer Rechenmaschinen (ESER). Rechentechnik/Datenverarbeitung **21** (1984), S. 5–8.

[21] KELLEY, J. E.: The cutting plane method for solving convex programs. J. SIAM **8** (1960), 703–712.

[22] KARMARKAR, N.: A new polynomial-time algorithm for linear programming. Combinatorica **4** (1984), 373–395.

[23] KHACHIYAN, L. G.: A polynomial algorithm in linear programming. Dokl. Ak. Nauk SSSR **244** (1979), 1093–1096.

[24] KLEIBOHM, K.: Ein Verfahren zur approximativen Lösung von konvexen Programmen. Dissertation, Universität Zürich 1966.

[25] KLEINMICHEL, H.: Zur Anwendung von Quasi-Newton-Verfahren in der nichtlinearen Optimierung. Dissertation B, TU Dresden, 1982.

[26] KLEINMICHEL, H., SCHÖNEFELD, K.: Newton-type methods for nonlinealy constrained problems. Part 1. To appear in Optimization.

[27] KLEINMICHEL, H., KOCH, W., RICHTER, C., SCHÖNEFELD, K.: Überlinear konvergente Verfahren der nichtlinearen Optimierung. Studientext, TU Dresden, 1985.

[28] KLEINMICHEL, H., RICHTER, C., SCHÖNEFELD, K.: On the global and superlinear convergence of a discretized version of Wilson's method. Computing **29** (1982), 289–307.

[29] KÜNZI, H. P., KRESLLE, W.: Nichtlineare Programmierung. Springer-Verlag, Berlin 1982.

[30] LASDON, L. S.: Optimization theory for large systems. Mac Millan, 1970 und Mir, Moskau 1975.

[31] LOOTSMA, F.: Ranking of nonlinear programming codes according to efficience and robustness. In: COLLATZ, L., MEINARDUS, G., WETTERLIN, W. (Hrsg.): Konstruktive Methoden der nichtlinearen Optimierung, Birkhäuser, Basel 1980.

[32] MORÉ, J. J., SORENSEN, D. C.: On the use of directions of negative curvature in a modified Newton method. Math. Programming **16** (1979), 1–20.

[33] MURTAGH, B. A.: Advanced linear programming: computation and practice. McGraw-Hill, 1981 und Mir, Moskau 1984.

[34] NELDER, J. A., MEAD, R.: A simplex method for function minimization. The Comp. J. **7** (1965), 308–313.

[35] PALLASCHKE, D.: A note on the Khachiyan update formulas. Mitteilungen der Math. Ges. der DDR, 1986.

[36] POLAK, E., RIBIERE, G.: Note sur la convergence de méthodes de directiones conjuqueés. RAIRO Anal. Num. **3** (1969), 35–43.

[37] POWELL, M. J. D.: A new algorithm for unconstrained optimization. In: ROSEN, J. B., MANGASARIAN, O. L., RITTER, K., eds.: Nonlinear Programming. Academic Press, New York, 1970.

[38] POWELL, M. J. D.: A method for nonlinear constraints in minimization problems. Optimization Academic Press, London 1969.

[39] RICHTER, C.: Cutting plane methods in convex optimization. In: PREKOP (ed.): 12. Colloquia Mathematica Societatis Janos Bolyai, Eger 1974, 757–769.

[40] RICHTER, C.: Zur globalen Konvergenz des gedämpften Wilsonverfahrens. Math. Operationsforschung und Statistik **10** (1979), 213–218.

[41] RICHTER, C.: Über Mehrschrittverfahren der nichtlinearen Optimierung. ZAMM **60** (1980), 129–136.

[42] ROBINSON, S. M.: A quadratically convergent algorithm for general nonlinear programming problems. Math. programming **3** (1972), 145–156.

[43] ROBINSON, S. M.: Perturbed Kuhn-Tucker-Points and rates of convergence for a class of nonlinear programming algorithms. Math. programming **7** (1974), 1–16.

[44] ROCKAFELLAR, R. T.: Augmented Lagrangians and applications of the proximal point algorithm in convex programming. Math. Operation Research **1** (1976) 2, 97–116.

[45] Schittkowski, K.: Nonlinear programming codes. Lecture notes in economics and mathematical systems. Springer-Verlag, Berlin 1980.

[46] Schittkowski, K.: Computational mathematical programming. Springer-Verlag 1985.

[47] Schwetlick, H.: Numerische Lösung nichtlinearer Gleichungen. Dt. Verlag d. Wiss., Berlin 1979.

[48] Topkins, D. M.: Cutting plane methods without nested constraint sets. Operations Research **18** (1970), 404–413.

[49] Wierzbicki, A. P., Kurcyusz, S.: Projections on a cone, penalty functionals and duality theory for problems with inequality constraints in Hilbert spaces. SIAM J. Control and Opt. **15** (1977), 25–56.

[50] Zieliński, R., Neumann, P.: Stochastische Verfahren zur Suche nach dem Minimum einer Funktion. Akademie-Verlag, Berlin 1983.

```
100 REM   ***  SIMPLEXVERFAHREN   ** P.2.1. **
120 DEF FNC¤=CHR¤(27)+CHR¤(127+ZEI)+CHR¤(127+SP)
140 PRINT CHR¤(12)
160 ZEI=1:SP=23:PRINT FNC¤"SIMPLEX-METHODE"
180 FOR F=1 TO 500:NEXT F:
200 ZEI=1:SP=23:PRINT FNC¤"LINEARE OPTIMIERUNG"
220 REM
240 REM   ***  SCHRITT 0  ***
260 REM
280 ZEI=2:SP=11:PRINT FNC¤"MAXIMIERUNG O. MINIMIERUNG (MAX/MIN)?";
300 INPUT C¤
320 PRINT CHR¤(12)
340 IF LEFT¤(C¤,2)<>"MA" AND LEFT¤(C¤,2)<>"MI"THEN 280
360 IF LEFT¤(C¤,2)="MI" THEN PT=-1:PRINT"MINIMIERUNG DER ZIELFUNKTION":GOTO 440
380 ZEI=1:SP=16:PRINT FNC¤"MAXIMIERUNG DER ZIELFUNKTION"
400 FOR F=1 TO 500:NEXT F
420 PT=1
440 ZEI=3:SP=15:PRINT FNC¤" ";:INPUT "ANZ. DER ENTSCHEIDUNG VARIAB.?";MN
460 PRINT CHR¤(12)
480 ZEI=1:SP=5:PRINT FNC¤"ANZAHL DER NEBENBEDINGUNGEN"
490 ZEI=3:SP=5:PRINT"AUSNAHME NICHTNEGATIVITAETSBEDINGUNGEN"
500 ZEI=3:S=10:PRINT FNC¤"<= ?";
520 INPUT NS
540 ZEI=3:SP=30:PRINT FNC¤">= ?";
560 INPUT NB
580 ZEI=3:SP=50:PRINT FNC¤"GLEICH =?";
600 INPUT NE
620 PRINT CHR¤(12)
640 M=NS+NB+NE
660 N=M+MN+NB
680 DIM B(M),CI(N),CJ(N),Z(N),ZC(N),XI(N),XJ(N),A(M,N)
700 PRINT
720 ZEI=1:SP=15:PRINT FNC¤"DEFINITION DER INDIZ. VARIABLEN :"
740 K=1:FOR J=M+1 TO M+MN
760 ZEI=K+1:SP=5:PRINT FNC¤"ENTSCHEIDUNGSVARIABLE";K;
780 XJ(J)=K
800 PRINT "=X(";XJ(J);")"
820 K=K+1:NEXT J:
840 REM
860 REM   ***  SCHRITT 1  ***
880 REM
900 ZEI=K+1:SP=1
920 PRINT FNC¤ "SCHLUPFVARIABLEN DER KLEINR O.GLEICH NEBENBEDINGUNG:"
940 K=MN+1:FOR J=1 TO NS
960 ZEI=ZEI+1:SP=12:PRINT FNC¤ "NEBENBEDINGUNG";J;
980 XJ(J)=K
1000 PRINT "=X(";XJ(J);")"
1020 K=K+1:NEXT J
1040 FOR I=1 TO N:CJ(I)=0:NEXT I
1060 IF NB =0 THEN 1280
1080 ZEI=9:SP=1
1100 PRINT FNC¤"SCHLUPFVARIABLE(N) DER GR.O.GLE.NEBENBEDINGUNG:"
1120 ZEI=10:SP=15
1140 PRINT FNC¤"(RESTVARIABLE(N)):"
1160 K=M+MN+1:Y=10:FOR J=M+MN+1 TO N
1180 Y=Y+1:ZEI=Y:SP=15
1200 PRINT FNC¤"NEBENBEDINGUNG";J+NS-M-MN;
1220 XJ(J)=K
1240 PRINT "=X(";XJ(J);")"
1260 K=K+1:NEXT J
1280 IF NB=0 AND NE=0 THEN 1520
1300 ZEI=Y+1:SP=1
1320 PRINT FNC¤ "KUENZLICHE VARIABLE(N) FUER DIE >=U.=NEBENBEDINGUNG:"
1340 PRINT">= UND = NEBENBEDINGUNG:"
1360 E=Y+1
```

```
1380 K=MN+NS+1:FOR J=NS+1 TO M
1400 ZEI=E+1:SP=15
1420 PRINT FNC¤"NEBENBEDINGUNG";J;
1440 XJ(J)=K
1460 PRINT"=X(";XJ(J);")"
1480 CJ(J)=10000
1500 K=K+1:NEXT J:FOR F=1 TO 500:NEXT F:INPUT" ",T¤:PRINT CHR¤(12)
1520 FOR I=1 TO M:XI(I)=XJ(I):NEXT I
1540 ZEI=7:SP=15
1560 INPUT" ",T¤:PRINT CHR¤(12):PRINT FNC¤"KOEFFIZIENTEN DER ZIELFUNKTIO
N:"
1580 ZEI=8
1600 PRINT FNC¤"--------------------------------"
1620 R=10:MR=M
1640 FOR I=M+1 TO M+MN:V=12*(I-MR)-11
1660 IF I-M>5 THEN V=12*(I-MR)-71:GOTO 1700
1680 V=12*(I-MR)-11
1700 ZEI=R:SP=V
1720 PRINT FNC¤"X(";I-M;")=";:INPUT" ",CJ(I)
1740 IF I-M=5 THEN R=11:MR=I-(V+11)/12: GOTO 1760
1760 CJ(I)=CJ(I)*PT*(-1)
1780 NEXT I:ZEI=7:SP=3
1800 PRINT CHR¤(12)
1820 PRINT FNC¤"WERT DER RECHTEN SEITE "
1840 FOR I=1 TO M
1860 ZEI=I+8:SP=15
1880 PRINT FNC¤"== DER NEBENBEDINGUNG";
1900 PRINT"X(";I;")=";:INPUT " ",B(I)
1920 NEXT I
1940 FOR I=1 TO M: FOR J=1 TO N
1960 IF I<>J THEN 2020
1980 A(I,J)=1
2000 GOTO 2040
2020 A(I,J)=0
2040 NEXT J:NEXT I
2060 PRINT CHR¤(12):ZEI=7
2080 PRINT FNC¤"NEBENBED. KOEFF.:"
2100 ZEI=8
2120 PRINT FNC¤"---------------"
2140 ZEI=9
2160 FOR I=1 TO M
2180 ZEI=9:SP=15
2200 PRINT FNC¤"KOEFF. DER NEBENBED. NR.:";I
2220 FOR J=M+1 TO M+MN:V=6*(J-M)-5
2240 ZEI=10+I:SP=V+9
2260 PRINT FNC¤;:INPUT" ",A(I,J)
2280 NEXT J:NEXT I
2300 IF NB=0 THEN 2400
2320 FOR I=1 TO NB
2340 A(NS+I,M+MN+I)=(-1)
2360 NEXT I
2380 REM AUFBEREITUNG UND AUSDRUCK DES SIMLEXT.
2400 FOR I=1 TO M:FOR J=1 TO N
2420 IF XI(I)<>XJ(J) THEN 2460
2440 CI(I)=CJ(J)
2460 NEXT J:NEXT I
2480 IT=0
2500 REM
2520 REM   ***  SCHRITT 2  ***
2540 REM
2560 FOR J=1 TO N
2580 Z(J)=0
2600 FOR I=1 TO M
2620 Z(J)=Z(J)+CI(I)*A(I,J)
2640 NEXT I
2660 ZC(J)=Z(J)-CJ(J)
```

```
2680 NEXT J
2700 OB=0
2720 FOR I=1 TO M
2740 OB=OB+CI(I)*B(I)
2760 NEXT I
2780 PRINT CHR¤(12)
2800 ZEI=1:SP=25:PRINT FNC¤"ITERATION NR.";IT
2820 ZEI=2
2840 PRINT FNC¤"--------------"
2860 ZEI=4:SP=20:PRINT FNC¤"BASIS VARIABLEN WERT"
2880 FOR I=1 TO M
2900 PRINT TAB(15);"X(";XI(I);")";TAB(35);INT(100*B(I)+.5)/100:NEXT I
2920 N1=1:N2=8
2940 IF N2>=N THEN 2980
2960 N2=N
2980 ZEI=14:SP=5:PRINT FNC¤"VAR. DES SIMPLEXT."
3000 FOR I=N1 TO N2
3020 ZEI=15:SP=1
3040 PRINT"X(";XJ(I);");";
3060 NEXT I:ZEI=1:SP=25
3080 INPUT"WEITER",O¤
3100 PRINT CHR¤(12)
3120 ZEI=1:SP=25:PRINT FNC¤"ITERATION";IT
3140 ZEI=2:SP=25:PRINT FNC¤"----------------------"
3160 ZEI=4:SP=25:PRINT FNC¤"KOEFF. MATRIX A(I,J):"
3180 ZEI=5:PRINT FNC¤"----------------------"
3200 N4=60:N3=10
3220 FOR I=1 TO M::FOR J=N1 TO N2:V=INT(N4/N3)*(J-1)+1
3240 PRINT TAB(V);INT(100*A(I,J)+.5)/100;
3260 NEXT J:NEXT I:INPUT " ",O¤
3280 ZEI=13:SP=15:PRINT FNC¤ "MARG.DECK.BEITRAGSKOEFF.Z(J)-C(J):"
3300 FOR I=N1 TO N2
3320 PRINT INT(100*ZC(I)+.5)/100;" ";
3340 NEXT I:
3360 IF N2>=N THEN 3420
3380 N1=N1+8:N2=N2+8
3400 GOTO 2940
3420 ZEI=8:SP=50:PRINT FNC¤"ZIELFKT.Z=";INT (100*OB+.5)/100;
3440 ZEI=9:SP=50:PRINT FNC¤;:INPUT "weiter",O¤
3460 IT=IT+1:CM=ZC(1):JM=1
3480 FOR J=2 TO N
3500 IF ZC(J)<=CM THEN 3540
3520 CM=ZC(J):JM=J
3540 NEXT J
3560 REM
3580 REM   ***  SCHRITT 3  ***
3600 REM
3620 IF CM>0 THEN 4480
3640 M3=M+MN:MO=M+1
3660 IF M=NS THEN 3780
3680 FOR I=1 TO M
3700 M4=NS+1
3720 FOR J=M4 TO M
3740 IF XI(I)=XJ(J) THEN 4380
3760 NEXT J:NEXT I
3780 FOR K=MO TO M3
3800 FOR I=1 TO M
3820 IF XJ(K)=XI(I) GOTO 3880
3840 NEXT I
3860 IF ZC(K)=0 THEN 3920
3880 NEXT K
3900 GOTO 3940
3920 PRINT"* MEHRERE OPT.LOESUNGEN MOEGLICH *"
3940 PRINT:PRINT:PRINT
3960 PRINT "*** OPTIMALE LOESUNG GEFUNDEN ***"
3980 PRINT "*** NACH";IT;"ITERATIONEN ***"
```

```
3980 PRINT "*** NACH";IT;"ITERATIONEN ***"
4000 FOR I=1 TO M
4020 IF B(I)<>0 THEN 4080
4040 PRINT:PRINT"*** DEGENERIERTE LOESUNG ***"
4060 GOTO 4100
4080 NEXT I
4100 PRINT
4120 PRINT"-------------------------"
4140 PRINT " ENTSCH. VARIABLEN WERT "
4160 PRINT "-----------------------"
4180 FOR I=1 TO M
4200 PRINT TAB (8);"X(";XI(I);")";TAB(16);"=";TAB(25);INT (1000*B(I)+.5)
/1000
4220 NEXT I
4240 PRINT "! BEACHTE !":PRINT "ALLE VARIABLEN,DIE IN DIESER  TABELLE"
4260 PRINT"NICHT GEZEIGT WERDEN,HABEN DEN WERT 0"
4280 PRINT "--------------------------------------"
4300 IF PT=1 THEN PRINT TAB(5);"MAXIMUM Z="; ABS(OB)
4320 IF PT=-1 THEN PRINT TAB(5);"MINIMUM Z="; ABS(OB)
4340 PRINT "--------------------------------------"
4360 STOP
4380 PRINT:PRINT"*** UNBESCHRAENKTE LOESUNG ***"
4400 STOP
4420 REM
4440 REM   ***  SCHRITT 5  ***
4460 REM
4480 XM=1E+25:IM=0
4500 FOR I=1 TO M
4520 IF A(I,JM)<=0 THEN 4600
4540 XX=B(I)/A(I,JM)
4560 IF XX>=XM THEN 4600
4580 XM=XX:IM=I
4600 NEXT I
4620 IF IM>0 THEN 4680
4640 PRINT"*** LOESUNG UNMOEGLICH ***"
4660 STOP
4680 XX=A(IM,JM)
4700 B(IM)=B(IM)/XX
4720 FOR J=1 TO N
4740 A(IM,J)=A(IM,J)/XX
4760 NEXT J
4780 FOR I=1 TO M
4800 IF I=IM THEN 4920
4820 XX=A(I,JM)
4840 B(I)=B(I)-XX*B(IM)
4860 FOR J=1 TO N
4880 A(I,J)=A(I,J)-XX*A(IM,J)
4900 NEXT J
4920 NEXT I
4940 CI(IM)=CJ(JM)
4960 XI(IM)=XJ(JM)
4980 GOTO 2560
5000 END
```

```
100 REM   ***  REVIDIERTES SIMPLEXVERFAHREN   ** P.2.2. **
120 PRINT "LINEARE OPTIMIERUNG"
140 PRINT "REVIDIERTE SIMPLEXMETHODE"
160 PRINT "----------------------------":PRINT
180 PRINT "MIT ODER OHNE ZWISCHENDRUCK (MIT +1,OHNE -1)"
200 INPUT ZZ
220 REM   ***  SCHRITT 0  ***
240 REM EINLESEN DER ANZAHL DER TYPEN VON NEBENBED. UND ANZAHL DER VARIABLEN
260 INPUT "ANZAHL DER ENTSCH.-VARIAB. ?";N
280 PRINT:PRINT"ANZ. DER NEBENBEDING.":PRINT"(AUSG. NICHTNEG. NEBENBEDINGG.)
300 INPUT"KLEINER ODER GLEICH >= ?";LC
320 INPUT "GROESSER ALS ODER GLEICH >=?";GC
340 INPUT "GLEICH=?";EC
360 MM=GC+EC:M=MM+LC:MK=GC+LC:N1=MK+N
380 P=N1+MM:M1=M+1:M2=M+2:NO=N1
400 DIM A(M2,P),B(M2,M1),BS(M),V(M2),NB(P),SL(P),C(P)
420 REM EINLESEN DER KOEFF. DER NEBENB. UND DER ZIELFKT.
440 PRINT:PRINT "NEBENB. KOEFF.:"
460 PRINT "-------------------------"
480 M4=M1-1
500 FOR I=1 TO M4
520 PRINT "KOEFF. DER NEBENB.NR.";I
540 FOR J=1 TO N
560 PRINT"ENTSCH.-VARIABLE";J;"    ";I;"=";:INPUT A(I,J)
580 NEXT J:NEXT I
600 PRINT:PRINT "KOEFF. DER ZIELFKT.:"
620 PRINT "-------------------------------"
640 FOR J=1 TO N
660 PRINT "X(";J;")=";
680 INPUT AA:A(M1,J)=-AA
700 NEXT J:PRINT
720 REM DIE NULLTE SPALTE WIRD AUFGEBAUT
740 IF GC=0 THEN GOTO 900
760 PRINT:PRINT "WERT DER RECHTEN SEITE (>=)"
780 PRINT "-------------------------------------"
800 FOR I=1 TO GC
820 A(I,N+1)=-1:A(I,N1+I)=1:B(M2,I)=-1
840 B(I,I)=1:A(M2,N1+I)=1:BS(I)=N1+I
860 PRINT "NEBENB.-NR.";I;"=";:INPUT A(I,0)
880 B(I,0)=A(I,0):NEXT I
900 IF EC=0 THEN GOTO 1060
920 PRINT:PRINT"WERT DER RECHTEN SEITE (=)"
940 PRINT"_________________________________"
960 FOR I=GC+1 TO MM
980 A(I,N1+I)=1:B(I,I)=1:A(M2,N1+I)=1
1000 BS(I)=N1+I:B(M2,I)=-1
1020 PRINT"NEBENB.-NR.:=";I;"=";:INPUT A(I,0)
1040 B(I,0)=A(I,0):NEXT I
1060 IF LC=0 THEN GOTO 1220
1080 PRINT:PRINT "WERT DER RECHTEN SEITE (<=)"
1100 PRINT "--------------------------------------"
1120 FOR I=MM+1 TO M
1140 A(I,N+I-EC)=1:B(I,I)=1:BS(I)=N+I-EC
1160 PRINT "NEBENB. NR.";I;"=";:INPUT A(I,0)
1180 B(I,0)=A(I,0)
1200 NEXT I
1220 B(M1,M1)=1:B(M2,M1)=1
1240 PRINT:PRINT
1260 IF MM=0 THEN PRINT "PHASE 1 EXISTIERT NICHT":GOTO 1400
1280 REM   ***  SCHRITT 1  ***
1300 REM KUENSTL. FUNKTIONSWERT FUER PHASE 1 GESETZT
1320 L=1:NO=P:REM NO IST AKTU. SPALTENZAHL
1340 FOR I=1 TO MM
1360 B(M2,0)=B(M2,0)-B(I,0)
```

```
1380 NEXT I
1400 ML=M1+L:REM ML=M+2 FUER PHASE 1;M+1 FUER PHASE 2
1420 PRINT:PRINT
1440 IF ZZ>=0 THEN PRINT "ANFANGSTABLEAU"
1460 PRINT"----------------":GOSUB 3160
1480 REM KENNZ. DER NICHTBASISV.;NB(J)=0 IF J IST NICHTBASISV.
1500 FOR I=1 TO M:NB(BS(I))=1:NEXT I
1520 ZERO=1E-08:NIL=1E-20
1540 REM    ***  SCHRITT 2 ***
1560 REM ERMITTELN DES KLEINSTEN C(J);KOEFFIZ. IN ZIELFKT.
1580 MIN=-ZERO:S=0:PV=0:ML=M1+L
1600 FOR J=1 TO NO:C(J)=0
1620 IF NB(J)=1 THEN GOTO 1740
1640 REM berechnug c(j)
1660 FOR I=1 TO M:C(J)=C(J)+B(ML,I)*A(I,J):NEXT I
1680 C(J)=C(J)+A(ML,J)
1700 IF C(J)>=MIN THEN GOTO 1740
1720 MIN=C(J):S=J
1740 NEXT J
1760 IF S=0 THEN GOTO 2440
1780 REM    ***  SCHRITT 5  ***
1800 MIN =1E+20:R=0
1820 FOR I=1 TO M1:V(I)=0
1840 FOR K=1 TO M1:V(I)=V(I)+B(I,K)*A(K,S):NEXT K:NEXT I
1860 V(ML)=C(S)
1880 FOR I=1 TO M
1900 IF V(I) <=0 THEN GOTO 2120
1920 K=0
1940 RT=B(I,K)/V(I)
1960 DF=RT-MIN
1980 IF DF>=0 THEN GOTO 2040
2000 R=I:MIN=B(I,0)/V(I)
2020 GOTO 2120
2040 IF DF<>0 THEN GOTO 2120
2060 K=K+1
2080 MIN=B(R,K)/V(R)
2100 GOTO 1940
2120 NEXT I
2140 REM    ***  SCHRITT 4   ***
2160 IF R=0 THEN GOTO 2360
2180 IF ZZ>=0 THEN GOSUB 3300
2200 PV=V(R)
2220 FOR J=0 TO M1:B(R,J)=B(R,J)/PV:NEXT J
2240 FOR I=1 TO ML
2260 IF I=R THEN GOTO 2300
2280 FOR J=0 TO M1:B(I,J)=B(I,J)-V(I)*B(R,J):NEXT J
2300 NEXT I
2320 NB(BS(R))=0:NB(S)=1:BS(R)=S:N1=N1+1
2340 GOTO 1580
2360 PRINT"VARIABLE"S"IST UBESCHRAENKT"
2380 GOSUB 3300:STOP
2400 GOTO 3120
2420  REM   ***  SCHRITT 3  ***
2440 IF L=0 THEN GOTO 2640
2460 REM KONTROLLE: W MUSS NULL SEIN
2480 IF ABS(B(ML,0))>=1E-08 THEN GOTO 2560
2500 PRINT"PHASE 1 IST O.K."
2520 L=0:NO=N1
2540 GOTO 1580
2560 PRINT"ZULAESSIGER BEREICH IST NULL"
2580 PRINT"SUMME DER KUENSTLICHEN VAR.=";-B(ML,0)
2600 FOR I=1 TO 100:NEXT I
2620 GOSUB 3300:STOP
2640 PRINT"OPTIMALE LOESUNG GEFUNDEN"
2660 PRINT:PRINT"______________________________"
2680 PRINT" ENTSCH.VARIABLEN    WERT"
```

```
2700 PRINT"______________________________"
2720 FOR I=1 TO M:SL(BS(I))=B(I,0)
2740 PRINT TAB(8);"X(";BS(I);")";TAB(16);"=";TAB(25);INT(1000*B(I.0)+.5)/1000
2760 NEXT I
2780 INPUT G¤
2800 PRINT:PRINT
2820 PRINT"BEACHTE":PRINT" DAS ALLE NICHT AUFGEF. VAR. DEN WERT NULL HABEN"
2840 PRINT:PRINT
2860 PRINT"------------------------------"
2880 PRINT"MAXIMUM VON Z";B(M1,0)
2900 PRINT"______________________________"
2920 INPUT D¤
2940 FOR I=1 TO M
2960 PRINT" ";I;"  "
2980 IF I<=GC OR I>MM THEN GOTO 3020
3000 PRINT"KEINE GLEICHUNGEN":GOTO 3080
3020 IF NB(I+N)=1 THEN PRINT"SCHLUPF";SL(N+I):GOTO 3080
3040 INPUT F¤
3060 PRINT"BEDINGUNG 0"
3080 NEXT I
3100 SS=1:GOSUB 3300
3120 END
3140 REM  ***  ANFANGSTABLEAU  ***
3160 PRINT:PRINT
3180 PRINT"MATRIX A(M+2,P)"
3200 PRINT"______________"
3220 FOR I=1 TO ML:FOR J=0 TO NO:V=INT(6*(J-1)+1)
3240 PRINT TAB(V);INT(100*A(I,J)+.5)/100;
3260 NEXT J:NEXT I
3280 RETURN
3300 IF L=1 THEN PRINT"NOCH IN PHASE 1"
3320 PRINT" "
3340 FOR J=1 TO NO:PA=C(J):NEXT J:PRINT" "
3360 IF S=1 THEN GOTO 3420
3380 PRINT"X(";S;") KOMMT IN DIE BASIS"
3400 PRINT"X(";BS(R);") WIRD IN DIE NEBENBEDINGUNG ";R;" ELIMINIERT"
3420 PRINT:PRINT
3440 PRINT"MATRIX B(M+2,M+1)"
3460 PRINT"______________"
3480 FOR I=1 TO M2:FOR J=1 TO M1:V=INT(8*(J-1)+1)
3500 PRINT TAB(V);INT(100*B(I,J)+.5)/100;
3520 NEXT J:NEXT I
3540 RETURN
```

```
100 REM   ***  DAS ELLIPSOIDVEFAHREN  ** P.2.3. **
120 PRINT"DAS ELLIPSOIDVERFAHREN (KHACHIAN)"
140 REM DAS VERFAHREN LOEST DAS ZUR AUFGABE GEHOERENDE
160 REM UNGLEICHUNGSSYSTEM
180 REM DIE ERSTEN N WERTE:PRIMALE VARIABLE
200 REM DIE LETZTEN M WERTE:DUALE VARIABLE
220 REM ******************************************
240 INPUT "DIMENSION DES PROBLEMS:";N1
260 INPUT "ANZAHL DER NEBENBEDINGUNGEN:";M1
280 N=M1+N1:M=N*2+1
300 DIM A(M1,N1),X(N1),D(N1),BE(M1),Q(N1),B(M,N),C(M)
320 DIM Y(N),BD(N,N),P(N),BB(N,N),ET(N,N)
340 FOR I=1 TO M1:FOR J=1 TO N1
360 PRINT"A";I;J;"=":INPUT A(I,J): NEXT J
380 PRINT"RECHTE SEITE  B";I;"=":INPUT BE(I)
400 NEXT I
420 FOR J=1 TO N1:PRINT J;"-TER ZIELFUNKTIONSKOEFFIZIENT="
440 INPUT D(J):NEXT J
460 PRINT"BEGRENZUNG ANFANGSELLIPSOID (JA=1/NEIN=-1)"
480 INPUT KA
500 IF KA<0 THEN 540
520 INPUT "L=";L1
540 FOR I=1 TO N: FOR J=1 TO N
560 B(I,J)=0:NEXT J:C(N+I)=0:NEXT I
580 FOR I=1 TO M1:FOR J=1 TO N1
600 B(I,J)=+A(I,J):B(M1+J,N1+I)=+A(I,J)
620 NEXT J:NEXT I
640 FOR I=1 TO N1:B(N+1,I)=D(I)
660 NEXT I
680 FOR I=1 TO M1:B(N+1,N1+I)=-BE(I):C(I)= BE(I)
700 NEXT I
720 FOR I=1 TO N1:  B(N+1+I,I)=-1:NEXT I
740 FOR I=N1+1 TO N:B(N+1+I,I)=1:NEXT I
760 FOR I=1 TO N1:C(M1+I)=D(I):NEXT I
780 S1=0:S2=0
800 FOR I=1 TO M:S1=S1+LOG(ABS(C(I))+1)/LOG(2)
820 FOR J=1 TO N:S2=S2+LOG(ABS(B(I,J))+1)/LOG(2)
840 NEXT J:NEXT I
860 L=S1+S2+LOG(M*N)/LOG(2)+2
880 IF KA>0 THEN L=L1
900 L=INT(L)+1
920 REM  ***  SCHRITT 0    ***
940 FOR I=1 TO N:Y(I)=0:FOR J=1 TO N
960 BD(I,J)=0:IF I=J THEN BD(I,J)=2^L
980 NEXT J:NEXT I
1000 IT=1
1020 IO=1:MAX=-C(1)
1040 REM   *** SCHRITT 1  ***
1060 FOR J=1 TO N:MAX=MAX+B(1,J)*Y(J):NEXT J
1080 FOR I=2 TO M:S=-C(I)
1100 FOR J=1 TO N
1120 S=B(I,J)*Y(J)+S:NEXT J
1140 IF MAX<S THEN MAX=S:IO=I
1160 NEXT I
1180 REM ***** DRUCK DER ZWISCHENERGEBNISSE ******
1200 PRINT"**********************************************"
1220 PRINT IT;"-TE ITERATION"
1240 FOR I=1 TO N:PRINT"x";I;":";Y(I):NEXT I
1260 PRINT IO;"-TE UNGLEICHUNG MAXIMAL VERLETZT;WERT:";MAX
1280 REM   *** SCHRITT 2  ***
1300 IF MAX<0 THEN LO=1:GOTO 1800
1320 REM   *** SCHRITT 3  ***
1340 IF IT>=6*(N^2)*L THEN LO=0:GOTO 1780
1360 REM   *** SCHRITT 4  ***
1380 FOR I=1 TO N:P(I)=0
```

```
1400 FOR J=1 TO N: P(I)=P(I)+BD(I,J)*B(IO,J):NEXT J:NEXT I
1420 NE=0:FOR J=1 TO N
1440 NE=NE+P(J)^2:NEXT J
1460 NE=SQR(NE):FOR J=1 TO N:P(J)=P(J)/NE:NEXT J
1480 FOR I=1 TO N:FOR J=1 TO N
1500 ET(I,J)=P(I)*P(J)
1520 NEXT J:NEXT I
1540 FOR I=1 TO N:FOR J=1 TO N:FOR K=1 TO N
1560 BB(I,J)=BD(I,K)*ET(K,J)
1580 NEXT K:NEXT J:NEXT I
1600 GAM=SQR((N-1)/(N+1))-1
1620 TAU=(1+1/(16*N^2))*N/SQR(N^2-1)
1640 FOR I=1 TO N:FOR J=1 TO N
1660 Y(I)=Y(I)-(1/(N+1))*BD(I,J)*P(J)
1680 NEXT J
1700 FOR J=1 TO N
1720 BD(I,J)=TAU*(BD(I,J)+GAM*BD(I,J))
1740 NEXT J:NEXT I
1760 IF IT<6*(N^2)*L THEN IT=IT+1:GOTO 1020 ELSE LO=0:GOTO 1780
1780 IF LO=0 THEN PRINT "KEINE LOESUNG"ELSE
1800 IF LO=1 THEN PRINT"ENDE"
1820 END
```

```
100 REM *** PROJEKTIONSVERFAHREN (KARMARKAR) ** P 2.4.**
120 PRINT"-----------------------------------"
140 PRINT"PROJEKTIONSVEFAHREN (KARMARKAR)     "
160 PRINT"-----------------------------------"
180 DEFDBL A-H,O-Z
200 PRINT  "EINGABEDATEN:"
220 INPUT "DIMENSION DES PROBLEMS";N1
240 INPUT "ANZAHL DER NEBENBEDINGUNGEN:";M1
260 INPUT "MAXIMALE ITERATIONSZAHL:";ITMAX
280 INPUT "DAEMPFUNGSPARAMETRER ALPHA (EMPFEHLUNG 0.25)";AL
300 INPUT "ABBRUCHGENAUIGKEIT 2^(-Q);Q=";Q
320 FOR I=1 TO 900:NEXT I
340 DIM A1(M1,N1),C(N1),X(N1)
360 DIM S(100)
380 M=M1+1:N=M1+1
400 DIM B(M1+1,N1),A(M,M+1),D(N1)
420 M=M1+1:N=M1+1
440 REM ************PROBLEMEINGABE**************
460 FOR I=1 TO N1:PRINT "C(";I;"):":INPUT C(I)
480 NEXT I
500 FOR I=1 TO M1: FOR J=1 TO N1
520 PRINT "A";I;J:INPUT A1(I,J):NEXT J:NEXT I
540 FOR I=1 TO N1 :X(I)=1/N1:NEXT I
560 FO=0:FOR I=1 TO N1:FO=FO+C(I)/N1:NEXT I
580 FO=FO*(2^(-Q))
600 REM   *** BEGINN DER ITERATION **************
620 FOR IT=1 TO ITMAX
640 REM  ***  SCHRITT 1  ***
660 FOR J=1 TO N1: FOR I=1 TO M1
680 P(J)=C(J)*X(J)
700 B(I,J)=A1(I,J)*X(J):NEXT I
720 B(M1+1,J)=1
740 NEXT J
760 REM  ***  SCHRITT 2  ***
780 FOR I=1 TO M1+1 :FOR J=1 TO M1+2
800 A(I,J)=0:NEXT J:NEXT I
820 FOR I=1 TO M1+1:FOR J=1 TO M1+1
840 FOR K=1 TO N1
860 A(I,J)=A(I,J)+B(I,K)*B(J,K)
880 NEXT K
900 NEXT J:NEXT I
920 FOR I=1 TO M1+1:A(I,M1+2)=0:FOR J=1 TO N1
940 A(I,M1+2)=A(I,M1+2)+B(I,J)*P(J)
960 NEXT J:NEXT I
980 GOSUB 1680
1000 FOR I=1 TO N1: FOR J=1 TO M1+1
1020 P(I)=P(I)-B(J,I)*A(J,M1+2)
1040 NEXT J:NEXT I
1060 BE=AL/SQR(N1*(N1-1))
1080 NO=0:FOR I=1 TO N1:NO=NO+P(I)^2
1100 NEXT I:                         BE=BE/SQR(NO)
1120 FOR I=1 TO N1:P(I)=BE*P(I)
1140 P(I)=-P(I)+1/N1:NEXT I
1160 REM    *** SCHRITT 3 ***
1180 NE=0:FOR I=1 TO N1
1200 NE=NE+X(I)*P(I): NEXT I
1220 FOR I=1 TO N1:X(I)=X(I)*P(I)/NE
1240 NEXT I:FU=0
1260 REM  ******* DRUCK  DER ZWISCHENERGEBNISSE *****
1280 PRINT"---------------------"
1300 PRINT IT;"-TE ITERATION"
1320 FU=0
1340 FOR I=1 TO N1:                    FU=FU+C(I)*X(I)
1360 PRINT"X";I;X(I):NEXT I
1380 PRINT"F-WERT";FU
```

```
1400 REM   *** SCHRITT 4 ***
1420 IF FU<FO THEN 1480
1440 REM   *** SCHRITT 5 ***
1460 NEXT IT
1480 PRINT"ABBRUCHTEST ERFUELLT"
1500 END
1520 IF M=N THEN 1560
1540 LET L=M:490
1560 L=M-1
1580 FOR I=1 TO N:FOR J=1 TO M:PRINT A(I,J):NEXT J,I
1600 FOR I=1 TO N:FOR J=1 TO M
1620 NEXT J:NEXT I
1640 RETURN
1660 REM***************        QR-MODUL       *******************
1680 IF M=N THEN L=M-1 ELSE L=M
1700 FOR J=1 TO L:B=0:FOR I=J TO N:B=B+A(I,J)*A(I,J):NEXT I
1720 A¤="DIE SPALTEN VON A SIND LINEAR ABHAENGIG!"
1740 IF B=0 THEN PRINT A¤:END
1760 IF A(J,J)=0 THEN A=-SQR(B) ELSE A=-SGN(A(J,J))*SQR(B)
1780 ALPHA=B-A(J,J)*A:A(J,J)=A(J,J)-A:FOR K=J+1 TO M+1
1800 S=0:FOR I=J TO N:S=S+A(I,J)*A(I,K):NEXT I:S(K)=S/ALPHA
1820 FOR I=J TO N:A(I,K)=A(I,K)-A(I,J)*S(K):NEXT I:NEXT K
1840 A(J,J)=A:NEXT J:IF A(M,M)=0 THEN PRINT A¤:END
1860 A(M,M+1)=A(M,M+1)/A(M,M):FOR J=M-1 TO 1 STEP -1
1880 FOR I=M TO J+1 STEP -1:A(J,M+1)=A(J,M+1)-A(J,I)*A(I,M+1)
1900 NEXT I:A(J,M+1)=A(J,M+1)/A(J,J):NEXT J
1920 IF N=M THEN D=0:GOTO 1960 ELSE D=0
1940 FOR I=M+1 TO N:D=D+A(I,M+1)*A(I,M+1):NEXT I:D=SQR(D)
1960 RETURN
```

```
100 REM   *** FIBONACCIVERFAHREN  ** P.3.1.**
120 PRINT " FIBONACCI VERFAHREN"
140 PRINT "---------------------------------------------"
160 REM DAS VERFAHREN SUCHT IM INTERVALL (A,B) DAS
180 REM MINIMUM EINER UNIMODALEN ZIELFUNKTION F(X)
200 REM  MIT N ZIELFUNKTIONSWERTBERECHNUNGEN
220 REM   ***  SCHRITT 0   ***
240 DIM F(100)
260 INPUT "ANZAHL DER FW-BERECHNUNGEN:";N
280 F(0)=0:F(1)=1
300 FOR I=2 TO N
320 F(I)=F(I-1)+F(I-2)
340 NEXT I
360 INPUT "EPSILON";E
380 PRINT " SUCHINTERVALL  (A,B)":INPUT A:INPUT B
400 X1=A:X2=A+((B-A)*F(N-1)+E*(-1)^N)/F(N):X3=B
420 X=X2:GOSUB 940:F2=Z
440 PRINT"AKTUELLES SUCHINTERVALL      "
460 K=1:PRINT X1,X3
480 REM   ***  SCHRITT 1   ***
500 X4=X1-X2+X3
520 X=X4:GOSUB 940:F4=Z
540 IF F4>F2 THEN 720
560 IF X2<X4 THEN 660
580 REM   ***  SCHRITT 2   ***
600 X3=X2:X2=X4:F2=F4:PRINT X1,X3
620 GOTO 840
640 REM   ***  SCHRITT 3  ***
660 X1=X2:X2=X4:F2=F4:PRINT X1,X3
680 GOTO 840
700 REM   ***  SCHRITT 4  ***
720 IF X2<X4 THEN 820
740 REM   ***  SCHRITT 5  ***
760 X1=X4:PRINT X1,X3
780 GOTO 840
800 REM   ***  SCHRITT 6  ***
820 X3=X4:PRINT X1,X3
840 K=K+1
860 IF K<=N THEN 500
880 PRINT "RESTINTERVALL":PRINT X1,X3
900 PRINT "ZIELFUNKTIONSWERT",F2
920 END
940 Z=X*X*X*X-16*X*X*X+70*X*X-80*X:RETURN
```

```
100 REM   ***  VERF.DES GOLDENEN SCHNITTS   ** P.3.2. **
120 A¤="ABBRUCHTEST ERFUELLT":B¤="MAXIMALE ITERATIONSZAHL ERREICHT"
140 C¤="*****************************************************"
160 PRINT"VERFAHREN DES GOLDENEN SCHNITTS"
180 PRINT "-----------------"
200 REM   ***  SCHRITT 0 ***
220 PRINT"SUCHINTERVALL (A,B)"
240 INPUT "A=";A:INPUT "B=";B
260 INPUT "EPSILON";EPS
280 INPUT "MAXIMALE ITERATIONSZAHL: ";ITMAX
300 REM   ***  BEGINN DES VERFAHRENS ***
320 T1=.3819660113000001#:T2=1-T1
340 X0=A:X1=A+T1*(B-A):X2=A+T2*(B-A):X3=B
360 X=X1:GOSUB 860:F1=Y
380 X=X2:GOSUB 860:F2=Y
400 PRINT "AKTUELLES SUCHINTERVALL"
420 REM  ***  BEGINN DER ITERATION   ***
440 FOR K=1 TO ITMAX
460 REM   ***  SCHRITT 1  ***
480 PRINT X0,X3
500 IF F2<F1 THEN 600
520 I=X2-X0:X3=X2:X2=X1:X1=X0+T1*I
540 F2=F1:X=X1:GOSUB 860
560 F1=Y:GOTO 660
580 REM   ***  SCHRITT 2  ***
600 I=X3-X1:X0=X1:X1=X2:X2=X0+T2*I
620 F1=F2:X=X2:GOSUB 860:F2=Y
640 REM   ***  SCHRITT 3  ***
660 IF I<EPS THEN 700
680 NEXT K
700 REM  ***  ERGEBNISDRUCK  ***
720 PRINT:PRINT:PRINT C¤
740 PRINT:PRINT "LOESUNG":PRINT
760 PRINT "X=",X1:PRINT "F(X)=",F1:PRINT
780 IF K<ITMAX THEN PRINT A¤:GOTO 820
800 PRINT B¤
820 PRINT:PRINT C¤:END
840 REM  ***  PROBLEMFUNKTION  ***
860 Y=X^4-16*X^3+70*X^2-80*X
880 RETURN
```

```
100 REM   *** QUADRATISCHE INTERPOLATION  ** P.3.3. **
120 PRINT "QUADRATISCHE INTERPOLATION (P.3.3)"
140 PRINT "-----------------------------------------"
160 REM  ***  DAS VERFAHREN SUCHT DAS MINIMUM DER FUNKTION F(X) ***
180 REM  ***  SCHRITT 0  ***
200 PRINT "WIE GROSS IST DER STARTWERT?":INPUT A
220 PRINT "WIE GROSS IST DIE SCHRITTWEITE H?":INPUT H
240 PRINT "WIE GROSS IST EPSILON?":INPUT E
260 REM  ***  ES WERDEN DIE ERSTEN DREI PUNKTE BERECHNET  ***
280 IT=1
300 DIM X(4),F(4)
320 X(1)=A:X=X(1):GOSUB 1220:F(1)=Z
340 PRINT Z
360 X(2)=A+H:X=X(2):GOSUB 1220:F(2)=Z
380 IF F(1)<F(2) THEN GOTO 440
400 X(3)=A+2*H:X=X(3): GOSUB 1220:F(3)=Z
420 GOTO 460
440 X(3)=A-H:X=X(3):GOSUB 1220:F(3)=Z
460 PRINT "AKTUELLE WERTE"
480 PRINT "          X(I)           F(I)
500 REM  ***  IN DEN STEPS 300-350 WIRD DAS MINIMUM BERECHNET  ***
520 DN=(X(2)-X(3))*F(1)
540 DN=DN+(X(3)-X(1))*F(2)+(X(1)-X(2))*F(3)
560 NM=(X(2)*X(2)-X(3)*X(3))*F(1)
580 NM=NM+(X(3)*X(3)-X(1)*X(1))*F(2)
600 NM=NM+(X(1)*X(1)-X(2)*X(2))*F(3)
620 X(4)=NM/(2*DN):X=X(4):GOSUB 1220:F(4)=Z
640 REM  ***ORDNEN DER ZIELFUNKTIONSWERTE IM SCHRITT 1  ***
660 FOR J=1 TO 3
680 FOR K=J+1 TO 4
700 IF F(J)<=F(K) THEN GOTO 760
720 X=X(J):X(J)=X(K):X(K)=X
740 F=F(J):F(J)=F(K):F(K)=F
760 NEXT K:NEXT J
780 PRINT"*****************"
800 PRINT IT;"-TE ITERATION"
820 FOR I=1 TO 4:PRINT X(I),F(I):NEXT I
840 PRINT:PRINT
860 IT=IT+1
880 REM  ***  EPSELON WIRD KONTROLLIERT  ***
900 IF ABS(X(1)-X(2))<E THEN GOTO 1160
920 REM  ***  DIE DREI BESTEN PUNKTE WERDEN GESPEICHERT - SCHRITT 2  ***
940 S1=SGN(X(2)-X(1)):S2=SGN(X(3)-X(1))
960 S3=SGN(X(4)-X(1))
980 IF S1=S2 AND S1=-S4 THEN X(3)=X(4):F(3)=F(4)
1000 REM  ***  ZWEITER INTERPOLATIONS - SCHRITT 3  ***
1020 DN=(X(2)-X(3))*F(1)+(X(3)-X(1))*F(2)+(X(1)-X(2))*F(3)
1040 F=(F(1)-F(2))/(2*DN)
1060 F=F*(X(2)-X(3))*(X(3)-X(1))
1080 X(4)=(X(1)+X(2))/2+F
1100 X=X(4):GOSUB 1220:F(4)=Z
1120 REM  ***  WIEDERHOLUNG DER ZWEITEN INTERPOLATION  ***
1140 GOTO 660
1160 PRINT"****LOESUNG****"  :PRINT
1180 PRINT"   X=",X(1):PRINT "F(X)=",F(1)
1200 END
1220 Z=-EXP(-X)*LOG(X)
1240 RETURN
```

```
100  REM  ***  KUBISCHE INTERPOLATON   ** P.3.4.  ***
120 PRINT "MINIMIERUNG DURCH KUBISCHE INTERPOLATION"
140 PRINT "-----------------------"
160 REM   ***  SCHRITT 0  ***
180 REM  ***  KONSTANTEN  ***
200 INPUT "DIMENSION DES PROBLEMS N=";N
220 DIM X(N),P(N),Q(N),D(N),G(N)
240 PRINT"EINGABE DES STARTWERTES"
260 FOR I=1 TO N:INPUT X(I):NEXT I
280 PRINT"SUCHRICHTUNG D="
300 FOR I=1 TO N:INPUT D(I):NEXT I
320 INPUT "EPSILON =";EPS
340 INPUT "WELCHEN WERT HAT DAS MINIMUM ETWA";FM
360 PRINT"AKTUELLE WERTE"
380 FOR I=1 TO N:P(I)=X(I):PRINT "X(";I;")=";X(I):NEXT I
400 REM   ***  SCHRITT 1  ***
420 GOSUB 1640
440 PRINT "ITERATION ";CC;"WERT ";Y
460 FP=Y:GOSUB 1740:G1=G0
480 GP=0
500 FOR I=1 TO N:GP=GP+G(I)*D(I):NEXT I
520 IF GP<0 THEN 640
540 QX=ABS(2*(FP-FM)/GP):IF QX>1 THEN QX=1
560 FOR I=1 TO N
580 X(I)=P(I)-QX*D(I):P(I)=X(I):NEXT I
600 GOSUB 1640:FP=Y:PRINT "Instabil ?"
620 GOSUB 1740:G1=G0:GOTO 480
640 QX=ABS(2*(FP-FM)/GP):IF QX>1 THEN QX=1
660 HH=QX
680 REM   DER NAECHSTE PUNKT
700 BB=HH
720 FOR I=1 TO N
740 Q(I)=P(I)+BB*D(I):X(I)=Q(I)
760 NEXT I
780 GOSUB 1640:FQ=Y
800 GOSUB 1740:G2=G0
820 GQ=0
840 FOR I=1 TO N
860 GQ=GQ+G(I)*D(I)
880 NEXT I
900 IF GQ>0 OR FQ>F THEN 1000
920 REM   *** SCHRITT 2  ***
940 HH=2*HH:GOTO 680
960 REM   *** SCHRITT 3  ***
980 PRINT:PRINT:IF CC=ITMAX THEN 1460
1000 ZZ=3*(FP-FQ)/HH:ZZ=ZZ+GP+GQ
1020 WW=ZZ*ZZ-GP*GQ:IF WW<0 THEN WW=0
1040 W=SQR(WW)
1060 DD=HH*(1-(GQ+W-ZZ)/(GQ-GP+2*W))
1080 FOR I=1 TO N:X(I)=P(I)+DD*D(I):NEXT I
1100 GOSUB 1640:FR=Y
1120 GOSUB 1740:G3=G0
1140 GR=0
1160 FOR I=1 TO N:GR=GR+G(I)*D(I):NEXT I
1180 IF GR>0 THEN 1340
1200 IF ABS(GR)<EPS THEN 1460
1220 HH=BB-DD
1240 FOR I=1 TO N:P(I)=X(I):PRINT "X";I;")=";X(I):NEXT I
1260 CC=CC+1
1280 PRINT"ITERATIONSZAHL=";CC;" WERT=";Y
1300 FP=Y:GP=GR:G1=G0
1320 GOTO 980
1340 IF ABS(GR)<EPS THEN 1460
1360 HH=DD
1380 FOR I=1 TO N:Q(I)=X(I):PRINT "X(";I;")=";X(I):NEXT I
1400 CC=CC+1:PRINT "ITERATIONEN";CC;"  WERT  ";Y
```

```
1420 FQ=Y:GQ=GR:G2=G0
1440 GOTO 980
1460 PRINT:PRINT "  ***  MINIMUMSUCHE BEENDET! ***":PRINT
1480 PRINT "Iterationen  ";CC;"  Wert  ";Y:PRINT
1500 FOR I=1 TO N
1520 PRINT "X(";I;")=";X(I)
1540 NEXT I:PRINT
1560 IF CC=ITMAX THEN PRINT"MAX.ITERATIONSZAHL ERREICHT":GOTO 1600
1580 PRINT"ABBRUCHTEST ERFUELLT"
1600 END
1620 REM   *** PROBLEMFUNKTIONEN  ***
1640 Y=0
1660 Y=100*(X(2)-X(1)*X(1))^2
1680 Y=Y+(1-X(1))^2
1700 TT=TT+1
1720 RETURN
1740 G0=0
1760 G(1)=-400*X(1)*(X(2)-X(1)*X(1))
1780 G(1)=G(1)-2*(1-X(1))
1800 G(2)=200*(X(2)-X(1)*X(1))
1820 REM   *** UNTERPROGRAMM  ***
1840 FOR I=1 TO N:G0=G0+G(I)*G(I):NEXT I
1860 G0=SQR(G0)
1880 RETURN
```

```
100 REM ***  UNBESCHR.STOCHAST.SUCHE  ** P.4.1. **
120 PRINT"STOCHASTISCHE SUCHE"
140 PRINT"____________________"
160 DEFDBL X
180 DEFDBL F
200 REM MIN> DER FUNKTION F(X)
220 REM   ***  SCHRITT 0   ***
240 PRINT:PRINT"WIE GROSS IST DIE DIMENSION"
260 PRINT"DES PROBLEMS ?":INPUT N
280 DIM X(N),XM(N),P(N)
300 PRINT"EINGABE DER KOORDINATEN"
320 PRINT"DES STARTWERTES I"
340 FOR I=1 TO N:INPUT X(I):NEXT I
360 PRINT"VORGABE DER SCHRITTWEITE":INPUT H
380 PRINT"VORGABE DES MAX. AN PROBESCHRITTEN":INPUT L
400 PRINT:PRINT"   AKTUELLE  WERTE   ":PRINT
420 PRINT" STARTPUNKT"
440 FOR I=1 TO N:PRINT "X";I;"  ";X(I):NEXT I
460 REM ERTSTE BERECHNUG DER ZIELFUNKTION
480 GOSUB 880
500 PRINT" ITERATION  ";CC;"WERT";F
520 FM=F:FOR I=1 TO N:XM(I)=X(I):NEXT I
540 REM BERECHNUG DES NEUEN ZUFALLSPUNKTES(SCHRITT 1)
560 FOR I=1 TO N :X(I)=XM(I)+H*(RND(I)*2-1)/(LOG(CC+1)+1)/2:NEXT I
580 REM   *** SCHRITT 2   ***
600 GOSUB 880
620 IF F>=FM THEN GOTO 760
640 REM VERBESSERUNG DES ZIELFUNKTIONSWERTES
660 FM=F:FOR I=1 TO N:XM(I)=X(I):NEXT I
680 FOR I=1 TO N:PRINT"X";I;" ";XM(I):NEXT I
700 CC=CC+1:PRINT"ITERATION  ";CC;"WERT";FM
720 JJ=0:GOTO 540
740 REM   ***  SCHRITT 3   ***
760 JJ=JJ+1:IF JJ<L THEN GOTO 540
780 PRINT:PRINT"MAX AN PROBESCHRITTEN EREICHT !"
800 PRINT:PRINT"*****  MINIMUMSUCHE BEENDET  ********"
820 PRINT:PRINT"ITERATIONEN=";CC;" WERT";FM
840 FOR I=1 TO N:PRINT"X";I;"  ";XM(I):NEXT I
860 END
880 F=X(1)^4-2*X(1)^3+X(2)^2+X(1)^2*X(2)^2
900 F=F-4*X(1)*X(2)+3
920 RETURN
```

```
100 REM   ***  VERFAHREN D.KOORD.WEISEN SUCHE  ** P.4.2. **
120 PRINT "VERFAHREN D.KOORD.WEISEN SUCHE"
140 PRINT "----------------------------------------"
160 PRINT:INPUT"DIMENSION DES PROBLEMS";N
180 DIM X(N),B(N),P(N),Y(N)
200 PRINT "STARTPUNKT:"
220 FOR I=1 TO N:PRINT "X";I;"=";:INPUT X(I):NEXT I
240 INPUT"SCHRITTWEITE:";H
260 INPUT "EPSILON:";EE
280 FOR I=1 TO N:Y(I)=X(I):P(I)=X(I):B(I)=X(I):NEXT I
300 GOSUB 1540:FI=F:PRINT
320 PRINT "AKTUELLE WERTE":PRINT
340 PRINT"STARTPUNKT":GOSUB 1520
360 PRINT "WERT DER ZIELFUNKTION =";F
380 PS=0:BS=1
400 REM SUCHE UM DEN STARTPUNKT
420 J=1:FB=FI
440 REM
460 REM   *** SCHRITT 1 ***
480 REM
500 X(J)=Y(J)+H:GOSUB 1540
520 IF F<FI THEN 700
540 REM
560 REM   ***  SCHRITT 2  ***
580 REM
600 X(J)=Y(J)-H:GOSUB 1540
620 IF F<FI THEN 700
640 X(J)=Y(J):GOTO 720
660 REM
680 REM   ***  SCHRITT 3  ***
700 Y(J)=X(J)
720 GOSUB 1540:FI=F
740 PRINT "SUCHPHASE =";F:GOSUB 1520
760 IF J=N THEN 800
780 J=J+1:GOTO 500
800 IF FI<FB-1E-08 THEN 1260
820 REM NACH 360 ERFOLGT EINE VORSTOSZPHASE
840 REM
860 REM   ***  SCHRITT 4  ***
880 REM
900 IF PS=1 AND BS=0 THEN 980
920 REM IN  420 WIRD DIE BASIS GEAENDERT
940 REM ODER IN 490 DIE SCHRITTWEITE VERRINGERT
960 GOTO 1100
980 FOR I=1 TO N:P(I)=B(I):Y(I)=B(I):X(I)=B(I):NEXT I
1000 GOSUB 1540:BS=1:PS=0
1020 FI=F:FB=F
1040 PRINT "AENDERUNG DER BASIS";F:GOSUB 1520
1060 REM SUCHE UM DEN NEUEN BASISPUNKT
1080 J=1:GOTO 500
1100 H=H/10
1120 PRINT "REDUZIERUNG DER SCHRITTWEITE"
1140 IF H<1E-08 THEN 1380
1160 J=1:GOTO 500
1180 REM
1200 REM   ***  SCHRITT 5  ***
1220 REM
1240 REM VORSTOSZPHASE
1260 FOR I=1 TO N:P(I)=2*Y(I)-B(I)
1280 B(I)=Y(I):X(I)=P(I):Y(I)=X(I):NEXT I
1300 GOSUB 1540:FB=FI:PS=1:BS=0:FI=F
1320 PRINT "VORSTOSZPHASE";F:GOSUB 1520
1340 REM SUCHE UM DEN LETZTEN VORSTOSZPUNKT
1360 J=1:GOTO 500
```

```
1380 PRINT"****************************************"
1400 PRINT "****      MINIMUMSUCHE BEENDET      *****"
1420 PRINT"****************************************"
1440 PRINT:GOSUB 1520
1460 PRINT"ITERATIONEN=";FE;"WERT";FB
1480 PRINT"****************************************"
1500 END
1520 FOR I=1 TO N:PRINT "X";I;"=";X(I):NEXT I:RETURN
1540 F=X(1)^4-2*X(1)^3+X(2)^2
1560 F=F+X(1)^2*X(2)^2-4*X(1)*X(2)+3
1580 FE=FE+1
1600 RETURN
```

```
100 REM *** POLYTOP-VERFAHREN   ** P.4.3.**
120 PRINT"POLYTOP VERFAHREN"
140 PRINT"____________________"
160 REM MIN DER FUNKTION F(X)
180 REM   ***  SCHRITT 0  ***
200 REM BERECHNET IN SUB 5000
220 PRINT"WIE GROSS IST DIE DIMENSION"
240 PRINT"DES PROBLEMS ?":INPUT N
260 DIM S(N+1,N)
280 PRINT"EINGABE DER KOORDINATEN "
300 PRINT" DES STARTWERTES "
320 FOR I=1 TO N:INPUT S(1,I):NEXT I
340 PRINT"VORGABE DER SCHRITTWEITE":INPUT K
360 REM ERSTER PLOYTOP WIRD UM DEN STARTWERT AUFGEBAUT
380 FOR I=2 TO N+1:FOR J=1 TO N
400 IF J=I-1 THEN GOTO 460
420 S(I,J)=S(1,J)
440 GOTO 480
460 S(I,J)=S(I,J)+K
480 NEXT J
500 NEXT I
520 PRINT" EINGABE VON ALPHA BETA GAMMA":INPUT AL
540 INPUT BE:INPUT GA
560  DIM X(N),XH(N),XG(N),XL(N),XO(N)
580 DIM XR(N),XC(N),XE(N),Z(N+1)
600 FOR I=1 TO N+1
620 FOR J=1 TO N
640 X(J)=S(I,J)
660 NEXT J
680 GOSUB 2740
700 Z(I)=F
720 NEXT I
740 REM ERMITTLUNG DER PUNKTE MIT DEM GROESSTEN U KLEINSTEN
760 REM ZIELFUNKTIONSWERT (SCHRITT 1)
780 FH=-1E+20:FL=1E+20
800 FOR I=1 TO N+1
820 IF Z(I)>FL THEN GOTO 860
840 GOTO 880
860 FH=Z(I):H=I
880 IF Z(I)< FL THEN GOTO 920
900 GOTO 940
920 FL=Z(I):L=I
940 NEXT I
960 REM ZWEOTGROESSTER WERT WIRD ERMITTELT
980 FG=-1E+20
1000 FOR I=1 TO N+1
1020 IF I=H THEN GOTO 1080
1040 IF Z(I)>FG THEN GOTO 1060
1060 FG=Z(I):G=I
1080 NEXT I
1100 REM   ***  SCHRITT 2  ***
1120 FOR J=1 TO N
1140 XO(J)=0
1160 FOR I=1 TO N+1
1180 IF I=H THEN GOTO 1220
1200 XO(J)=XO(J)+S(I,J)
1220 NEXT I
1240 REM XO XH XG XL WERDEN ERMITTELT
1260 XO(J)=XO(J)/N
1280 XH(J)=S(H,J)
1300 XG(J)=S(G,J)
1320 XL(J)=S(L,J)
1340 NEXT J
1360 FOR J=1 TO N
1380 X(J)=XO(J)
1400 NEXT J
```

```
1420 GOSUB 2740
1440 FO=F:PRINT"SCHWERPUNKT IN 1120"
1460 REM REFLEKTION (SCHRITT 3)
1480 FOR J=1 TO N
1500 XR(J)=XO(J)+AL*(XO(J)-XH(J))
1520 X(J)=XR(J)
1540 NEXT J
1560 GOSUB 2740:FR=F:PRINT"REFLEKTION IN STEP 1220";F
1580 REM  EXPANSION(SCHRITT 6)
1600 IF FR<FL THEN GOTO 1700
1620 REM IF FR>FL AND FR>FG TEST FR UND FG
1640 IF FR>FG THEN GOTO 2000
1660 GOTO 1920
1680 REM  EXPANSION  (SCHRITT 6)
1700 FOR J=1 TO N
1720 XE(J)=GA*XR(J)+(1-GA)*XO(J)
1740 X(J)=XE(J)
1760 NEXT J
1780 GOSUB 2740:FE=F
1800 IF FE<FL THEN GOTO 1840
1820 GOTO 1920
1840 FOR J=1 TO N
1860 S(H,J)=XE(J)
1880 NEXT J:Z(H)=FE:PRINT"EXPANSION IM STEP 1480"
1900 GOTO 2520
1920 FOR J=1 TO N
1940 S(H,J)=XR(J)
1960 NEXT J:Z(H)=FR:PRINT"REFLEKTION IM STEP 1560"
1980 GOTO 2520
2000 IF FR>FH THEN GOTO 2100
2020 FOR J=1 TO N
2040 XH(J)=XR(J)
2060 NEXT J
2080 Z(H)=FR
2100 FOR J=1 TO N
2120 XC(J)=BE*XH(J)+(1-BE)*XO(J)
2140 X(J)=XC(J)
2160 NEXT J
2180 GOSUB 2740:FC=F
2200 REM   ***  SCHRITT 4  ***
2220 IF FC>FH THEN GOTO 2360
2240 FOR J=1 TO N
2260 S(H,J)=XC(J)
2280 NEXT J
2300 Z(H)=FC:PRINT"KONTRAKTION IM STEP 1880"
2320 GOTO 2520
2340 REM POLYTOP-REDUKTION (SCHRITT 5)
2360 FOR I=1 TO N+1
2380 FOR J=1 TO N
2400 S(I,J)=(S(I,J)+XL(J))/2
2420 X(J)=S(I,J)
2440 NEXT J
2460 GOSUB 2740:Z(I)=F
2480 NEXT I:PRINT"REDUKTION M STEP 2040"
2500 REM   ABBRUCHTEST (SCHRITT 7)
2520 S1=0:S2=0
2540 FOR I=1 TO N+1
2560 S1=S1+Z(I)
2580 S2=S2+Z(I)*Z(I)
2600 NEXT I
2620 SIG=S2-S1*S1/(N+1):SIG=SIG/(N+1)
2640 IF SIG<1E+08 THEN GOTO 2660
2650 GOTO 760
2660 PRINT:PRINT"******** MINIMIERUNG BEENDET *********":PRINT
2680 FOR I=1 TO N:PRINT"x";I;"=";XL(I):NEXT I
2700 PRINT"ITERATIONEN =";NFE;" WERT ";Z(L)
2720 END
```

```
2740 F=X(1)^4-2*X(1)^3+X(2)^2
2760 F=F+X(1)^2*X(2)^2-4*X(1)*X(2)+3
2780 RETURN
```

```
100 REM  ***  VERFAHREN DES STEILSTEN ABSTIEGS  ** P.4.4. **
120 PRINT"--------------------"
140 PRINT"GRADIENTENVERFAHREN"
160 PRINT"--------------------"
180 REM  ***  KONSTANTEN  ***
200 T1¤="ABBRUCHTEST ERFUELLT !"
220 T2¤="MAXIMALE ITERATIONSZAHL ERREICHT !"
240 REM  ***  EINGANGSINFORMATIONEN  ***
260 INPUT"DIMENSION : ",N
280 INPUT"MAXIMALE ITERATIONSZAHL : ",ITMAX
300 INPUT"ABSTIEGSFAKTOR (0-1) : ",Q
320 INPUT"ABBRUCHGENAUIGKEIT=",EPS
340 DIM X(N),GRAD(N):LST=0
360 PRINT:PRINT"ANFANGSWERTE"
380 FOR I=1 TO N:PRINT"WERT FUER X";I;": ";
400 INPUT X(I):NEXT I:GOSUB 940:YA=Y
420 REM  ***  BEGINN DES ITERATIONSZYKLUS  ***
440 FOR IT=1 TO ITMAX
460 REM  ***  SCHRITT 1  ***
480 FOR I=1 TO N:GOSUB 960:GRAD(I)=YY:NEXT I
500 NO=0:FOR I=1 TO N:NO=NO+GRAD(I)^2:NEXT I
520 NO=SQR(NO):IF NO<EPS  THEN LST=1:GOTO 760
540 REM  ***  SCHRITT 2  ***
560 AL=1
580 FOR I=1 TO N:X(I)=X(I)-AL*GRAD (I):NEXT I
600 GOSUB 940
620 IF (Y-YA)<=-AL*Q*NO THEN GOTO 720
640 AL=AL/2
660 REM  ***  SCHRITT 3  ***
680 FOR I=1 TO N:X(I)=X(I)+AL*GRAD(I):NEXT I
700 GOTO 600
720 YA=Y
740 REM  ***  ERGEBNISDRUCK  ***
760 PRINT"**************************************************"
780 PRINT IT;".ITERATION":PRINT
800 FOR I=1 TO N:PRINT"x";I;":";X(I):NEXT I
820 PRINT:PRINT"FUNKTIONSWERT:";Y
840 IF IT=ITMAX THEN PRINT T2¤
860 IF LST=1 THEN PRINT T1¤:GOTO 900
880 NEXT IT
900 END
920 REM  ***  PROBLEMFUNKTIONEN  ***
940 Y=X(1)^4+X(2)^4:RETURN
960 ON I GOTO 980,1000,1020,1040,1060,1080,1100,1120,1140
980 YY=4*X(1)^3:RETURN
1000 YY=4*X(2)^3:RETURN
1020 RETURN
1040 RETURN
1060 RETURN
1080 RETURN
1100 RETURN
1120 RETURN
1140 RETURN
```

```
100 REM  *** VERFAHREN DER KONJUG. GRADIENTEN  ** P.4.5. **
120 PRINT"--------------------------------------"
140 PRINT"VERFAHREN DER KONJUGIERTEN GRADIENTEN"
160 PRINT"--------------------------------------"
180 REM  ***  KONSTANTEN  ***
200 T1¤="ABBRUCHTEST ERFUELLT !"
220 T2¤="MAXIMALE ITERATIONSZAHL ERREICHT !"
240 REM  ***  EINGANGSINFORMATIONEN  ***
260 INPUT"DIMENSION DES PROBLEMS : ",N
280 DIM X(N),XA(N),GRAD(N),S(N),G(N):LST=0
300 INPUT"ABBRUCHSCHRANKE IST : ",EPS
320 INPUT"ANZAHL DER MAXIMALEN ITERATIONEN : ",ITMAX
340 PRINT:PRINT"EINGABE DER STARTNAEHERUNG"
360 FOR I=1 TO N
380 PRINT"WERT DER";I;".VARIABLEN : ";
400 INPUT X(I):XA(I)=X(I):NEXT I
420 FOR I=1 TO N:GOSUB 1040:GRAD(I)=YY:S(I)=-YY:NEXT I:PRINT
440 REM  ***  BEGINN DES ITERATIONSZYKLUS  ***
460 FOR IT=1 TO ITMAX:IF IT=1 THEN 580
480 REM  ***  SCHRITT 1  ***
500 FOR I=1 TO N:G(I)=GRAD(I):GOSUB 1040:GRAD(I)=YY:NEXT I
520 BE=0:FOR I=1 TO N:BE=BE+(GRAD(I)*(GRAD(I)-G(I)))/NO^2:NEXT I
540 FOR I=1 TO N:S(I)=-GRAD(I)+BE*S(I):NEXT I
560 FOR I=1 TO N:XA(I)=X(I):NEXT I
580 REM  ***  SCHRITT 2  ***
600 NO=0 :FOR I=1 TO N:NO=NO+GRAD(I)^2:NEXT I
620 NO=SQR(NO):IF NO<EPS THEN LST=1:GOTO 780
640 REM  ***  SCHRITT 3  ***
660 AL=1
680 FOR I=1 TO N:X(I)=XA(I)+AL*S(I):NEXT I
700 GOSUB 1400
720 IF SK<0 THEN AL=2*AL:GOTO 680
740 GOSUB 1240:GOTO 780
760 REM  ***  ERGEBNISDRUCK  ***
780 PRINT"*********************************************"
800 PRINT IT;".NAEHERUNG":PRINT
820 FOR I=1 TO N:X(I)=XA(I)+AL*S(I)
840 PRINT TAB(20)"x";I TAB(29)":";X(I):NEXT I
860 GOSUB 1020:PRINT TAB(20)"---------------------"
880 PRINT TAB(20)"F(X)"TAB(29)":";Y:PRINT
900 IF IT =ITMAX THEN PRINT T2¤
920 IF LST=1 THEN PRINT T1¤:GOTO 980
940 REM  ***  SCHRITT 4  ***
960 NEXT IT
980 END
1000 REM  ***  PROBLEMFUNKTIONEN  ***
1020 Y=(X(1)-4)^4+(X(2)-3)^2:RETURN
1040 ON  I GOTO  1060,1080,1100,1120,1140,1160,1180,1200,1220
1060 YY=4*(X(1)-4)^3:RETURN
1080 YY=2*(X(2)-3)
1100 RETURN
1120 RETURN
1140 RETURN
1160 RETURN
1180 RETURN
1200 RETURN
1220 RETURN
1240 REM  ***  SCHRITTWEITENWAHL  ***
1260 AL0=0:AL1=AL
1280 IF ABS(AL1-AL0)<EPS THEN 1380
1300 AL=.5*(AL0+AL1)
1320 FOR I=1 TO N:X(I)=XA(I)+AL*S(I):NEXT I
1340 GOSUB 1400:IF SK>0 THEN AL1=AL:GOTO 1280
1360 IF SK<0 THEN AL0=AL:GOTO 1280
1380 RETURN
```

```
1400 REM  ***  SKALARPRODUKT  ***
1420 SK=0:FOR I=1 TO N:GOSUB 1040:SK=SK+YY*S(I):NEXT I:RETURN
```

```
100 REM   ***  NEWTON-VERFAHREN  **  P.4.6.  **
120 PRINT"-----------------------------------------------------"
140 PRINT"NEWTON - VERFAHREN "
160 PRINT"-----------------------------------------------------"
180 REM  ***  KONSTANTEN  ***
200 T1¤="ABBRUCHTEST ERFUELLT !"
220 T2¤="MAXIMALE ITERATIONSZAHL ERREICHT !"
240 REM  ***  EINGANGSINFORMATIONEN  ***
260 INPUT"DIMENSION DES PROBLEMS : ",N
280 INPUT"ABBRUCHSCHRANKE IST : ",EPS
300 INPUT"ABSTIEGSPARAMETER IST:",QF
320 INPUT"MAXIMALE ITERATIONSZAHL : ",ITMAX
340 LST=0:M=N:PRINT
360 DIM A(N,N+1),X(N+1),XA(N)
380 PRINT"EINGABE DER STARTNAEHERUNG"
400 FOR I=1 TO N
420 PRINT"WERT DER";I;".VARIABLEN : ";
440 INPUT X(I):NEXT I
460 REM  ***  BEGINN DES ITERATIONSZYKLUS  ***
480 FOR IT=1 TO ITMAX
500 REM  ***  SCHRITT 1  ***
520 FOR I=1 TO N:GOSUB 1200:A(I,N+1)=-YY:DF(I)=YY
540 FOR J=1 TO N:GOSUB 1400:A(I,J)=YYY
560 NEXT J,I
580 FOR I=1 TO N:FOR K=1 TO N:A(I,N+1)=A(I,N+1)+A(I,K)*X(K)
600 NEXT K,I
620 FOR I=1 TO N:XA(I)=X(I):NEXT I
640 GOSUB 1160:YA=Y
660 GOSUB 1580
680 REM ***  SCHRITT 2  ***
700 FOR I=1 TO N:S(I)=X(I)-XA(I):NEXT I
720 RA=0:FOR I=1 TO N:RA=RA+S(I)*DF(I):NEXT I
740 AL=1
760 FOR I=1 TO N:X(I)=X(I)+AL*S(I):NEXT I
780 GOSUB 1160
800 IF (Y-YA)<AL*QF*RA THEN 860
820 FOR I=1 TO N:X(I)=X(I)-AL*S(I):NEXT I
840 AL=AL/2:GOTO 760
860 REM  ***  SCHRITT 3  ***
880 NO=0:FOR I=1 TO N:NO=NO+(X(I)-XA(I))^2:NEXT I:NO=SQR(NO)
900 IF NO<EPS THEN LST=1
920 REM  ***  ERGEBNISDRUCK  ***
940 PRINT"**********************************************"
960 PRINT IT;". NAEHERUNG":PRINT
980 FOR I=1 TO N:X(I)=A(I,N+1):PRINT"X";I;"=";X(I):NEXT
1000 PRINT"WERTE DER ABLEITUNGEN : "
1020 FOR I=1 TO M:GOSUB 1200:PRINT YY:NEXT I
1040 GOSUB 1160:PRINT"F(X)=";Y
1060 IF IT=ITMAX THEN PRINT T2¤
1080 IF LST=1 THEN PRINT T1¤:GOTO 1120
1100 NEXT IT
1120 END
1140 REM  ***  PROBLEMFUNKTION  ***
1160 Y=X(1)^4+(X(1)+X(2))^2+(EXP(X(2))-1)^2:RETURN
1180 REM  *** ABLEITUNGEN  ***
1200 ON I GOTO 1220,1240
1220 YY=4*X(1)^3+2*(X(1)+X(2)):RETURN
1240 YY=2*(X(1)+X(2))+2*(EXP(X(2))-1)*EXP(X(2)):RETURN
1400 REM  ***  2.ABLEITUNGEN  ***
1420 ON I GOTO 1440,1500
1440 ON J GOTO 1460,1480
1460 YYY=12*X(1)^2+2:RETURN
1480 YYY=2:RETURN
1500 ON J GOTO 1520,1540
1520 YYY=2:RETURN
1540 YYY=2+2*(2*EXP(2*X(2))-EXP(X(2))):RETURN
```

```
1560 REM
1580 REM  ***  QR-MODUL  ***
1600 L=N:IF N=M THEN L=N-1
1620 FOR J=1 TO L:B=0:FOR I=J TO M:B=B+A(I,J)*A(I,J):NEXT I
1640 A¤="DIE SPALTEN VON A SIND LINEAR ABHAENGIG!"
1660 IF B=0 THEN PRINT A¤:END
1680 A=-SGN(A(J,J))*SQR(B):IF A(J,J)=0 THEN A=-SQR(B)
1700 ALPHA=B-A(J,J)*A:A(J,J)=A(J,J)-A:FOR K=J+1 TO N+1
1720 S=0:FOR I=J TO M:S=S+A(I,J)*A(I,K):NEXT I:X(K)=S/ALPHA
1740 FOR I=J TO M:A(I,K)=A(I,K)-A(I,J)*X(K):NEXT I:NEXT K
1760 A(J,J)=A:NEXT J:IF A(N,N)=0 THEN PRINT A¤:RETURN
1780 A(N,N+1)=A(N,N+1)/A(N,N):FOR J=N-1 TO 1 STEP -1
1800 FOR I=N TO J+1 STEP -1:A(J,N+1)=A(J,N+1)-A(J,I)*A(I,N+1)
1820 NEXT I:A(J,N+1)=A(J,N+1)/A(J,J):NEXT J
1840 D=0:IF M=N THEN D=0:GOTO 1880
1860 FOR I=N+1 TO M:D=D+A(I,N+1)*A(I,N+1):NEXT I:D=SQR(D)
1880 FOR I=1 TO N:X(I)=A(I,N+1):NEXT I:RETURN
```

```
100 REM  *** NEWTONVERFAHREN M. KONS.APPR.  ** P.4.7.**
120 PRINT"----------------------------------------------------"
140 PRINT"NEWTON - VERFAHREN - MIT KONSISTENTER APPROXIMATION"
160 PRINT"----------------------------------------------------"
180 REM  ***  KONSTANTEN  ***
200 T1¤="ABBRUCHTEST ERFUELLT !"
220 T2¤="MAXIMALE ITERATIONSZAHL ERREICHT !"
240 REM  ***  EINGANGSINFORMATIONEN  ***
260 INPUT"DIMENSION DES PROBLEMS : ",N
280 INPUT"ABBRUCHSCHRANKE IST : ",EPS
300 INPUT"ABSTIEGSPARAMETER IST:",QF
320 INPUT"MAXIMALE ITERATIONSZAHL : ",ITMAX
340 LST=0:M=N:PRINT
360 DIM A(N,N+1),X(N+1),XA(N)
380 PRINT"EINGABE DER STARTNAEHERUNGEN"
400 FOR I=1 TO N
420 PRINT"WERT DER";I;".VARIABLEN VON X0: ";
440 INPUT XA(I):NEXT I
460 FOR I=1 TO N
480 PRINT"WERT DER";I;".VARIABLEN VON X1:";
500 INPUT X(I):NEXT I
520 REM  ***  BEGINN DES ITERATIONSZYKLUS  ***
540 FOR IT=1 TO ITMAX
560 REM  ***  SCHRITT 1  ***
580 DN=0:FOR I=1 TO N:DN=DN+(X(I)-XA(I))^2:NEXT I
600 DN=SQR(DN):IF DN<EPS THEN DN=EPS
620 FOR I=1 TO N:GOSUB 1300:A(I,N+1)=-YY:DF(I)=YY
640 FOR J=1 TO N:GOSUB 1380:A(I,J)=YYY
660 NEXT J,I
680 FOR I=1 TO N:FOR K=1 TO N:A(I,N+1)=A(I,N+1)+A(I,K)*X(K)
700 NEXT K,I
720 FOR I=1 TO N:XA(I)=X(I):NEXT I
740 GOSUB 1260:YA=Y
760 GOSUB 1440
780 REM ***  SCHRITT 2  ***
800 FOR I=1 TO N:S(I)=X(I)-XA(I):NEXT I
820 RA=0:FOR I=1 TO N:RA=RA+S(I)*DF(I):NEXT I
840 AL=1
860 FOR I=1 TO N:X(I)=X(I)+AL*S(I):NEXT I
880 GOSUB 1260
900 IF (Y-YA)<AL*QF*RA THEN 960
920 FOR I=1 TO N:X(I)=X(I)-AL*S(I):NEXT I
940 AL=AL/2:GOTO 860
960 REM  ***  SCHRITT 3  ***
980 NO=0:FOR I=1 TO N:NO=NO+(X(I)-XA(I))^2:NEXT I:NO=SQR(NO)
1000 IF NO<EPS THEN LST=1
1020 REM  ***  ERGEBNISDRUCK  ***
1040 PRINT"**********************************************"
1060 PRINT IT;". NAEHERUNG":PRINT
1080 FOR I=1 TO N:X(I)=A(I,N+1):PRINT"X";I;"=";X(I):NEXT
1100 PRINT"WERTE DER ABLEITUNGEN : "
1120 FOR I=1 TO M:GOSUB 1300:PRINT YY:NEXT I
1140 GOSUB 1260:PRINT"F(X)=";Y
1160 IF IT=ITMAX THEN PRINT T2¤
1180 IF LST=1 THEN PRINT T1¤:GOTO 1220
1200 NEXT IT
1220 END
1240 REM  ***  PROBLEMFUNKTIONEN  ***
1260 Y=(X(1)-2)^4+(X(1)-2)^2*X(2)^2+(X(2)+1)^2:RETURN
1280 REM  ***  1.ABLEITUNGEN  ***
1300 ON I GOTO 1320,1340
1320 YY=4*(X(1)-2)^3+2*(X(1)-2)*X(2)^2:RETURN
1340 YY=(X(1)-2)^2*2*X(2)+2*(X(2)+1):RETURN
1360 REM  ***  2.ABLEITUNGEN  ***
1380 HD=DN *(1+ABS(X(J))):GOSUB 1300:Y1=YY:X(J)=X(J)+HD
1400 GOSUB 1300:YYY=(YY-Y1)/HD:X(J)=X(J)-HD:RETURN
```

```
1420 REM
1440 REM  ***  QR-MODUL  ***
1460 L=N:IF N=M THEN L=N-1
1480 FOR J=1 TO L:B=0:FOR I=J TO M:B=B+A(I,J)*A(I,J):NEXT I
1500 A¤="DIE SPALTEN VON A SIND LINEAR ABHAENGIG!"
1520 IF B=0 THEN PRINT A¤:END
1540 A=-SGN(A(J,J))*SQR(B):IF A(J,J)=0 THEN A=-SQR(B)
1560 ALPHA=B-A(J,J)*A:A(J,J)=A(J,J)-A:FOR K=J+1 TO N+1
1580 S=0:FOR I=J TO M:S=S+A(I,J)*A(I,K):NEXT I:X(K)=S/ALPHA
1600 FOR I=J TO M:A(I,K)=A(I,K)-A(I,J)*X(K):NEXT I:NEXT K
1620 A(J,J)=A:NEXT J:IF A(N,N)=0 THEN PRINT A¤:RETURN
1640 A(N,N+1)=A(N,N+1)/A(N,N):FOR J=N-1 TO 1 STEP -1
1660 FOR I=N TO J+1 STEP -1:A(J,N+1)=A(J,N+1)-A(J,I)*A(I,N+1)
1680 NEXT I:A(J,N+1)=A(J,N+1)/A(J,J):NEXT J
1700 D=0:IF M=N THEN D=0:GOTO 1740
1720 FOR I=N+1 TO M:D=D+A(I,N+1)*A(I,N+1):NEXT I:D=SQR(D)
1740 FOR I=1 TO N:X(I)=A(I,N+1):NEXT I:RETURN
```

```
100 REM  ***  VERFAHREN DER VARIABLEN METRIK  ** P.4.8. **
120 PRINT"--------------------------"
140 PRINT"VERFAHREN DER VARIABLEN METRIK"
160 PRINT"--------------------------"
180 REM  ***  KONSTANTEN  ***
200 T1¤="ABBRUCHTEST ERFUELLT !"
220 T2¤="MAXIMALE ITERATIONSZAHL ERREICHT !"
240 REM  ***  EINGANGSINFORMATIONEN  ***
260 INPUT"DIMENSION DES PROBLEMS : ",N
280 INPUT"MAXIMALE ITERATIONSZAHL : ",ITMAX
300 INPUT"ABBRUCHSCHRANKE IST : ",EPS
320 INPUT "ABSTIEGSFAKTOR Q:",Q
340 DIM X(N),P(N),Q(N),XA(N),S(N),B(N,N):LST=0
360 PRINT"STARTVEKTOR : ":FOR I=1 TO N:PRINT"X";I;" : ";
380 INPUT X(I):FOR J=1 TO N:B(I,J)=0:NEXT J,I
400 FOR I=1 TO N:B(I,I)=1:NEXT I:
420 REM  ***  BEGINN DES ITERATIONSZYKLUS  ****
440 FOR IT=1 TO ITMAX
460 REM  ***  SCHRITT 1  ***
480 FOR I=1 TO N:GOSUB 1360:Q(I)=YY:DF(I)=YY:NEXT I
500 NO=0
520 FOR I=1 TO N:S(I)=0:FOR J=1 TO N
540 S(I)=S(I)-B(I,J)*Q(J):NEXT J:NEXT I
560 RA=0:FOR I=1 TO N:RA=RA+S(I)*DF(I):NEXT I
580 FOR I=1 TO N:XA(I)=X(I):NEXT I
600 GOSUB 1320 :YA=Y
620 REM  ***  SCHRITT 2  ***
640 AL=1
660 FOR I=1 TO N:X(I)=X(I)+AL*S(I):NEXT I
680 GOSUB 1320
700 IF (Y-YA)< AL*Q*RA THEN GOTO 780
720 FOR I=1 TO N:X(I)=X(I)-AL*S(I):NEXT I
740 AL=AL/2
760 GOTO 660
780 YA=Y
800 REM  ***  SCHRITT 3  ***
820 FOR I=1 TO N:R(I)=X(I)-XA(I):NEXT I
840 FOR I=1 TO N:GOSUB 1360:Q(I)=-Q(I)+YY:NEXT I
860 FOR I=1 TO N:W(I)=0:FOR J=1 TO N:W(I)=W(I)+B(I,J)*Q(J):NEXT J,I
880 FOR I=1 TO N:P(I)=R(I)-W(I): NEXT I
900 FOR I=1 TO N:FOR J=1 TO N:BB(I,J)=P(I)*R(J):NEXT J,I
920 FOR I=1 TO N:FOR J =1 TO N:BA(I,J)=0:FOR K=1 TO N:
940 BA (I,J)=BA(I,J)+BB(I,K)*B(K,J):NEXT K,J,I
960 NE=0:FOR I=1 TO N:NE=NE+W(I)*R(I):NEXT I
980 FOR I=1 TO N:FOR J=1 TO N
1000 B(I,J)=B(I,J)+BA(I,J)/NE
1020 NEXT J,I
1040 REM  ***  SCHRITT 4  ***
1060 NO=0:FOR I=1 TO N:NO=NO+R(I)^2:NEXT I
1080 NO=SQR(NO):IF NO<EPS THEN LST=1
1100 GOSUB 1320
1120 REM  ***  ERGEBNISDRUCK  ***
1140 PRINT"**************************************************"
1160 PRINT IT;".NAEHERUNG"
1180 FOR I=1 TO N:PRINT X(I):NEXT I
1200 PRINT "FUNKTIONSWERT:",Y
1220 IF IT=ITMAX THEN PRINT T2¤
1240 IF LST=1 THEN PRINT T1¤:GOTO 1280
1260 NEXT IT
1280 END
1300 REM  ***  PROBLEMFUNKTION  ***
1320 Y=(X(1)-1)^4+(X(2)-1)^2:RETURN
1340 REM  ***  ableitungen  ***
1360 ON I GOTO 1380,1400
1380 YY=4*(X(1)-1)^3:RETURN
1400 YY=2*(X(2)-1):RETURN
```

```
100 REM   ***  ADAPTIVE ZUFALLSSUCHE  ** P.5.1. **
120 PRINT "ADAPTIVE ZUFALLSSUCHE "
140 PRINT"------------------------------"
160 REM  ***  MIN DER FUNKTION F MIT D NEBENBEDINGUNGEN  ***
180 REM   ***  A<=X<=B UND G(X)<=0  ***
200 REM  ***  SCHRITT 0  ***
220 PRINT "WIE GROSS IST DIE DIMENSION DES PROBLEMS ?":INPUT N
240 DIM X(N),XM(N),P(N),A(N),B(N),G(N),R(N)
260 PRINT "EINGABE DER UNTEREN GRENZEN A(I):"
280 FOR I=1 TO N:INPUT A(I):NEXT I
300 PRINT"EINGABE DER OBEREN GRENZEN B(I):"
320 FOR I=1 TO N: INPUT B(I):NEXT I
340 PRINT"EINGABEDER KOORDINATEN DES STARTWERTES"
360 FOR I=1 TO N:INPUT X(I):NEXT I
380 PRINT"VORGABE DER MAXIMALEN ITERATIONSZAHL":INPUT ITMAX
400 PRINT "VORGABE DES MAX. AN PROBESCHRITTEN":PRINT"JE ITERATION:"
420 INPUT IMAX
440 PRINT:PRINT"       AKTUELLE WERTE":PRINT
460 PRINT "STARTPUNKT"
480 FOR I=1 TO N:PRINT A(I);"<=";"X";I;" =";X(I);" <=";B(I):NEXT I
500 REM  ***  ERSTE BERECHNUNG DER ZIELFUNKTION  ***
520 GOSUB 1140
540 PRINT"ITERATION ";CC;"WERT";F
560 FM=F:FOR I=1 TO N:XM(I)=X(I):NEXT I
580 REM  ***  SCHRITT 1  ***
600 FOR I=1 TO N:R(I)=(B(I)-A(I)):NEXT I:K=1
610 RANDOMIZE
620 FOR I=1 TO N:RR=RND(1):R(I)=A(I)+RR*R(I):NEXT I
640 JJ=0
660 CC=0
680 REM  ***   BERECHNUNG DES NEUEN ZUFALLPUNKTES  ***
700 CC=CC+1
720 FOR I=1 TO N:X(I)=XM(I)+R(I)*((2*((RND(1)*1001)/1001)-1/1001)-1)^K
740 NEXT
760 GOSUB 1140
780 REM  ***  SCHRITT 2  ***
800 GOSUB 1200
820 IF G< 0 THEN 940
840 REM  ***  SCHRITT 3  ***
860 IF F>=FM THEN GOTO 940
880 REM  ***  VERBESSERUNG DER ZIELFUNKTIONSWERTES  ***
900 FM=F:FOR I=1 TO N:XM(I)=X(I):NEXT I
920 REM  ***  SCHRITT 4  ***
940 IF CC<= IMAX THEN GOTO 680
960 FOR I=1 TO N:PRINT "X";"    ";XM(I):NEXT I
980 JJ=JJ+1:PRINT"ITERATION";JJ;" WERT  ";FM
1000 REM ***  SCHRITT 5  ***
1020 IF JJ>ITMAX THEN GOTO 1060
1040 K=K+2:IVER=0:GOTO 660
1060 PRINT"***  MINIMUMSUCHE BEENDET  ***"
1080 PRINT" ITERATIONEN=";JJ;"WERT"; FM
1100 FOR I=1 TO N:PRINT"X";I;"   ";XM(I):NEXT
1120 END
1140 F=X(1)^4-2*X(1)^3+X(2)^2
1160 F=F+X(1)^2*X(2)^2-4*X(1)*X(2)+3
1180 RETURN
1200 G=4*X(1)+5*X(2)-20
1220 RETURN
```

```
100 REM  ***  ERW. POLYTOPVERFAHREN  ** P.5.2. **
120 PRINT"----------------------"
140 PRINT"ERW. POLYTROPVERFAHREN"
160 PRINT"----------------------"
180 REM  ***  EINGABEINFORMATIONEN  ***
200 REM  ***  MIN DER FUNKTION F(X) MIT D NEBENBEDINGUNGEN  ***
220 REM  ***  A<=X<=B UND G(X)<=0.  ***
240 REM  *** SCHRITT 0  ***
260 INPUT  "DIMENSION ?";N
300 INPUT  "ANZAHL DER NEBENBEDINGUNGEN ?";M
320 PRINT "ANZAHL DER NEBENBEDINGUNGEN =";M
340 DIM X(N),Y(N),L(N),U(N),XC(N),XO(N),XR(N),XH(N),XS(N),XM(N)
360 K=2*N
380 DIM C(K,N),F(K),G(M),IC(M),EC(K),DEL(K-1),XE(N)
400 PRINT "STARTPUNKT ?"
420 FOR I=1 TO N:INPUT X(I):C(1,I)=X(I):XC(I)=X(I):NEXT I
440 PRINT"EING UNTERE GRENZEN A(I)"
460 FOR I = 1 TO N:INPUT L(I):NEXT I
480 PRINT" EING. OBERER GRENZEN B(I):"
500 FOR I=1 TO N: INPUT U(I):NEXT I
520 INPUT "MAX> ITERATIONSZAHL ?"; NMZ:NFZ=0
540 PRINT " MAX. ITERATIONSZAHL = ";NMZ
560 INPUT "ZWISCHENDRUCKE J/N?(1/0)";IPP
580 PRINT"    AKTUELLE WERTE"
600 PRINT"    STARTPUNKT"
620 FOR I=1 TO N:PRINT L(I);"<=";"X(";I;")=";X(I);",=";U(I):NEXT I
640 REM  ***  AUFBAU DES POLYTOPS  ***
660 I=1
680 GOSUB 3000:F(1)=Z
700 I=I+1
720 FOR J=1 TO N:C(I,J)=L(J)+(((RND(1)*10009-1)/9990)*(U(L)-L(J))):X(J)=C(I,J)
740 IM=1:GOSUB 3060
760 IF IC=1 THEN GOTO 840
780 REM  ***  BERECHNUNG DES SCHWERPUNKTES DER BISHERIGEN POLYTOPPUNKTE  ***
800 FOR J=1 TO N:XC(J)=((I-1)*XC(J)+C(I,J))/I:NEXT J
820 GOTO 880
840 FOR J=1 TO N:C(I,J)=C(I,J)+XC(J)/2:X(J)=C(I,J):NEXT J
860 GOTO 740
880 GOSUB 3000:F(I)=Z
900 IF I<KTHEN GOTO 700
920 REM  *** ORDNEN DER ZIELFUNKTIONSWERTE -SCHRITT !  ***
940 FOR J=1 TO K-1
960 FOR I= J+1 TO K
980 IF F(J)<=F(I) THEN GOTO 1040
1000 F=F(J):F(J)=F(I):F(I)=F
1020 FOR L=1 TO N:Y(L)=C(J,L):C(J,L)=C(I,L):NEXT L
1040 NEXT I:NEXT J
1060 REM KLEINSTER ZIELFUNKTIONSWERT
1080 FM=F(1)
1100 IF IPP=0 THEN 1160
1120 PRINT"ZIELFUNKTIONSWERT=";F
1140 FOR I=1 TO N:PRINT"x(";I;")=";C(1,I):NEXT
1160 REM  GEWICHTETER SCHWERPUNKT WIRD BERECHNET- SCHRITT 2
1180 AX=1
1200 TE=(F(K)-F)/(ABS(F(1))+.00001)
1220 IF (TE<.05) THEN GOTO 1260
1240 GOTO 1280
1260 AX=0
1280 FOR J=1 TO (K-1):DEL(J)=((F(K)-F(J))/(F(K)-F(1)))^AX:NEXT
1300 ZA=0
1320 FOR J=1 TO K-1: ZA=ZA+DEL(J):NEXT J
1340 FOR L=1 TO N:NE=0
1360 FOR J=1 TO K-1:NE=NE+DEL(J)*C(J,L):NEXT J
1380 XO(L)=NE/ZA:NEXT L
1400 REM REFLEXION AM SCHWERPUNKT-SCHRITT 3
```

```
1420 AL=1
1440 FOR L=1 TO N:XH(L)=C(K,L):XR(L)=XO(L)+AL*(XO(L)-XH(L)):X(L)=XR(L):NEXT L
1460 REM ZULAESSIGKEITSTEST
1480 IM=0:GOSUB 3060
1500 IF EC=0 AND (IC=0) THEN GOTO 1540
1520 GOTO 1820
1540 GOSUB 3000:FR=Z
1560 IF FR<F(1) THEN GOTO 1620
1580 IF FR>=F(K)THEN GOTO 1820
1600 GOTO 2520
1620 REM EXPANSIONSSCHRITT-SCHRITT 4
1640 GAM=1.3
1660 FOR L=1 TO N:XE(L)=XO(L)+GAM*(XO(L)-XH(L)):X(L)=XE(L):NEXT L
1680 REM ZULAESSIGKEITSTEST
1700 IM=0:GOSUB 3060
1720 IF (EC=0) AND (IC=0) THEN GOTO 1760
1740 GOTO 2520
1760 GOSUB 3000:FE=Z
1780 IF FE>=FR THEN GOTO 2520
1800 FOR I=1 TO N: XR(I)=XE(I):NEXT:FR=FE=GOTO 2520
1820 REM  KONTRAKTIONSSCHRITT-SCHRITT 5
1840 BE=.5
1860 FOR I=1 TO N:XC(I)=XO(I)+BE*(XR(I)-XO(I)):X(I)=XC(I):NEXT
1880 REM  ZULAESSIGKEITSTEST
1900 IM=0:GOSUB 3060
1920 IF (EC=0) AND (IC=0) THEN GOTO 1960
1940 GOTO 2020
1960 GOSUB 3000:FC=Z
1980 IF FC>=F(K) THEN:GOTO 2020
2000 FOR I=1 TO N:XR(I)=XC(I):NEXT:FR=FC:GOTO 2520
2020 REM KONTRAKTION - SCHRITT 6
2040 FOR I=1 TO N:XS(I)=XO(I)+AL*(XO(I)-XC(I)):X(I)=XS(I):NEXT
2060 IM=1:GOSUB 3060
2080 IF IC=1 THEN GOTO 2160
2100 GOSUB 3000:FS=Z
2120 IF FS>=F(K) THEN GOTO 2160
2140 FOR I=1 TO N:XR(I)=XS(I):NEXT :FR=FS:GOTO 2520
2160 REM  MITTEILUNG DES BISHER BESTEN PKT.ES- SCHRITT 7
2180 FOR I=1 TO N:XM(I)=(C(1,I)+XS(I))/2:X(I)=XM(I):NEXT
2200 IM=1: GOSUB 3060
2220 IF IC=1 THEN GOTO 2360
2240 GOSUB 3000:FI=Z
2260 IF FI>=F(K) THEN GOTO 2360
2280 FOR I=1 TO N:XR(I)=XM(I):NEXT
2300 FR=F(I):GOTO 2520
2320 REM   *** SCHRITT 8 ***
2340 REM MITTEILUNG ALLER PUNKTE MIT BISHER BESTEM PUNKT
2360 I=1
2380 I=I+1
2400 FOR L=1 TO N:C(I,L)=(C(I,L)+C(1,L))/2:X(L)=C(I,L):NEXT
2420 IM=1:GOSUB 3060
2440 IF IC=1 THEN GOTO 2400
2460 GOSUB 3000:F(I)=Z
2480 IF I<K THEN GOTO 2380
2500 GOTO 2580
2520 REM   ***  SCHRITT 9  ***
2540 FOR L=1 TO N:C(K,L)=XR(L):NEXT
2560 F(K)=FR
2580 REM  ABBRUCHTEST-SCHRITT 10
2600 S1=0:S2=0
2620 FOR I=1 TO K:S1=S1+F(I):S2=S2+F(I)*F(I):NEX
2640 SD=S2-S1*S1/K:SD=SD/K
2660 REM  ERMITTLUNG DES MAX.ABSTANDES DER POLYTOPPUNKTE
2680 DM=0
```

```
2700 FOR I=1 TO K-1:FOR J=I+1 TO K
2720 D=0
2740 FOR L=1 TO N:D=D+(C(I,L)-C(J,L))^2:NEXT
2760 D=SQR(D)
2780 IF D>DM THEN GOTO 2820
2800 GOTO 2840
2820 DM=D
2840 NEXT J:NEXT
2860 IF (NZF>NMZ) THEN GOTO 2920
2880 IF(SD>.000001) AND (DM>.0001) THEN GOTO 920
2900 REM  AUSGABE DER LOESUNG
2920 PRINT"MINIMUM:"
2940 PRINT"NZF=";NZF;"ZIELFUNKTIONSWERT";F(1)
2960 FOR I=1 TO N:PRINT"X(";I;")=";C(1,I):NEXT
2980 END
3000 Z=X(1)^4-2*X(1)^3+X(2)^2+X(1)^2*X(2)^2-4*X(1)*X(2)+3
3020 NZF=NZF+1
3040 RETURN
3060 FOR II=1 TO 2*N:EC(II)=0:NEXT II:EC=0
3080 FOR II=1 TO M:IC(II)=0:NEXT II:IC=0
3100 IF IM=1 THEN GOTO 3260
3120 FOR II=1 TO N
3140 GOTO 3180
3160 EC(II)=1:EC=1
3180 IF X(II)>U(II) THEN GOTO 3220
3200 GOTO 3240
3220 NI=N+II:EC(NI)=1:EC=1
3240 NEXT II
3260 G(1)=4*X(1)+5*X(2)
3280 IF G(1)<20 THEN GOTO 3320
3300 GOTO 3340
3320 IC(1)=1:IC=1
3340 RETURN
```

```
100 REM  ***  HILDRETH - D'ESOPO  ** P.5.3.  ***
120 PRINT"------------------"
140 PRINT"HILDRETH - D'ESOPO"
160 PRINT"------------------"
180 REM  ***  EINGANGSINFORMATIONEN  ***
200 REM
220 REM    ***  SCHRITT 0  ***
240 REM
260 INPUT"DIMENSION DES PROBLEMS : ",N
280 INPUT"ANZAHL DER NEBENBEDINGUNGEN : ",M
300 DIM C(N,N),C1(N),P(N),P1(N),A(M,N),B(M),X(N),U(M)
320 DIM W(M),D(N,M),DD(N,M),G(M,M),H(M)
340 INPUT"ABBRUCHSCHRANKE IST : ",EPS
360 INPUT"MAXIMALE ITERATIONSZAHL : ",ITMAX
380 PRINT:PRINT"EINGABE DER KOEFFIZIENTEN DER NEBENBEDINGUNGEN"
400 FOR I=1 TO M:PRINT I;".NEBENBEDINGUNG":FOR J=1 TO N
420 PRINT"KOEFFIZIENT";J;" : ";:INPUT A(I,J):NEXT J
440 INPUT"RECHTE SEITE : ",B(I):NEXT I
460 PRINT:PRINT"EINGABE DER ZIELFUNKTIONSKOEFFIZIENTEN"
480 PRINT"  (xT) * C * x + (pT) * x = min !":PRINT
500 FOR I=1 TO N:FOR J=1 TO N:C(I,J)=0:NEXT J,I
520 PRINT"MATRIX C (DIAGONALELEMENTE) : ":FOR I=1 TO N
540 PRINT"KOEFFIZIENT VOR X";I;"^2 : ";:INPUT C(I,I)
560 IF  C(I,I)<EPS THEN PRINT"PROBLEM UNGEEIGNET":GOTO 1920
580 C1(I)=C(I,I):NEXT I
600 PRINT"VEKTOR (pT) : ":FOR I=1 TO N
620 PRINT"KOEFFIZIENT VOR X";I;" : ";:INPUT P(I)
640 P1(I)=P(I):NEXT I
660 PRINT:PRINT"EINGABE STARTVEKTOR : ":FOR I=1 TO N
680 PRINT I;".WERT : ";:INPUT X(I):NEXT I
700 PRINT:PRINT"DUALE VARIABLE : ":FOR I=1 TO M
720 PRINT I;".WERT : ";:INPUT U(I):NEXT I
740 FOR I=1 TO M:W(I)=1000:NEXT I
760 FOR I=1 TO N:C(I,I)=1/C(I,I):NEXT I
780 FOR I=1 TO M:FOR J=1 TO N:D(J,I)=A(I,J):NEXT J,I
800 FOR I=1 TO N:FOR J=1 TO M:DD(I,J)=0:FOR K=1 TO N
820 DD(I,J)=DD(I,J)+C(I,K)*D(K,J):NEXT K,J,I
840 FOR I=1 TO N:FOR J=1 TO M:D(I,J)=DD(I,J):NEXT J,I
860 FOR I=1 TO M:FOR J=1 TO M:G(I,J)=0:FOR K=1 TO N
880 G(I,J)=G(I,J)+.5*A(I,K)*D(K,J):NEXT K,J,I
900 FOR I=1 TO N:X(I)=0:FOR J=1 TO N
920 X(I)=X(I)+C(I,J)*P(J):NEXT J,I
940 FOR I=1  TO M:H(I)=0:FOR J=1 TO N
960 H(I)=H(I)+.5*A(I,J)*X(J):NEXT J:H(I)=H(I)+B(I):NEXT I
980 REM
1000 REM    ***  SCHRITT 1  ***
1020 FOR K=1  TO ITMAX
1040 REM
1060 T=0
1080 FOR I=1 TO M
1100 S=-H(I)/   G(I,I)
1120 FOR J=1 TO M
1140 IF I=J THEN 1180
1160 S=S-G(I,J)*U(J)/G(I,I)
1180 NEXT J
1200 L1=LG+1
1220 IF I<L1 THEN 1280
1240 IF S>0 THEN 1280
1260 S=0
1280 U(I)=S
1300 R=W(I)-U(I)
1320 IF T>ABS(R) THEN 1360
1340 T=ABS (R)
1360 NEXT I
1380 REM
1400 REM    ***  SCHRITT 2  ***
```

```
1420 REM
1440 IF T<EPS THEN PRINT"ABBRUCHTEST ERFUELLT !":GOTO 1640
1460 FOR I=1 TO M
1480 W(I)=U(I)
1500 NEXT I
1520 REM
1540 REM   ***  SCHRITT 3  ***
1560 REM
1580 NEXT K
1600 REM
1620 REM   ***  SCHRITT 4  ***
1640 REM
1660 FOR J=1  TO N:FOR I=1 TO M:D(J,I)=A(I,J):NEXT I,J
1680 FOR I=1 TO N:X(I)=0:FOR J=1 TO M
1700 X(I)=X(I)+D(I,J)*U(J):NEXT J,I
1720 FOR I=1 TO N:P(I)=P(I)+X(I):NEXT I
1740 FOR I=1 TO N:X(I)=0:FOR J=1 TO N
1760 X(I)=X(I)-.5*C(I,J)*P(J):NEXT J,I
1780 FU=0:FOR I=1 TO N:FU=FU+C1(I)*X(I)^2+P1(I)*X(I):NEXT I
1800 PRINT"*****************************************"
1820 PRINT"ABBRUCH NACH";K;"ITERATIONEN":PRINT
1840 PRINT"LOESUNG :": FOR I=1 TO N:PRINT"x";I;"=";X(I):NEXT I
1860 PRINT:PRINT"DUALE VARIABLE :":FOR I=1 TO M
1880 PRINT"u";I;"=";U(I):NEXT I:PRINT:PRINT
1900 PRINT"ZIELFUNKTIONSWERT";"f(X)=";FU
1920 END
```

```
100 REM ***  METHODE DER AKTIVEN RESTRIKTIONEN  ** P 5.4 **
120 PRINT "-----------------------------------"
140 PRINT "METHODE DER AKTIVEN RESTRIKTIONEN"
160 PRINT "-----------------------------------"
180 REM ***  EINGANGSINFORMATIONEN  ***
200 PRINT "EINGABEDATEN :"
220 INPUT "DIMENSION DES PROBLEMS =";N1
240 INPUT "ANZAHL DER NEBENBEDINGUNGEN =";M1
260 INPUT "ABBRUCHGENAUIGKEIT =";EPS
280 INPUT "MAXIMALE ITERATIONSZAHL =";ITMAX
300 DIM S(N1),U(M1),X(N1+M1),IK(M1),IS(M1)
320 DIM AA(M1,N1),B(M1),C(N1,N1),P(N1)
340 REM ***  BEGINN DES VERFAHRENS  ***
360 FOR I=1 TO M1:FOR J=1 TO N1:PRINT"A";I;J;":":INPUT AA(I,J):NEXT
380 PRINT"B";I;":":INPUT B(I):NEXT I
400 FOR I=1 TO N1:FOR J=1 TO N1:PRINT"C";I;J;":":INPUT C(I,J):NEXT:NEXT
420 FOR I=1 TO N1:PRINT"P";I;":":INPUT P(I):NEXT:FOR I=1 TO N1:S(I)=1 :NEXT
430 NO=SQR(N1)
440 FOR I=1 TO N1:INPUT"X:" ; X(I):NEXT
460 REM ***  BESTIMMUNG  DER  INDEXMENGE [ SCHRITT 1 ]  ***
480 KI=1:KS=1
500 FOR I=1 TO M1:T=B(I):FOR J=1 TO N1:T=T-AA(I,J)*X(J):NEXT J
520 IF ABS(T)>EPS THEN 560
540 IK(KI)=I:KI=KI+1:GOTO 580
560 IS(KS)=I:KS=KS+1
580 NEXT I:KI=KI-1:KS=KS-1
600 IT=0
620  REM ***  LOESUNG  GLEICHUNGSSYSTEM [ SCHRITT 2 ]  ***
640 IT=IT+1
650 IC=0
660 N=N1+KI:M=N1+KI
680 FOR I=1 TO N1:FOR J=1 TO N1:A(I,J)=C(I,J):NEXT J,I
700 IF KI=0 THEN 780
720 FOR I=1 TO N1      :FOR J=1 TO KI:J1=IK(J):A(I,N1+J)=AA(J1,I)
740 A(N1+J,I)= AA(J1,I):NEXT J,I
760 FOR I=1 TO KI:FOR J=1 TO KI:A(N1+I,N1+J)=0:NEXT J,I
780 FOR I=1 TO N1:A(I,N+1)=-P(I):FOR J=1 TO N1
800 A(I,N+1)=A(I,N+1)-C(I,J)*X(J):NEXT J:NEXT I
820 FOR I=N1+1 TO N1+KI:A(I,N+1)=0:NEXT I
840 GOSUB 1820
860 FOR I=1 TO N1:S(I)=A(I,N+1):NEXT
880 FOR I=1 TO M1:U(I)=0:NEXT I
900 FOR I=1 TO KI:I1=IK(I):U(I1)=A(I+N1,N+1):NEXT
920 REM ***  TEST  AUF  OPTIMALITAET [ SCHRITT 3 ]  ***
940 NO=0!:FOR I=1 TO N1:NO=NO+S(I)^2:NEXT:NO=SQR(NO)
960 REM ***  SCHRITT 4  ***
980 IF NO>EPS THEN 1320
1000 UM=0:FOR I=1 TO M1:IF U(I)<UM THEN UM=U(I):IQ=I
1020 NEXT I
1040 REM ***  SCHRITT 5  ***
1060 IF UM<-EPS THEN GOTO 1200
1080 REM   ***  ERGEBNISDRUCK  ***
1090 PRINT"----------------------------------"
1100 PRINT"LOESUNG  DER  AUFGABE"
1120 FOR I=1 TO N1:PRINT X(I):NEXT
1140 PRINT"WERT DER NEBENBEDINGUNGEN:"
1160 FOR I=1 TO M1:PRINT Y(I):NEXT I
1180 GOTO 1800
1200 REM ***  AENDERUNG  DER  INDEXMENGE [ SCHRITT 6 ]  ***
1220 FOR I=1 TO KI:IF IQ=IK(I) THEN I1=I
1240 NEXT
1260 FOR I=I1 TO KI-1:IK(I)=IK(I+1):NEXT:KI=KI-1
1280 IS(KS+1)=IQ :IC=1 :GOTO 1480
1300 REM ***  BESTIMMUNG  DER  SCHRITTWEITE [ SCHRITT 7 ]  ***
1320 AL=1:IP=0
1340 FOR I=1 TO KS:I1=IS(I):ZA= B(I1):NE=0
```

```
1340 FOR I=1 TO KS:I1=IS(I):ZA= B(I1):NE=0
1360 FOR J=1 TO    N1:ZA=ZA-AA(I1,J)*X(J):NE=NE+AA(I1,J)*S(J):NEXT J
1380 IF    (NE)<EPS THEN GOTO 1420
1400 Q=ZA/NE:IF Q<AL THEN AL=Q:IP=I1:IN=I
1420 NEXT I
1440 REM ***  BERECHNUNG DER NEUEN ITERIERTEN [ SCHRITT 8 ]  ***
1460 IF AL>1 THEN AL=1
1480 PRINT"*********************"
1500 PRINT IT;"-TE NAEHERUNG"
1520 FOR I=1 TO N1:X(I)=X(I)+AL*S(I):PRINT X(I):NEXT
1540 PRINT"WERT DER NEBENBEDINGUNGEN:"
1560 FOR I=1 TO M1:Y(I)=-B(I):FOR J=1 TO N1
1580 Y(I)=Y(I)+AA(I,J)*X(J):NEXT J
1600 PRINT Y(I):NEXT I
1620 REM ***   2. AENDERUNG  DER  INDEXMENGE [ SCHRITT 9 ]  ***
1640 IF IC=1 THEN 620
1660 IF AL=1 THEN 620
1680 KI=KI+1:IK(KI)=IP
1700 FOR I=1 TO KS:IF IS(I)=IP THEN  KE=I
1720 NEXT
1740 FOR I=KE TO KS-1:IS(I)=IS(I+1):NEXT:KS=KS-1
1760 REM ***  SCHRITT 10  ***
1780 GOTO 620
1800 END
1820 REM***************          QR-MODUL      *******************
1840 IF N=M THEN L=N-1 ELSE L=N
1860 FOR J=1 TO L:B=0:FOR I=J TO M:B=B+A(I,J)*A(I,J):NEXT I
1880 A¤="DIE SPALTEN VON A SIND LINEAR ABHAENGIG!"
1900 IF B=0 THEN PRINT:PRINT A¤:RETURN
1920 IF A(J,J)=0 THEN A=-SQR(B) ELSE A=-SGN(A(J,J))*SQR(B)
1940 ALPHA=B-A(J,J)*A:A(J,J)=A(J,J)-A:FOR K=J+1 TO N+1
1960 S=0:FOR I=J TO M:            S=S+A(I,J)*A(I,K):NEXT I:T(K)=S/ALPHA
1980 FOR I=J TO M:A(I,K)=A(I,K)-A(I,J)*T(K):NEXT I:NEXT K
2000 A(J,J)=A:NEXT J:IF A(N,N)=0 THEN PRINT:PRINT A¤:RETURN
2020 A(N,N+1)=A(N,N+1)/A(N,N):FOR J=N-1 TO 1 STEP -1
2040 FOR I=N TO J+1 STEP -1:A(J,N+1)=A(J,N+1)-A(J,I)*A(I,N+1)
2060 NEXT I:A(J,N+1)=A(J,N+1)/A(J,J):NEXT J
2080 IF M=N THEN D=0:GOTO 2120 ELSE D=0
2100 FOR I=N+1 TO M:D=D+A(I,N+1)*A(I,N+1):NEXT I:D=SQR(D)
2120 RETURN
2140 DATA 5,2,0.00001
2160 DATA 1,1,8,1,0,6,1,3,18,-1,0,0,0,-1,0
2180 DATA 4,0,0,2,-48,-40,0,4
```

```
100 REM  ***  SCHNITTEBENENVERFAHREN  ** P.5.5. **
120 PRINT"----------------------"
140 PRINT"SCHNITTEBENENVERFAHREN"
160 PRINT"----------------------"
180 REM  ***  EINGABE - ANFANGSINFORMATIONEN  ***
200 INPUT"DIE  DIMENSION  DES  PROBLEMS  IST = ",N
220 INPUT"ANZAHL  DER  NEBENBEDINGUNGEN = ",M
240 INPUT"DIE  MAXIMALE  ITERATIONSZAHL  IST : ",ITMAX
260 INPUT "ABBRUCHSCHRANKE  IST : ";EPS
280 LO=0
300 DIM PO(N+ITMAX+1,N+1)
320 DIM A(N+ITMAX,N+1),Y(N+ITMAX+1)
340 MO=N:M1=M:N1=N
360 PRINT:FOR I=1 TO N+1
380 INPUT"KOEFFIZIENTEN DER ZIElFUNKTION :";C(I):C(I)=-C(I)
400 NEXT I:PRINT
420 FOR I=1 TO N:PO(I,I)=-1:PO(I,N+1)=10:NEXT I
440 FOR IT=1 TO ITMAX
460 REM  ***  SCHRITT 1  ***
480 FOR J=1 TO N+1:PO(MO+1,J)=C(J):NEXT J
500 FOR I=1 TO MO+1:FOR J=1 TO N+1
520 A(I,J)=PO(I,J)
540 NEXT J,I
560 N=MO:M=N1:GOSUB 1140:N=N1:M=M1
580 FOR I=1 TO N:X(I)=V(I):NEXT I
600 REM  ***  SCHRITT 2  ***
620 YMAX =-1
640 FOR I=1 TO M:GOSUB 1060
660 IF Y>YMAX THEN YMAX=Y:IO=I
680 NEXT I
700 IF YMAX<EPS THEN PRINT"MAX.RESTRIKTION <";EPS:LO=1:GOTO 820
720 REM  ***  SCHRITT 3  ***
740 MO=MO+1
760 FOR J=1 TO N:I=IO:GOSUB 1080:PO(MO,J)=-YY:NEXT J
780 PO(MO,N+1)=-YMAX
800 FOR J=1 TO N:PO(MO,N+1)=PO(MO,N+1)-PO(MO,J)*X(J):NEXT J
820 PRINT IT;"-TE ITERATION"
840 PRINT:PRINT"LOESUNG":Z=-C(N+1)
860 FOR I=1 TO N:PRINT V(I):Z=Z-C(I)*V(I):NEXT I
880 PRINT "ZIELFUNKTIONSWERT   :";Z
900 FOR I=1 TO M:GOSUB 1060
920 PRINT:PRINT I;".NEBENBEDINGUNG  :";Y:NEXT I
940 PRINT"**************************************************":PRINT
960  IF LO=1 THEN GOTO 1000
980 NEXT IT
1000 END
1020 REM  ***  PROBLEMFUNKTIONEN  ***
1040 ON I GOTO 1060
1060 Y=(X(1)-2)^2+(X(2)-2)^2-1:RETURN
1080 ON (I-1)*N+J GOTO 1100,1120
1100 YY=2*(X(1)-2):RETURN
1120 YY=2*(X(2)-2):RETURN
1140 REM  ***  LINEAROTIMIERUNGS-MODUL  ***
1160 FOR I=1 TO M:X(I)=I:NEXT I:FOR I=1 TO N:Y(I)=-I:NEXT I
1180 FOR I=1 TO M:IF A(N+1,I)>0 THEN 1520
1200 NEXT I
1220 IN=0
1240 FOR I=1 TO N:IF A(I,M+1)<0 THEN:IO=I:IN=1:GOTO 1280
1260 NEXT I
1280 IF IN=0 THEN GOTO 1480
1300 MAX = 0
1320 FOR J=1 TO M:IF A(IO,J)>MAX THEN MAX=A(IO,J):S=J:NEXT J:R=0
1340 MIN=10000
```

```
1340 MIN=10000
1360 FOR I=1 TO N:IF A(I,M+1)>0 THEN GOTO 1420
1380 IF A(I,S)<=0 THEN GOTO 1420
1400 IF A(I,M+1)/A(I,S)<MIN THEN :R=I:MIN=A(I,M+1)/A(I,S)
1420 NEXT I
1440 IF MIN= 10000 THEN R=IO
1460 GOSUB 1840:SWAP X(S),Y(R):GOTO 1220
1480 FOR I=1 TO M:IF A(N+1,I)>0 THEN 1520
1500 NEXT I :GOTO 1640
1520 S=I:R=0:FOR I=1 TO N:IF A(I,S)=>0 THEN 1560
1540 MIN=-A(I,M+1)/A(I,S):R=I:GOTO 1580
1560 NEXT I:IF R=0 THEN PRINT"KEINE LOESUNG !!!":RETURN
1580 FOR I=1 TO N:IF A(I,S)=>0 GOTO 1620
1600 IF -A(I,M+1)/A(I,S)<MIN THEN MIN=-A(I,M+1)/A(I,S):R=I
1620 NEXT I:GOSUB 1840:SWAP X(S),Y(R):GOTO 1180
1640 IF PD¤="d" THEN 1740
1660 FOR I=1 TO M:V(I)=0:FOR J=1 TO N
1680 IF Y(J)=I THEN V(I)=A(J,M+1):GOTO 1720
1700 NEXT J
1720 NEXT I:RETURN
1740 FOR I=1 TO N:V(I)=0:FOR J=1 TO M
1760 IF X(J)=-I THEN V(I)=-A(N+1,J):GOTO 1820
1780 PRINT A(I,J)
1800 NEXT J
1820 NEXT I:RETURN
1840 FOR I=1 TO N+1:IF I=R THEN 1940
1860 FOR K=1 TO M+1
1880 IF K=S THEN 1920
1900 A(I,K)=A(I,K)-A(I,S)*A(R,K)/A(R,S)
1920 NEXT K
1940 NEXT I:FOR I=1 TO N+1:IF I=R GOTO 1980
1960 A(I,S)=A(I,S)/A(R,S)
1980 NEXT I:FOR K=1 TO M+1:IF K=S GOTO 2020
2000 A(R,K)=-A(R,K)/A(R,S)
2020 NEXT K:A(R,S)=1/A(R,S)
2040 RETURN
```

```
100 REM   ***  WILSONVERFAHREN   ** P.5.6. **
120 PRINT"------------------"
140 PRINT"WILSON - VERFAHREN"
160 PRINT"------------------"
180 REM   ***  KONSTANTEN  ***
200 T1¤="ABBRUCHTEST  ERFUELLT !"
220 T2¤="MAXIMALE  ITERATIONSZAHL  ERREICHT"
240 REM  ***  EINGABEINFORMATION  ***
260 INPUT"DIMENSION DES PROBLEMS : ",N
280 INPUT"ANZAHL DER NEBENBEDINGUNGEN : ",M
300 DIM A(M,N),C(N,N),D(N,M),DD(N,M),G(M,M)
320 DIM B(M),HS(N),HZ(N),X(N),U(M),XR(N),W(M)
340 REM
360 REM   ***  SCHRITT 0  ***
380 REM
400 INPUT"ABBRUCHSCHRANKE : ",EPS
420 INPUT"ANZAHL DER MAXIMALEN ITERATIONEN : ",ITMAX
440 PRINT"EINGABE STARTWERTE:"
460 FOR I=1 TO N:PRINT"X";I;" = ";:INPUT"",X(I):NEXT I:PRINT
480 FOR I=1 TO M:PRINT"U";I;" = ";:INPUT"",U(I):NEXT I
500 FOR IT=1 TO ITMAX
520 REM
540 REM   ***  SCHRITT 1  ***
560 REM
580 FOR I=1 TO N:XR(I)=X(I):NEXT:GOSUB 1480:S1=SIT
600 FOR I=1 TO M:GOSUB 1120:B(I)=-Y
620 FOR J=1 TO N:GOSUB 1200:A1(I,J)=YY:NEXT J,I
640 FOR I=1 TO M:FOR J=1 TO N:B(I)=B(I)+A1(I,J)*X(J):NEXT J,I
660 FOR K=1 TO N:FOR J=1 TO N:GOSUB 1320:C(K,J)=.5*ZY:NEXT:NEXT
680 FOR I=1 TO N:P(I)=0:FOR J=1 TO N:P(I)=P(I)-2*C(I,J)*X(J):NEXT:NEXT
700 I=M+1:FOR J=1 TO N:GOSUB 1200:P(J)=YY+P(J):NEXT
720 GOSUB 1780
740 REM
760 REM   ***  SCHRITT 2  ***
780 REM
800 GOSUB 1480:IF ABS(SIT-S1)<EPS THEN S1=SIT:LST=1
820 REM  ***  ERGEBNISDRUCK  ***
840 PRINT"*****************************************************"
860 PRINT IT;".NAEHERUNG":PRINT
880 FOR I=1 TO N:PRINT "X";I ":";X(I):NEXT I:PRINT
900 FOR I=1 TO M:PRINT "U";I;U(I):NEXT I
920 GOSUB 1120:PRINT "________"
940 PRINT "WERT DER ZIELFUNKTION :";Y:PRINT
960 FOR I=1 TO M:GOSUB 1120
980 PRINT"WERT DER NEBENBEDINGUNG ";I;":"Y
1000 NEXT I
1020 IF IT=ITMAX THEN PRINT T2¤
1040 IF LST=1 THEN PRINT T1¤:GOTO 1100
1060 REM  ***  SCHRITT 3  ***
1080 NEXT IT
1100 END
1120 REM  ***  PROBLEMEINGABE   ***
1140 ON I GOTO 1160,1180
1160 Y=X(1)^2+X(2)^2-1:RETURN
1180 Y=(X(1)-4)^2+(X(2)-4)^2:RETURN
1200 REM  ***  EINGABE  DER  1.ABLEITUNG  ***
1220 ON (I-1)*N+J GOTO 1240,1260,1280,1300
1240 YY=2*X(1):RETURN
1260 YY=2*X(2):RETURN
1280 YY=2*(X(1)-4):RETURN
1300 YY=2*(X(2)-4):RETURN
1320 REM  ***  2.ABLEITUNG  ***
1340 HD=ABS(X(J)):HD=.0001*(1+HD)
1360 ZY=0:M1=M+1:FOR I=1 TO M1:V0=1:FOR L=1 TO N:XR(L)=X(L):NEXT
1380 X(K)=X(K)-HD:GOSUB 1200:Y1=YY:X(K)=X(K)+2*HD:GOSUB 1200:Y2=YY
1400 YZ=(Y2-Y1)/(2*HD):FOR L=1 TO N:X(L)=XR(L):NEXT:IF I=M1 THEN 1460
```

```
1420 FOR L=1 TO N:X(L)=XR(L):NEXT:IF I=M1 THEN 1460
1440 VO=U(I)
1460 ZY=VO*YZ+ZY:NEXT:RETURN
1480 REM *** EUKLIDISCH NORM ***
1500 SO=0:FOR K=1 TO N:SO=SO+X(K)^2:NEXT:SIT=SQR(SO):RETURN
1520 REM *** MATRIZENINVERSION ***
1540 FOR I=1 TO N:C(I,0)=0:NEXT:FOR I=1 TO N:C(0,I)=0:NEXT
1560 I=1:C(0,0)=1
1580 J=1
1600 IF C(0,J)<>0 OR C(I,0)<>0 OR ABS(C(I,J))<.0001 THEN 1620 ELSE 1660
1620 J=J+1: IF J<=N THEN 1600
1640 I=I+1: IF I<=N THEN 1580 ELSE PRINT "Matrix ist singulaer":END
1660 C(0,J)=1:C(I,0)=1:L=I:K=J:Q=C(I,J)
1680 FOR J=1 TO N:HZ(J)=C(L,J)/-Q:NEXT:FOR I=1 TO N:HS(I)=C(I,K)
1700 FOR J=1 TO N:C(I,J)=C(I,J)+HZ(J)*HS(I):NEXT J:C(I,K)=HS(I)/Q:NEXT I
1720 FOR J=1 TO N: C(L,J)=HZ(J):NEXT:C(L,K)=1/Q:Z=1
1740 FOR I=1 TO N:Z=Z*C(I,0):NEXT:IF Z=0 THEN 1560
1760 RETURN
1780 REM *** QUADRATISCHE OPTIMIERUNG (HILDR.-D'E) ***
1800 FOR I=1 TO M:W(I)=1000:NEXT:GOSUB 1520
1820 FOR I=1 TO M:FOR J=I TO N:D(J,I)=A1(I,J):NEXT:NEXT
1840 FOR J=1 TO N: FOR I=J TO M:D(J,I)=A1(I,J):NEXT:NEXT
1860 FOR I=1 TO N:FOR J=1 TO M:DD(I,J)=0:FOR K=1 TO N
1880 DD(I,J)=DD(I,J)+C(I,K)*D(K,J):NEXT:NEXT:NEXT
1900 FOR I=1 TO M:FOR J=1 TO M:G(I,J)=0:FOR K=1 TO N
1920 G(I,J)=G(I,J)+(1/2)*A1(I,K)*DD(K,J):NEXT:NEXT:NEXT
1940 FOR I=1 TO N:X(I)=0:FOR J=1 TO N:X(I)=X(I)+C(I,J)*P(J):NEXT:NEXT
1960 FOR I=1 TO M:H(I)=0:FOR J=1 TO N:H(I)=H(I)+.5*A1(I,J)*X(J):NEXT
1980 H(I)=H(I)+B(I):NEXT
2000 FOR K=1 TO 10:T=0:FOR I=1 TO M:S=-H(I)/(G(I,I))
2020 FOR J=1 TO M:IF I=J THEN 2060
2040 S=S-G(I,J)*U(J)/G(I,I)
2060 NEXT J:L1=LG+1:IF I<L1 THEN 2120
2080 IF S>0 THEN 2120
2100 S=0
2120 U(I)=S:R=W(I)-U(I):IF T>ABS(R) THEN 2160
2140 T=ABS(R)
2160 NEXT I:IF T<.00001 THEN 2200
2180 FOR I=1 TO M:W(I)=U(I):NEXT I:NEXT K
2200 FOR I=1 TO N:X(I)=0:FOR J=1 TO M:X(I)=X(I)+D(I,J)*U(J):NEXT:NEXT
2220 FOR I=1 TO N:P(I)=P(I)+X(I):NEXT:FOR I=1 TO N:X(I)=0
2240 FOR J=1 TO N:X(I)=X(I)-.5*C(I,J)*P(J):NEXT:NEXT
2260 RETURN
```

```
100 REM   *** ERWEITERTES NEWTONVERFAHREN  ** P.5.7.**
120 PRINT"----------------------------"
140 PRINT"ERWEITERTES NEWTONVERFAHREN" .
160 PRINT"----------------------------"
180 INPUT"DIMENSION DES PROBLEMS:";N
200 INPUT"ANZAHL DER NEBENBEDINGUNGEN:";M
220 INPUT"GENAUIGKEITSSCHRANKE:";EPS1:EPS2=EPS1*10^(-2)
240 INPUT"MAXIMALE ITERATIONSZAHL:";ITMAX
260 DIM X(N+M),Z(N+M+1)
280 DIM T(M),A(N+M,N+M+1)
300 FOR I=1 TO N+M:Z(I)=1
320 NEXT I:
340 PRINT"ANFANGSNAEHERUNG FUER X"
360 FOR I=1 TO N:INPUT "X:",X(I):NEXT I
380 PRINT "ANFANGSNAEHERUNG FUER U "
400 FOR I=1 TO M:INPUT"U:",X(N+I):NEXT I
420 Z(N+M+1)=1
440 PRINT"ANFANGNAEHERUNG FUER T"
460 FOR I=1 TO M:INPUT"T:",T(I):NEXT I
480 REM   *** BEGINN DER ITERATION  ***
500 FOR IT=1 TO ITMAX
520 REM
540 REM   *** SCHRITT 1  ***
560 REM
580 I=M+1: GOSUB 2520
600 FOR J=1 TO N
620 NO=0
640 GOSUB 3060
660 NO=NO+YY^2
680 A(J,N+M+1)=-YY:NEXT J
700 FOR I=1 TO M: GOSUB 2520:A(N+I,N+M+1)=-Y+T(I):NEXT I
720 FOR K=1 TO N
740 W=X(K):V=ABS(W)
760 IF V<.01 THEN V=.01
780 H=EPS1*V
800 FOR J=1 TO K
820 X(K)=W-H/2
840 GOSUB 3060:V=YY
860 X(K)=W+H/2
880 GOSUB 3060:
900 A(J,K)=(YY-V)/H
920 A(K,J)=A(J,K):NEXT J
940 X(K)=W:NEXT K
960 FOR K=N+1 TO N+M
980 W=X(K)
1000 FOR J=1 TO N:X(K)=0
1020 GOSUB 3060:V=YY
1040 X(K)=1
1060 GOSUB 3060
1080 A(J,K)=(YY-V)
1100 A(K,J)=A(J,K):NEXT J
1120 FOR I=N+1 TO K:A(I,K)=0
1140 A(K,I)=0:NEXT I
1160 IF W>EPS2 THEN A(K,K)=-T(K-N)/W:Z(K)=1
1180 IF W<=EPS2 THEN A(K,K)=0:Z(K)=0
1200 X(K)=W:NEXT K:GOTO 1220
1220 REM QR-Verfahren
1240 FOR J=1 TO N+M
1260 IF Z(J)=0 THEN 1720
1280 T=0
1300 FOR I=J TO N+M
1320 IF Z(I)=0 THEN 1360
1340 T=T+A(I,J)*A(I,J)
1360 NEXT I
1380 IF A(J,J)>=0 THEN S=SQR(T)
1400 IF A(J,J)<0 THEN S=-SQR(T)
```

```
1420 A(J,J)=A(J,J)+S
1440 L=S*A(J,J)
1460 FOR K=J+1 TO N+M+1
1480 IF Z(K)=0 THEN 1680
1500 T=0
1520 FOR I=J TO N+M
1540 IF Z(I)=0 THEN 1580
1560 T=T+A(I,J)*A(I,K)
1580 NEXT I
1600 FOR I=J TO N+M
1620 IF Z(I)=0 THEN 1660
1640 A(I,K)=A(I,K)-T*A(I,J)/L
1660 NEXT I
1680 NEXT K
1700 A(J,J)=-S
1720 NEXT J
1740 FOR I=N+M TO 1 STEP -1
1760 IF Z(I)=0 THEN 1900
1780 S=A(I,N+M+1)
1800 FOR J=I+1 TO N+M
1820 IF Z(J)=0 THEN 1860
1840 S=S-A(I,J)*A(J,N+M+1)
1860 NEXT J
1880 A(I,N+M+1)=S/A(I,I)
1900 NEXT I
1920 REM   ***  SCHRITT 2  ***
1940 NO=0
1960  FOR I=1 TO N:NO=NO+A(I,N+M+1)^2:NEXT I:NO=SQR(NO)
1980 IF NO<EPS1 THEN PRINT"ABBRUCHTEST ERFUELLT!":GOTO 2500
2000 FOR I=1 TO N
2020 X(I)=X(I)+A(I,N+M+1)
2040 NEXT I:PRINT
2060 FOR I=N+1 TO N+M
2080 IF Z(I)=0 THEN 2180
2100 V=A(I,N+M+1)/(2*X(I))
2120 X(I)=X(I)*(1+V)*(1+V)
2140 T(I-N)=T(I-N)*V*V
2160 GOTO 2320
2180 S=2*T(I-N)-A(I,N+M+1)
2200 FOR K=1 TO N
2220 S=S+A(I,K)*A(K,N+M+1)
2240 NEXT K
2260 V=S/(2*T(I-N))
2280 X(I)=X(I)*V*V
2300 T(I-N)=T(I-N)*(1-V)*(1-V)
2320 NEXT I
2340 REM ***  ERGEBNISDRUCK  ***
2360 PRINT"************************************"
2380 PRINT IT,"-TE NAEHERUNG":PRINT
2400 FOR I=1 TO N:PRINT"x";I;X(I):NEXT I
2420 PRINT"WERT DER NEBENBEDINGUNGEN:"
2440 FOR I=1 TO M:GOSUB 2520:PRINT I;":";Y:NEXT I
2460 I=M+1:GOSUB 2520:PRINT"WERT DER ZIELFUNKTION:";Y
2480 NEXT IT
2500 END
2520 ON I GOTO 2540,2560,2580,2600
2540 Y=X(1)*(X(1)+1)+X(2)*(X(2)-1)+X(3)*(X(3)+1)+X(4)*(X(4)-1)-8:RETURN
2560 Y=X(1)*(X(1)-1)+X(2)*(X(2)-1)+X(3)*X(3)+X(4)*(2*X(4)-1)-10:RETURN
2580 Y=2*X(1)*(X(1)+1)+X(2)*(X(2)-1)+X(3)*X(3)-X(4)-5:RETURN
2600 Y=X(1)*(X(1)-5)+X(2)*(X(2)-5)+X(3)*(2*X(3)-21)+X(4)*(X(4)+7):RETURN
2620 ON I GOTO 2640,2740,2840,2940
2640 ON J GOTO 2660,2680,2700,2720
2660 YY=2*X(1)+1:RETURN
2680 YY=2*X(2)-1:RETURN
2700 YY=2*X(3)+1:RETURN
2720 YY=2*X(4)-1:RETURN
```

```
2740 ON J GOTO 2760,2780,2800,2820
2760 YY=2*X(1)-1:RETURN
2780 YY=2*X(2)-1:RETURN
2800 YY=2*X(3):RETURN
2820 YY=4*X(4)-1:RETURN
2840 ON J GOTO 2860,2880,2900,2920
2860 YY=4*X(1)+2:RETURN
2880 YY=2*X(2)-1:RETURN
2900 YY=2*X(3):RETURN
2920 YY=-1:RETURN
2940 ON J GOTO 2960,2980,3000,3020
2960 YY=2*X(1)-5:RETURN
2980 YY=2*X(2)-5:RETURN
3000 YY=4*X(3)-21:RETURN
3020 YY=2*X(4)+7:RETURN
3040 REM   ***  ABLEITUNG LAGRANGEFUNKTION  ***
3060 I=M+1:GOSUB 2620:ABL=YY
3080 FOR I=1 TO M:ID=N+I :GOSUB 2620
3100 ABL=ABL+X(ID)*YY:NEXT I
3120 YY=ABL
3140 RETURN
```

```
100 REM   ***  VERALLG.VERF. D.RED.GRADIENTEN  ** P.5.8.**
120 PRINT"REDUZIERTES GRADIENTENVERFAHREN"
140 PRINT"--------------------------------"
160 INPUT" DIMENSION DES PROBLEMS:";N
180 INPUT" ANZAHL DER NEBENBEDINGUNGEN:";M
200 INPUT" MAXIMALE ITERATIONSZAHL:";ITMAX
220 INPUT" GENAUIGKEIT:";EPS
240 IF M<N THEN:PRINT "PROBLEM UNGEEIGNET":END
260 ETA1=EPS:ETA2=EPS:TAU=EPS:PHI=EPS:RHO=-EPS*10^(-3)
280 DIM X(N),G(N,N),GRAD(N),V(N),ZD(100),ZS(100),Y(N),T(N)
300 DIM H(N),S(N),U(N)
320 REM   *** SCHRITT 0 ***
340 PRINT"STARTPUNKT:"
360 FOR J=1 TO N:INPUT"X"; X(J):NEXT J
380 KD=0:KS=0
400 FOR I=1 TO M:GOSUB 3140
420 IF Y>RHO THEN ZD(KD+1)=I:KD=KD+1:GOTO 480
440 IF Y<RHO AND KS<=M-N-1  THEN: ZS(KS+1) =I:KS=KS+1:GOTO  480
460 IF Y<RHO AND KS>M-N-1 THEN ZD(KD+1)=I:KD=KD+1
480 NEXT I
500 IF KD<N THEN PRINT"STARTPUNKT UNGEEIGNET":END
520 REM ***   SCHRITT 1   ***
540 FOR IT =1 TO ITMAX
560 FOR I=1 TO N:XA(I)=X(I):NEXT
580 REM
600 I=M+1: FOR J=1 TO N:GOSUB 3260:A(J,N+1)=-YY:NEXT J
620 FOR K=1 TO N:I=ZD(K):FOR J=1 TO N:GOSUB 3260:G(J,K)=YY
640 NEXT J:NEXT K
660 REM
680 FOR I=1 TO N:FOR J=1 TO N:A(I,J)=G(I,J):NEXT:NEXT
700 M1=M:M=N
720 GOSUB 3580
740 M=M1
760 FOR I=1 TO N:V(I)=A(I,N+1):NEXT I
780 REM
800 K=0:FOR J=1 TO N:H(J)=0:I=ZD(J)
820 GOSUB 3140:IF Y<=RHO THEN 860
840 IF V(J)>=RHO THEN 880
860 K=K+1:H(K)=ZD(J)
880 NEXT J
900 REM   *** SCHRITT 4 ***
920 IF K=0 THEN PRINT "OPTIMALLOESUNG GEFUNDEN!":GOTO 2960
940 J=0:K=0
960 IF EPS<10^(-6) THEN PRINT"OPTIMALLOESUNG":GOTO 2960
980 FOR L=1 TO N
1000 HEP(L)=0:NHEP(L)=0
1020 I=ZD(L):GOSUB 3140
1040 IF Y>=-EPS THEN 1080
1060 GOTO 1160
1080 IF V(L)<=-EPS THEN 1120
1100 J=J+1:NHEP(J)=L:GOTO 1180
1120 GOTO 1160
1140 J=J+1:NHEP(J)=L:GOTO 1180
1160 K=K+1:HEP(K)=L
1180 NEXT L
1200 REM     *** SCHRITT 5 ***
1220 IF K=0 THEN EPS=EPS/2: GOTO 940
1240 FOR I=1 TO N:Y(I)=0:NEXT I
1260 FOR I=1 TO N:IF HEP(I)>0  THEN 1320
1280 GOTO 1360
1300 REM   *** SCHRITT 6 ***
1320 Y(HEP(I))=-V(HEP(I)):NEXT I
1340 REM   *** SCHRITT 7 ***
1360 A=0:FOR I=1 TO N:A=A+Y(I)^2:NEXT I
```

```
1380 REM    *** SCHRITT 8 ***
1400 IF A>=PHI THEN 1560
1420 J=1
1440 IF HEP(J)=0 THEN 1560
1460 IF (H(J)-ZD(HEP(J)))<>0 THEN 1560
1480 IF J<>N+1 THEN 1540
1500 J=J+1:IF H(J)=0 THEN 1540
1520 GOTO 1440
1540 PRINT"OPTIMALLOESUNG ERREICHT":GOTO 2960
1560 IF A>=EPS THEN 1620
1580 EPS=EPS/2:GOTO 940
1600 REM    *** SCHRITT 9 ***
1620 B=0: FOR I=1 TO N:IF NHEP(I)<=0 THEN 1660
1640 B=B+V(NHEP(I))
1660 NEXT I
1680 FOR I=1 TO N
1700 IF NHEP(I)<=0 THEN 1820
1720 IF B>1 THEN 1760
1740 Y(NHEP(I))=A/2:GOTO  1780
1760 Y(NHEP(I))=A/(2*B)
1780 NEXT
1800 REM    *** SCHRITT 10 ***
1820 FOR I=1 TO N:A(I,N+1)=-Y(I):NEXT I
1840 FOR I=1 TO N:FOR J=1 TO N:A(I,J)=G(J,I)
1860 NEXT J:NEXT I
1880 GOSUB 3580
1900 FOR I=1 TO N:S(I)=A(I,N+1):NEXT I
1920 REM    *** SCHRITT 11 ***
1940 NS=0:FOR I=1 TO N:XA(I)=X(I):NS=NS+S(I)^2:NEXT I
1960 NS=SQR(NS)
1980 AL=1
2000 FOR I=1 TO N:X(I)=X(I)+AL*S(I):NEXT I:NT=AL*NS
2020 IF NT>10000 THEN 2120
2040 PHA=1:GOSUB 4280
2060 FOR I=1 TO N:X(I)=X(I)-AL*S(I):NEXT I
2080 IF Y>0 THEN GOTO 2120
2100 AL=2*AL:GOTO 2000
2120 GOSUB 4640
2140 REM    ***  SCHRITTE 12-14  ***
2160 FOR I=1 TO N:XS(I)=X(I):NEXT
2180 PHA=3:GOSUB 3900
2200 REM    ***  SCHRITT 15  ***
2220 MU=0:FOR I=1 TO N:MU=MU+(XS(I)-X(I))^2:NEXT I:MU=SQR(MU)
2240 IF MU >EPS THEN 2800
2260 REM    ***  SCHRITTE 16-17  ***
2280 K=0:FOR J=1 TO M-N
2300 I=ZS(J):GOSUB 3140
2320 IF Y<=RHO THEN 2360
2340 K=K+1:ZS1(K)=J
2360 NEXT
2380 IF K=0 THEN GOTO 2800
2400 REM    ***  SCHRITT 18  ***
2420 L=0:FOR J=1 TO N:I=ZD(J):GOSUB 3140
2440 IF Y>=RHO  THEN 2480
2460 L=L+1:ZD1(L)=J:V(L)=-Y
2480 NEXT
2500 IF K>L THEN PRINT"ENTARTUNG":GOTO 3120
2520 GOSUB 4460
2540 FOR J0=1 TO K
2560 J1=0
2580 J1=J1+1
2600 IF J1>L THEN PRINT"AUSTAUSCH UNMOEGLICH": GOTO 3120
2620 FOR J=1 TO N
2640 I=ZS(ZS1(J0)):GOSUB 3260
2660 J2=ZD1(J1):G(J,J2)=YY
```

```
2680 NEXT J
2700 J2=ZS(ZS1(J0)):ZS(ZS1(J0))=ZD(ZD1(J1))
2720 ZD(ZD1(J1))=J2
2740 FOR J=J1 TO L-1:ZD1(J)=ZD1(J+1):NEXT
2760 L=L-1
2780 NEXT J0
2800 PRINT"************************"
2820 PRINT IT,"-TE ITERATION"
2840 FOR I=1 TO N:PRINT"X";I;X(I):NEXT
2860 FOR I=1 TO M:GOSUB 3140
2880 PRINT"WERT DER NEBENBEDINGUNG";I;":";Y:NEXT
2900 I=M+1:GOSUB 3140
2920 PRINT"ZIELFUNKTIONSWERT:";Y
2940 NEXT IT
2960 PRINT"***********************"
2980 PRINT"ABBRUCH NACH";IT;"SCHRITTEN"
3000 PRINT"LOESUNG:"
3020 FOR I=1 TO N:PRINT "X";I;":"X(I):NEXT
3040 FOR I=1 TO M:GOSUB 3140
3060 PRINT"WERT DER NEBENBEDINGUNG";I;":"Y:NEXT
3080 I=M+1:GOSUB 3140
3100 PRINT"ZIELFUNKTIONSWERT:";Y
3120 END
3140 ON I GOTO 3160,3180,3200,3220,3240
3160 Y=X(1)^2-6*X(1)+X(2)+5:RETURN
3180 Y=X(1)^2-6*X(1)-2*X(2)+5:RETURN
3200 Y=(X(1)-3)^3-X(2)-2.5:RETURN
3220 Y=-(X(1)-4)^3+X(2)-3:RETURN
3240 Y=X(1)^2+X(2)^2:RETURN
3260 ON I GOTO 3280,3340,3400,3460,3520
3280 ON J GOTO 3300,3320
3300 YY=2*X(1)-6:RETURN
3320 YY=1:RETURN
3340 ON J GOTO 3360,3380
3360 YY=2*X(1)-6:RETURN
3380 YY=-2:RETURN
3400 ON J GOTO 3420,3440
3420 YY=3*(X(1)-3)^2:RETURN
3440 YY=-1:RETURN
3460 ON J GOTO 3480,3500
3480 YY=-3*(X(1)-4)^2:RETURN
3500 YY=1:RETURN
3520 ON J GOTO 3540,3560
3540 YY=2*X(1):RETURN
3560 YY=2*X(2):RETURN
3580 REM  ***  QR-MODUL  ***
3600 L=N:IF N=M THEN L=N-1
3620 FOR J=1 TO L:B=0:FOR I=J TO M:B=B+A(I,J)*A(I,J):NEXT I
3640 A¤="DIE SPALTEN VON A SIND LINEAR ABHAENGIG!"
3660 IF B=0 THEN PRINT A¤:END
3680 A=-SGN(A(J,J))*SQR(B):IF A(J,J)=0 THEN A=-SQR(B)
3700 ALPHA=B-A(J,J)*A:A(J,J)=A(J,J)-A:FOR K=J+1 TO N+1
3720 S=0:FOR I=J TO M:S=S+A(I,J)*A(I,K):NEXT I:TS(K)=S/ALPHA
3740 FOR I=J TO M:A(I,K)=A(I,K)-A(I,J)*TS(K):NEXT I:NEXT K
3760 A(J,J)=A:NEXT J:IF A(N,N)=0 THEN PRINT A¤:RETURN
3780 A(N,N+1)=A(N,N+1)/A(N,N):FOR J=N-1 TO 1 STEP -1
3800 FOR I=N TO J+1 STEP -1:A(J,N+1)=A(J,N+1)-A(J,I)*A(I,N+1)
3820 NEXT I:A(J,N+1)=A(J,N+1)/A(J,J):NEXT J
3840 D=0:IF M=N THEN D=0:GOTO 3880
3860 FOR I=N+1 TO M:D=D+A(I,N+1)*A(I,N+1):NEXT I:D=SQR(D)
3880 RETURN
3900 REM  ***  STRAHLMINIMIERUNG  ***
3920 NO=0:F=.618:IE=0
3940 FOR I=1 TO N:AX(I)=X(I):BX(I)=XA(I):NEXT I
3960 NO=0:FOR I=1 TO N:D=ABS(AX(I)-BX(I))
3980 IF D>NO THEN NO=D:NEXT I
```

```
4000 IF NO<EPS THEN 4240
4020 IF IE=2 THEN 4100
4040 FOR I=1 TO N:U(I)=BX(I)-F*(BX(I)-AX(I))
4060 X(I)=U(I):NEXT I:GOSUB 4280:FU=Y
4080 IF IE=1 THEN 4140
4100 FOR I=1 TO N :W(I)=AX(I)+F*(BX(I)-AX(I))
4120 X(I)=W(I):NEXT I:GOSUB 4280:FW=Y
4140 IF FU>FW THEN 4200
4160 FOR I=1 TO N:BX(I)=W(I):W(I)=U(I):NEXT I
4180 FW=FU:IE=1:GOTO 3960
4200 FOR I=1 TO N:AX(I)=U(I):U(I)=W(I):NEXT I
4220 FU=FW:IE=2:GOTO 3960
4240 FOR I=1 TO N:X(I)=AX(I):NEXT I
4260 RETURN
4280 IF PHA=3 THEN 4420
4300 I=1:GOSUB 3140:PHI=Y
4320 FOR I=2 TO M:GOSUB 3140
4340 IF Y>PHI THEN PHI=Y
4360 NEXT I
4380 Y=PHI:IF PHA=2 THEN Y=PHI^2
4400 RETURN
4420 I=M+1:GOSUB 3140:RETURN
4440 P=V(J):V(J)=V(I):V(I)=P
4460 FOR I=1 TO N-1:J=I
4480 MMAX=V(I)
4500 FOR K=1 TO N:IF V(K)>=MMAX THEN:MMAX=V(K):J=K
4520 NEXT K
4540 IF J<I THEN 4600
4560 K=ZS1(J):ZS1(J)=ZS1(I):ZS1(I)=K
4580 P=V(J):V(J)=V(I):V(I)=P
4600 NEXT I
4620 RETURN
4640 FOR I=1 TO N:X0(I)=X(I):X1(I)=X(I)+AL*S(I):NEXT
4660 GOSUB 4280:Y0=Y
4680 FOR I=1 TO N:X(I)=X1(I):NEXT I
4700 GOSUB 4280:Y1=Y
4720 FOR I=1 TO N:X(I)=.5*(X0(I)+X1(I)):NEXT I:GOSUB 4280
4740 IF Y<0 THEN FOR I=1 TO N:X0(I)=X(I):NEXT I:Y0=Y
4760 IF Y>0 THEN FOR I=1 TO N:X1(I)=X(I):NEXT I:Y1=Y
4780 IF ABS(Y)>EPS THEN 4720
4800 RETURN
```

```
100 REM  ***  STRAF - BARRIERE - VERFAHREN  *** P.5.9.***
120 PRINT"------------------------"
140 PRINT "STRAF BARRIERE VERFAHREN "
160 PRINT"------------------------"
180 INPUT"DIE  DIMENSION  DES  PROBLEMS  IST : ",N
200 INPUT"ANZAHL  DER  NEBENBEDINGUNGEN = ",M
220 INPUT"MAX.ITERATIONSZAHL IN DEN TEILPROBL.=",ITMAX
240 INPUT"ZU  FESTEM  R  GEHOERENDE  TEILPROBLEME : ",TPZ
260 INPUT"WERT FUER STRAFPARAMETER : ",RS
280 INPUT"VERGROESSERUNGSFAKTOR : ",C
300 INPUT"BARRIERE-PARAMETER (0-1) : ",RB
320 INPUT "ABBRUCHSCHRANKE : ",EPS
340 PRINT"IM STRAFTERM BERUECKSICHTIGTE NB (1-..) : ";
360 INPUT MS
380 PRINT:DIM X(N):DEFDBL Y,X
400 FOR I=1 TO N
420 PRINT"ANFANGSWERT  FUER  x(";I;") = ";:INPUT X(I):NEXT I
440 PRINT:FOR I=1 TO M
460 PRINT"ANFANGSSTOERUNG";I;".WERT : ";
480 INPUT V(I):NEXT I
500 REM
520 REM  *** SCHRITT 1 ***
540 REM
560 TP=TP+1
580 REM
600 REM  ***  SCHRITT 2  ***
620 REM
640 GOSUB 1240
660 REM  ***  DRUCK DER ZWISCHENERGEBNISSE  ***
680 PRINT"-----------------------------------------------------"
700 GOSUB 1280
720 PRINT TP;".TEILPROBLEM";    :PRINT
740 PRINT
760 PRINT"STRAFPARAMETER=";RS
780 PRINT"BARRIEREPARAMETER=";RB
800 PRINT
820 FOR I=1 TO N:PRINT "X";I;"=";X(I):NEXT I:PRINT
840 MNB=-1000:FOR I=1 TO M:GOSUB 2280:PRINT I;". NB:",Y
860 IF Y>MNB THEN MNB=Y
880 NEXT I:PRINT
900 REM
920 REM  *** SCHRITT 3  ***
940 REM
960 GOSUB 2520:I=M+1:GOSUB 2260
980 IF ABS (ST-Y)<EPS THEN PRINT"GENAUIGKEIT ERREICHT":GOTO 1220
1000 REM
1020 REM  *** SCHRITT 4  ***
1040 REM
1060  IF TP<TPM THEN GOTO 1140
1080 FOR I=1 TO MS:V(I)=.1*V(I):NEXT I
1100 FOR I=MS+1 TO M:V(I)=.3*V(I):NEXT I
1120 RB=.1*RB:RS=10*RS:GOTO 560
1140 FOR I=1 TO M:GOSUB 2280:V(I)=V(I)+Y
1160 IF V(I)<0 THEN V(I)=0:NEXT I
1180 FOR I=MS+1 TO M:GOSUB 2280:V(I)=V(I)+Y:NEXT I
1200 GOTO  560
1220 END
1240 REM  *** RANG-EINS-Verfahren ********
1260 REM
1280 FOR I=1 TO N:FOR J=1 TO N:B(I,J)=0:NEXT J:NEXT I
1300 FOR I=1 TO N:B(I,I)=1:NEXT I
1320 FOR ITI=1 TO ITMAX
1340 FOR J=1 TO N:GOSUB 2700
1360 DF(J)=YY:NEXT J
1380 FOR I=1 TO N:S(I)=0:FOR J=1 TO N
1400 S(I)=S(I)-B(I,J)*DF(J):NEXT J
```

```
1420 NEXT I
1440 FOR I=1 TO N:XA(I)=X(I):NEXT I
1460 FOR I=1 TO N:X(I)=XA(I)+S(I):NEXT I
1480 GOSUB 1900
1500 EN=0:FOR I=1 TO N:EN=EN+S(I)^2:NEXT I:EN=SQR(EN)
1520 IF EN<EPS THEN PRINT "NENNER KLEIN":IT1=1:GOTO 1800
1540 AL=0:FOR I=1 TO N:AL=AL+(X(I)-XA(I))^2:NEXT I:AL=SQR(AL)/EN
1560 FOR J=1 TO N:GOSUB 2720
1580 YK(J)=YY-.5*DF(J):NEXT J
1600 FOR I=1 TO N:P(I)=.5*S(I)
1620 FOR J=1 TO N:P(I)=P(I)+B(I,J)*YK(J)
1660 NEXT J,I
1680 NE=0:FOR I=1 TO N
1700 NE=NE+YK(I)*P(I):NEXT I
1720 IF ABS(NE)<EPS THEN PRINT"NENNER KLEIN" :IT1=1:GOTO 1800
1740 FOR I=1 TO N:P(I)=P(I)-.5*S(I):NEXT I
1760 FOR I=1 TO N:FOR J=1 TO N:B(I,J)=2*AL*(B(I,J)-P(I)*P(J)/NE)
1780 NEXT J,I
1800 GOSUB 2520
1820 IF ITI=1 THEN GOTO 1860
1840 NEXT ITI
1860 RETURN
1880 REM  ***  STRAHLMINIMIERUNG  ***
1900 NO=0:F=.618:IE=0
1920 FOR I=1 TO N:AX(I)=X(I):BX(I)=XA(I):NEXT I
1940 NO=0:FOR I=1 TO N:D=ABS(AX(I)-BX(I))
1960 IF D>NO THEN NO=D:NEXT I
1980 IF NO<EPS THEN 2220
2000 IF IE=2 THEN 2080
2020 FOR I=1 TO N:U(I)=BX(I)-F*(BX(I)-AX(I))
2040 X(I)=U(I):NEXT I:GOSUB 2520:FU=Y
2060 IF IE=1 THEN 2120
2080 FOR I=1 TO N :W(I)=AX(I)+F*(BX(I)-AX(I))
2100 X(I)=W(I):NEXT I:GOSUB 2520:FW=Y
2120 IF FU>FW THEN 2180
2140 FOR I=1 TO N:BX(I)=W(I):W(I)=U(I):NEXT I
2160 FW=FU:IE=1:GOTO 1940
2180 FOR I=1 TO N:AX(I)=U(I):U(I)=W(I):NEXT I
2200 FU=FW:IE=2:GOTO 1940
2220 FOR I=1 TO N:X(I)=AX(I):NEXT I
2240 RETURN
2260 REM  ***  FUNKTIONEN  ***
2280 IF I>1 THEN 2320
2300 Y=(X(1)-2)^2+(X(2)-2)^2-1:RETURN
2320 Y=X(1)^2+X(2)^2:RETURN
2340 REM  ***  ABLEITUNGEN  ***
2360 IF I>1 THEN 2440
2380 IF J>1 THEN 2420
2400 YY=2*(X(1)-2):RETURN
2420 YY=2*(X(2)-2):RETURN
2440 IF I>1 THEN 2480
2460 YY=2*X(1):RETURN
2480 YY=2*X(2):RETURN
2500 REM  *** STRAF-BARRIERE-FUNKTION  ***
2520 I=M+1:GOSUB 2280:ST=Y
2540 FOR I=1 TO MS:GOSUB 2280
2560 Y=Y+V(I)
2580 IF Y<0 THEN Y=0
2600 ST=ST+RS*Y^2:NEXT I
2620 FOR I=MS+1 TO M:GOSUB 2280
2640 Y=Y+V(I)
2660 ST=ST+RB*(-1/Y):NEXT I
2680 Y=ST:RETURN
2700 I=M+1:GOSUB 2360
2720 STG=YY:
```

```
2740 FOR I=1 TO M:GOSUB 2280
2760 IF Y<0 THEN Y=0
2780 GOSUB 2360
2800 STG=STG+2*RS*Y*YY:NEXT I
2820 FOR I=MS+1 TO M:GOSUB 2280
2840 STG=STG+RB*(1/Y^2)*YY:NEXT I
2860 YY=STG:RETURN
```

```
100 REM   ***  QR-ZERLEGUNG NACH HOUSEHOLDER ** P.A.1. **
120 REM ***********************************
140 REM MIT HILFE DER QR-ZERLEGUNG KANN FUER M>N DIE
160 REM AUFGABE || A*X-B ||=MIN! GELOEST WERDEN.
180 REM IM FALLE M=N IST DIES DIE LOESUNG DES GLEI -
200 REM CHUNGSSYSTEMS A*X=B
220 REM FALL M>N:LEAST-SQUARE-LOESUNG(AUSGLEICHSRECHNUNG)
240 REM ***********************************
260 PRINT"--------------------"
280 PRINT"QR-ZERLEGUNG"
300 PRINT"--------------------"
320 REM  ***  EINGANGSINFORMATIONEN  ***
340 INPUT"ANZAHL DER VARIABLEN : ",N:PRINT
360 INPUT"ANZAHL DER GLEICHUNGEN";M
380 DIM A(M,N+1),X(N)
400 PRINT"EINGABE DER KOEFFIZIENTEN DES GLEICHUNGSSYSTEMS"
420 FOR I=1 TO M:PRINT I;".ZEILE  *****":FOR J=1 TO N
440 PRINT J;".KOEFFIZIENT : ":INPUT A(I,J):NEXT J
460 INPUT"RECHTE SEITE : ";A(I,N+1):NEXT I
480 GOSUB 600
500 PRINT"NORM DES RESIDUUMS || AX-B ||=";D
520 PRINT:PRINT:PRINT
540 PRINT "LOESUNGSVEKTOR:"
560 FOR I=1 TO N:PRINT"X";I;"=";X(I):NEXT
580 END
600 L=N:IF N=M THEN L=N-1
620 FOR J=1 TO L:B=0:FOR I=J TO M:B=B+A(I,J)*A(I,J):NEXT I
640 A¤="DIE SPALTEN VON A SIND LINEAR ABHAENGIG!"
660 IF B=0 THEN PRINT A¤:END
680 A=-SGN(A(J,J))*SQR(B):IF A(J,J)=0 THEN A=-SQR(B)
700 ALPHA=B-A(J,J)*A:A(J,J)=A(J,J)-A:FOR K=J+1 TO N+1
720 S=0:FOR I=J TO M:S=S+A(I,J)*A(I,K):NEXT I:T(K)=S/ALPHA
740 FOR I=J TO M:A(I,K)=A(I,K)-A(I,J)*T(K):NEXT I:NEXT K
760 A(J,J)=A:NEXT J:IF A(N,N)=0 THEN PRINT A¤:RETURN
780 A(N,N+1)=A(N,N+1)/A(N,N):FOR J=N-1 TO 1 STEP -1
800 FOR I=N TO J+1 STEP -1:A(J,N+1)=A(J,N+1)-A(J,I)*A(I,N+1)
820 NEXT I:A(J,N+1)=A(J,N+1)/A(J,J):NEXT J
840 D=0:IF M=N THEN D=0:GOTO 880
860 FOR I=N+1 TO M:D=D+A(I,N+1)*A(I,N+1):NEXT I:D=SQR(D)
880 FOR I=1 TO N:X(I)=A(I,N+1):NEXT:RETURN
```

```
100 REM  *** CHOLESKY-VERFAHREN ** PA 2 **
120 PRINT"--------------------"
140 PRINT"CHOLESKY - VERFAHREN"
160 PRINT"--------------------"
180 REM  ***  KONSTANTEN  ***
200 T1¤="MATRIX NICHT POSITIV DEFINIT !"
220 REM  ***  EINGANGSINFORMATIONEN  ***
240 INPUT"DIMENSION DES PROBLEMS : ",N:PRINT
260 DIM A(N,N),L(N,N),X(N),Y(N)
280 PRINT"EINGABE DER KOEFFIZIENTEN DES GLEICHUNGSSYSTEMS"
300 FOR I=1 TO N:PRINT I;".ZEILE  *****":FOR J=1 TO N
320 PRINT J;".KOEFFIZIENT : ";:INPUT A(I,J):NEXT J
340 INPUT"RECHTE SEITE : ",B(I):NEXT I
360 REM  ***  CHOLESKY - ZERLEGUNG  ***
380 REM  ***  SCHRITT 1/SCHRITT 2  ***
400 FOR I=1 TO N
420 L(I,I)=A(I,I)
440 IF I=1 THEN 520
460 FOR M=1 TO I-1
480 L(I,I)=L(I,I)-L(I,M)^2
500 NEXT M
520 L(I,I)=SQR(L(I,I))
540 FOR J=I+1 TO N
560 L(J,I)=A(J,I)
580 IF I=1 THEN 660
600 FOR M=1 TO I-1
620 L(J,I)=L(J,I)-L(J,M)*L(I,M)
640 NEXT M
660 L(J,I)=L(J,I)/L(I,I)
680 NEXT J:NEXT I
700 REM   ***  SCHRITT 3 ***
720 FOR I=1 TO N
740 S=B(I):IF I=1 THEN 780
760 FOR K=1 TO I-1:S=S-L(I,K)*Y(K):NEXT K
780 Y(I)=S/L(I,I):NEXT I
800 REM  ***  SCHRITT 4  ***
820 FOR I=N TO 1 STEP -1
840 S= Y(I):IF I=N THEN 880
860 FOR K=I+1 TO N:S=S-L(K,I)*X(K):NEXT K
880 X(I)=S/L(I,I):NEXT I
900 REM  ***  ERGEBNISDRUCK  ***
920 PRINT:PRINT:PRINT"LOESUNG:"
940 FOR I=1 TO N :PRINT "x";I;":";X(I):NEXT I
960 END
```

Sachwortverzeichnis

FSC
www.fsc.org
MIX
Papier | Fördert gute Waldnutzung
FSC® C083411

Zeitfracht Medien GmbH
Ferdinand-Jühlke-Straße 7
99095 Erfurt, Deutschland
produktsicherheit@kolibri360.de